R. Fleischmann, G. Loos

Übungsaufgaben zur Experimentalphysik

© VCH Verlagsgesellschaft mbH, D-6940 Weinheim (Bundesrepublik Deutschland), 1994

Vertrieb:
VCH, Postfach 10 11 61, D-6940 Weinheim (Bundesrepublik Deutschland)
Schweiz: VCH, Postfach, CH-4020 Basel (Schweiz)
United Kingdom und Irland: VCH (UK) Ltd., 8 Wellington Court,
Cambridge CB1 1HZ (England)
USA und Canada: VCH, 220 East 23rd Street, New York, NY 10010-4606 (USA)
Japan: VCH, Eikow Building, 10-9 Hongo 1-chome, Bunkyo-ku, Tokyo 113 (Japan)

ISBN 3-527-29006-0

Rudolf Fleischmann, Georg Loos

Übungsaufgaben zur Experimentalphysik

mit vollständigen Lösungen

Zweite, überarbeitete und ergänzte Auflage

VCH Weinheim • New York • Basel • Cambridge • Tokyo

Prof. Dr. Rudolf Fleischmann
Langemarckplatz 9
D-8520 Erlangen

Prof. Dr. Georg Loos
Fachhochschule Nürnberg
Keßlerplatz 12
D-8500 Nürnberg 21

Das vorliegende Werk wurde sorgfältig erarbeitet. Dennoch übernehmen Autoren, Herausgeber und Verlag für die Richtigkeit von Angaben, Hinweisen und Ratschlägen sowie für eventuelle Druckfehler keine Haftung.

1. Auflage 1978
1. Nachdruck, 1990, der 1. Auflage 1978
2. überarbeitete und ergänzte Auflage 1994

Herstellerische Betreuung: Dipl.-Ing. (FH) Hans Jörg Maier

Die Deutsche Bibliothek – CIP-Einheitsaufnahme

Fleischmann, Rudolf:
Übungsaufgaben zur Experimentalphysik: mit vollständigen Lösungen / Fleischmann; Loos.
- 2., überarb. und erg. Aufl. -
Weinheim; New York; Basel; Cambridge; Tokyo: VCH, 1994
　　ISBN 3-527-29006-0
NE: Loos, Georg:; HST

© VCH Verlagsgesellschaft mbH, D-6940 Weinheim (Federal Republic of Germany). 1994

Gedruckt auf säurefreiem und chlorfrei gebleichtem Papier.

Satz: Ulrich Hellinger, D-69253 Heiligkreuzsteinach, Druck: betz-druck gmbh, D-64291 Darmstadt
Printed in the Federal Republic of Germany.

*Wir brauchen eine Grundausbildung mit weniger
Angebot an Einzelwissen als bisher, aber sehr
viel Erziehung zum Üben, zum Selbstlernen, zum
Verstehen als Denkgrundlage jeder Anwendung.*

H. Maier-Leibnitz

Vorwort

Der vorliegende taschentext wendet sich an künftige Physiker sowie an Naturwissenschaftler und Ingenieure, die Physik als Hilfswissenschaft benötigen. Er behandelt bevorzugt Aufgaben, die der Fachstudent der Physik bis zur Vorprüfung beherrschen sollte. Die Erfahrungen bei Prüfungen zeigen, daß Studenten, die in der Abschlußpüfung (Diplomhauptprüfung, Hauptprüfung des Staatsexamens für das Höhere Lehramt) Schiffbruch erleiden, vor allem in dem hier behandelten Aufgabenbereich schwere Fehler machen und deshalb verfehlte Lösungen versuchen.

Die Aufgaben haben die Absicht, die Leichtigkeit des Umgangs mit den Grundbeziehungen, sowie Sicherheit, eigenes Zutrauen und zuverlässigen Umgang mit physikalischen Größen zu entwickeln. Auch das Gefühl für Größenordnungen und sinnvolle Näherung beim Ansatz soll gefördert werden. Ein Physiker muß die Fähigkeit besitzen, die wenigen für ihn im Augenblick wichtigen Angaben aus einer vielleicht großen Menge unbenützbarer Informationen herauszusuchen und dann zu verwenden. Er muß weiter lernen zu erkennen, welche unter den physikalischen Gleichungen aus seinem paraten Wissen, aus Büchern oder Formelsammlungen für die ihm vorliegende Aufgabe herangezogen werden müssen und eine Lösung versprechen. Daher sind die Aufgaben nicht so formuliert, daß man nur einzusetzen braucht, andererseits aber auch nicht so, daß man über Sinn und Ziel der Aufgabe lange nachdenken muß.

Die gestellten Aufgaben stammen teilweise aus den Lehrveranstaltungen „Übungen zur Experimentalphysik", die seit über zwei Jahrzehnten an der Universitat Erlangen-Nürnberg für Physikstudenten neben der Vorlesung „Einführung in die Physik" abgehalten werden. Sie wurden umgearbeitet und zu größeren Aufgabenkomplexen zusammengestellt. Zahlreiche bei diesen Übungen gewonnene Erfahrungen haben Auswahl und Schwierigkeit der hier gestellten Aufgaben beeinflußt. Auch Teile von schriftlichen Aufgaben der Prüfung des Staatsexamens für das Höhere Lehramt

wurden herangezogen, jedoch nur solche Teile, die in den Rahmen des vorliegenden Buches passen. Außerdem wurden Prüfungsaufgaben verarbeitet, die an der
Fachhochschule Nürnberg in der Vorprüfung für Studenten der Elektrotechnik
gestellt wurden.

Innerhalb der sechs Hauptabschnitte steigt jeweils der Schwierigkeitsgrad. Die spä-
teren (schwierigeren) Aufgaben lassen sich wesentlich leichter lösen, wenn die
früheren verstanden worden sind.

Die Kapiteleinteilung des Buches ist nicht streng systematisch, sondern soll nur
Schwerpunkte in der Thematik setzen, denn die Teilgebiete der Physik greifen
ineinander über; außerdem wurden die Aufgaben so zusammengestellt, daß sie aufeinander aufbauen. Somit besteht auch zwischen den Abschnitten ein enger Zusammenhang.

Es ist wichtig, daß der Benutzer vor der Bearbeitung die Vorbemerkungen zu jedem
Abschnitt liest. Formeln werden nur dann vorangestellt, wenn sie in Lehrbüchern
der Experimentalphysik für die Anfangssemester nicht oder nur am Rande erwähnt
werden. Die Rechnungen wurden mit einem elektronischen Taschenrechner durch-
geführt. Die verwendeten physikalischen Konstanten sind in der Tabelle auf Seite
XV zusammengestellt. Die Lösungen zu allen Aufgaben sind schrittweise durchge-
rechnet. Dies erscheint uns für die eigene Erfolgskontrolle des Studenten wesentlich.

Alle Gleichungen sind einheiteninvariante Größengleichungen, in die stets „physikalische Größen" (Zahlenwert mal Einheit) eingesetzt werden müssen. Durchweg
werden in den Lösungen SI-Einheiten verwendet.

Natürlich können die „Vorbemerkungen" nicht die physikalischen Kenntnisse ver-
mitteln, die Voraussetzung für die erfolgreiche Bearbeitung der Aufgaben sind.
Hierfür ist vielmehr die ausführliche Beschäftigung mit der Thematik auf dem
Niveau der großen Vorlesungen zur Experimentalphysik und der einschlägigen
Lehrbücher erforderlich. Die vorliegende Aufgabensammlung lehnt sich in Zielset-
zung und Aufbau weitgehend an die „Einführung in die Physik"*) eines der Autoren an, doch können selbstverständlich auch andere Bücher benutzt werden.

An mathematischen Voraussetzungen sind zu nennen: Sichere Beherrschung der
einfachen Algebra und der trigonometrischen Funktionen, Begriff der Funktion,
einfache Vektorrechnung (Komponentenzerlegung, Addition von Vektoren, skala-
res Produkt). Noch fehlende Kenntnisse und Fähigkeiten sollte der Benutzer mög-

---

*) R. Fleischmann: „Einführung in die Physik". 2., überarbeitete Auflage. Physik Verlag, Weinheim
1980.

lichst schnell ergänzen [beispielsweise aus dem Bändchen von V. Schmidt: „Lehrprogramm Vektorrechnung" in dieser Reihe (taschentext 75); zur Auffrischung kann der „Intensivkurs Mathematik" desselben Autors (taschentext 54) empfohlen werden]. Differentiation und Integration einfacher Funktionen werden benötigt, etwa in dem Umfang, wie sie im taschentext 7 (Kleppner/ Ramsey: „Lehrprogramm Differential- und Integralrechnung") behandelt werden.

Der Benutzer möge auch das Register des vorliegenden taschentextes durchsehen. Es gibt ihm eine Vorstellung von der Auswahl der behandelten Fragestellungen.

Herrn Dr. Klaus Kreisel danken wir für das Mitlesen der Korrekturen, Frau Kreisel und Fräulein Lutzke dafür, daß sie das Manuskript mit der Maschine geschrieben haben.

Erlangen, Oktober 1978   R. Fleischmann
                                                   G. Loos

Vorwort zur 2. Auflage

Die in der 1. Auflage enthaltenen Aufgaben und die ausführliche Darstellung der Lösungen haben sich bewährt. Das Konzept wird daher beibehalten.

In die vorliegende Auflage wurden zusätzliche Aufgaben eingefügt. Es sind dies unter anderem Fragestellungen zu den Grundlagen der Laserphysik, zu Anwendungen der geometrischen Optik auf das aktuelle Gebiet der optischen Nachrichtenübertragung und zur Halbleiterphysik. Außerdem sind neue Forschungsergebnisse in eine Aufgabe zur Interferenz von Materiewellen eingeflossen. Ferner wurden einige Aufgaben erweitert.

Alle Aufgaben wurden auf Übereinstimmung mit dem neuen Satz von Naturkonstanten von 1986 überprüft. Einige Druckfehler wurden entfernt.

Wir hoffen, damit den Studenten weiterhin ein aktuelles Hilfsmittel für ihr Studium zur Verfügung stellen zu können.

Erlangen, April 1993   R. Fleischmann, G. Loos

Inhalt

Verwendete Konstanten[*)]

Gravitationskonstante	f	$= 6{,}6726 \cdot 10^{-11}$ Nm^2/kg^2
Allgemeine Gaskonstante	R	$= 8{,}3145 \cdot 10^3$ J/(kmol $\cdot$ K)
Boltzmann-Konstante	k	$= 1{,}3807 \cdot 10^{-23}$ J/K
Avogadro-Konstante	N_A	$= 6{,}0221 \cdot 10^{26}$ kmol^{-1}
Lichtgeschwindigkeit	c	$= 2{,}99792458 \cdot 10^8$ m/s
Elektrische Feldkonstante	ε_0	$= 8{,}8542 \cdot 10^{-12}$ (As)^2/(Jm)
Magnetische Feldkonstante	μ_0	$= 4\pi \cdot 10^{-7}$ Wb^2/(Jm) $=$
		$= 1{,}2566 \cdot 10^{-6}$ Wb^2/(Jm)
Plancksches Wirkungsquantum	h	$= 6{,}6261 \cdot 10^{-34}$ J$\cdot$ s
Rydberg-Energie	R_∞^*	$= 13{,}6057$ eV
Elementarladung	e	$= 1{,}60218 \cdot 10^{-19}$ C
Atomare Masseneinheit	1 u	$= 1{,}6605 \cdot 10^{-27}$ kg
Ruhemasse des Elektrons	$m_{0,e}$	$= 9{,}1094 \cdot 10^{-31}$ kg $=$
		$= 511{,}0$ keV/c^2
Ruhemasse des Neutrons	$m_{0,n}$	$= 1{,}67493 \cdot 10^{-27}$ kg $=$
		$= 939{,}57$ MeV/c^2
Ruhemasse des Protons	$m_{0,p}$	$= 1{,}67262 \cdot 10^{-27}$ kg $=$
		$= 938{,}27$ MeV/c^2
Ruhemasse des α-Teilchens	$m_{0,\alpha}$	$= 6{,}6447 \cdot 10^{-27}$ kg

In den Aufgaben wird die volle Stellenzahl meistens nicht benötigt, insbesondere kann c = 3$\cdot$ 10^8 m/s gesetzt werden.

[*)] Rev. Mod. Phys., Vol. 59, No. 4, Oct. 1987

Seit 1983 ist die Lichtgeschwindigkeit c auf den angegebenen exakten Wert international festgesetzt. Längen werden durch das Produkt Lichtgeschwindigkeit x Laufzeit der elektromagnetischen Wellen definiert.

Vorsätze und Vorsatzzeichen für dezimale Teile und Vielfache von Einheiten nach DIN 1301, Teil 1:

Vorsatz	Zeichen	Faktor
Atto	a	10^{-18}
Femto	f	10^{-15}
Piko	p	10^{-12}
Nano	n	10^{-9}
Mikro	μ	10^{-6}
Milli	m	10^{-3}
Kilo	k	10^{3}
Mega	M	10^{6}
Giga	G	10^{9}
Tera	T	10^{12}
Peta	P	10^{15}
Exa	E	10^{18}

Hinweise

Bei der zahlenmäßigen Auswertung der Lösungen empfiehlt es sich, Zwischenergebnisse genauer als unbedingt nötig zu berechnen, um Rundungsfehler im Endergebnis zu vermeiden.

Die in dem vorliegenden Buch verwendeten Normen sind zum größten Teil im AEF-Taschenbuch „Einheiten und Begriffe für physikalische Größen"[*] zusammengefaßt. Die Normen, herausgegeben vom Deutschen Institut für Normung (DIN), werden fortlaufend in Zusammenarbeit von Wissenschaft und Industrie überarbeitet. Sie werden auch mit internationalen Organisationen (wie ISO, IEC, IUPAP) abgestimmt.

Physikalische Größen und Gleichungen (Begriffe, Schreibweisen) werden in DIN 1313 behandelt. Allgemeine physikalische und mathematische Formelzeichen werden im Druck kursiv, Zahlen und Einheitensymbole steil gesetzt. Die Namen physikalischer Größen und deren SI-Einheiten sind in DIN 1301 zusammengestellt. Formelzeichen und ihre Bedeutung sind in DIN 1304 zu finden[**].

---

[*] DIN-Taschenbuch 22. Beuth-Verlag, Berlin Köln 1990.
[**] DIN-Taschenbuch 202. Beuth-Verlag, Berlin Köln 1984.

1 Mechanik

1.1 Kinematik

Der Ablauf der Bewegung eines Körpers wird durch die Abhängigkeit des Ortes, der Geschwindigkeit und Beschleunigung von der Zeit gegeben. Spezielle Typen der Bewegung sind die geradlinige Bewegung, die Bewegung auf einer Kreisbahn und die Bewegung in einer Ebene.

1.1.1 Gleichmäßig beschleunigte Linearbewegung

Aufgabe

Eine Rakete startet aus der Ruhe vertikal nach oben. In der ersten Beschleunigungsphase von $t_1 = 60$ s Dauer erfährt die Rakete durch den elektronisch gesteuerten Raketenmotor eine konstante Beschleunigung $a_1 = 40$ m/s^2. Unmittelbar anschließend folgt die zweite Beschleunigungsphase von $t_2 = 20$ s Dauer mit einer konstanten Beschleunigung $a_2 = 90$ m/s^2. Anschließend fliegt sie mit konstanter Geschwindigkeit weiter. Dabei wird die Schwerkraft gerade durch die Antriebskraft des Raketenmotors kompensiert.

a) Welche Höhe x_1 hat die Rakete nach der 1. Beschleunigungsphase erreicht?
Wie groß ist ihre Geschwindigkeit v_1 zu diesem Zeitpunkt?

b) Wie hoch ist sie nach der 2. Beschleunigungsphase gekommen?
Wie groß ist ihre Geschwindigkeit v_2 zu diesem Zeitpunkt?
Nach welchem Gesetz wächst anschließend die Höhe der Rakete?

c) Skizzieren Sie in untereinander liegenden graphischen Darstellungen Beschleunigungs-, Geschwindigkeits- und Orts-Zeit-Diagramme.

Lösung

a) 1. Phase: $v_1 = a_1 t_1 = 40$ m/s$^2 \cdot 60$ s $= 2400$ m/s

$$x_1 = \frac{1}{2} a_1 t_1^2 = \frac{1}{2} v_1 t_1 = \frac{1}{2} \cdot 2400 \text{ m/s} \cdot 60 \text{ s} = 72 \text{ km}$$

b) 2. Phase: Wir legen den Zeitnullpunkt ans Ende der 1. Phase:

$$v_2 = a_2 t_2 + v_1 = 90 \text{ m/s}^2 \cdot 20 \text{ s} + 2400 \text{ m/s} = 4200 \text{ m/s}$$

$$x_2 = \frac{1}{2} a_2 t_2^2 + v_1 t_2 + x_1 =$$

$$= \frac{1}{2} \cdot 90 \text{ m/s}^2 \cdot 400 \text{ s}^2 + 2400 \text{ m/s} \cdot 20 \text{ s} + 72000 \text{ m} = 138 \text{ km}$$

3. Phase: $v = v_2 = $ konst.; $x(t) = v_2 t + x_2$,
   wobei hier der Zeitpunkt am Ende der 2. Phase liegt.

c)

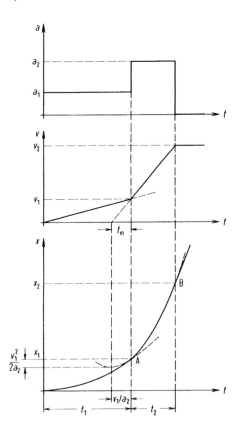

Abb. 1.1.1c. Bewegungsablauf der Rakete. (Nur die durchgezogenen Kurven beschreiben ihren Bewegungsablauf.)

Zum Zeit-Weg-Diagramm:
Die Parabeln in A und die Gerade in B schließen mit gemeinsamer Tangente aneinander an, weil $v(t) = \dot{x}(t)$ die Steigung der Kurven $x(t)$ angibt.

Minimum der 2. Parabel:

$$v(t_m) = a_2 t_m + v_1 = 0; \quad t_m = -v_1/a_2$$

$$x(t_m) = \frac{1}{2}a_2 t_m^2 + v_1 t_m + x_1 = x_1 - v_1^2/(2a_2)$$

1.1.2 Schiefe Ebene

Aufgabe

Auf einer um 30° gegen die Horizontale geneigten Luftkissenfahrbahn (reibungsfrei) wird ein Gleiter so nach oben gestoßen, daß er seinen Umkehrpunkt nach $t_1 = 0,8$ s erreicht.

a) Mit welcher Geschwindigkeit v_1 wurde er gestartet?

b) Welche Strecke s_1 hat er bis zu seinem Umkehrpunkt zurückgelegt?

c) Welche Geschwindigkeit v_2 hat er 2 m unterhalb des Startpunktes erreicht, wenn er vom Umkehrpunkt zurückkehrt?

Lösung

a)

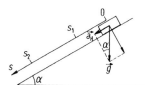

Abb. 1.1.2a. Beschleunigung parallel zum Hang: $a_H = g \sin \alpha$.

Wir legen den Nullpunkt des Koordinatensystems in den Umkehrpunkt. Dann ist die Startgeschwindigkeit dem Betrage nach gleich der Geschwindigkeit nach $t_1 = 0,8$ s, wenn der Gleiter im Umkehrpunkt losgelassen wird und keine Reibung vorhanden ist.

$$v_1 = a_H t_1 = 9,81 \text{ m/s}^2 \cdot \sin 30° \cdot 0,8 \text{ s} = 4,905 \text{ m/s}^2 \cdot 0,8 \text{ s} = 3,92 \text{ m/s}$$

b) $s_1 = \frac{1}{2} a_H t_1^2 = \frac{1}{2} \cdot 4,905 \text{ m/s}^2 \cdot (0,8 \text{ s})^2 = 1,57 \text{ m}$

c) $v_2 = \sqrt{2 a_H s_2} = \sqrt{2 \cdot 4,905 \text{ m/s}^2 \cdot (1,57 \text{ m} + 2 \text{ m})} = 5,92 \text{ m/s}$

1.1.3 Senkrechter Wurf

Aufgabe

Mit einem Kinderspielzeug wird ein Plastikball mit einer Geschwindigkeit $v_{0,1} = 10$ m/s vom Boden aus senkrecht an einer Hauswand nach oben katapultiert, so daß er gerade die Balkonhöhe h des Hauses erreicht. Gleichzeitig wird aus der Höhe h ein zweiter Ball mit einer Geschwindigkeit $v_{0,2} = 2$ m/s nach unten geworfen.

a) Zu welchem Zeitpunkt t^* nach dem Start, in welcher Höhe z^* über dem Boden und mit welchen Geschwindigkeiten $v_1(t^*)$ und $v_2(t^*)$ treffen sich die Bälle?

b) Berechnen Sie die Ergebnisse für den Fall, daß man den zweiten Ball fallen läßt.

Reibungsfreiheit sei vorausgesetzt.

Lösung

a)

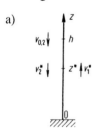

Abb. 1.1.3a. Koordinaten und Geschwindigkeiten der beiden Bälle.

Gleichungen für die Geschwindigkeiten der Bälle:

$$v_1(t) = -gt + v_{0,1} \qquad (1) \qquad v_2(t) = -gt - v_{0,2} \qquad (2)$$

Gleichungen für die Ortskoordinaten:

$$z_1(t) = -\frac{1}{2} gt^2 + v_{0,1} t \qquad (3) \qquad z_2(t) = -\frac{1}{2} gt^2 - v_{0,2} t + h \qquad (4)$$

Wurfhöhe $h = \dfrac{v_{0,1}^2}{2g} = \dfrac{(10 \text{ m/s})^2}{2 \cdot 9,81 \text{ m/s}^2} = 5,10 \text{ m}.$

Durch Gleichsetzen von Gl. (3) und Gl. (4) erhält man den Zeitpunkt der Begegnung

$$t^* = \frac{h}{v_{0,1} + v_{0,2}} = \frac{5,10 \text{ m}}{10 \text{ m/s} + 2 \text{ m/s}} = 0,425 \text{ s}$$

Die Begegnungsstelle z^* berechnet man durch Einsetzen von t^* in Gl. (3) oder (4):

$$z^* = z_1(t^*) = -\frac{1}{2} \cdot 9,81 \text{ m/s}^2 \cdot (0,425 \text{ s})^2 + 10 \text{ m/s} \cdot 0,425 \text{ s} =$$
$$= 3,36 \text{ m} = z_2(t^*) \tag{3}$$

$$v_1(t^*) = -9,81 \text{ m/s}^2 \cdot 0,425 \text{ s} + 10 \text{ m/s} = 5,83 \text{ m/s} \tag{1}$$

$$v_2(t^*) = -9,81 \text{ m/s}^2 \cdot 0,425 \text{ s} - 2 \text{ m/s} = -6,17 \text{ m/s} \tag{2}$$

b) Für $v_{0,2} = 0$ wird $t^* = 0,51 \text{ s}$; $z^* = 3,82 \text{ m}$

$$v_1(t^*) = 5,0 \text{ m/s}; \quad v_2(t^*) = -5,0 \text{ m/s}$$

1.1.4 Zunehmende Beschleunigung

Aufgabe

Ein Aufzug soll sich so bewegen, daß seine Beschleunigung linear mit der Zeit anwächst. Beim Start seien seine Geschwindigkeit und Beschleunigung null.

a) Wie hängen Geschwindigkeit und Weg von der Zeit ab?

b) Wie groß sind Geschwindigkeit v_1 und Beschleunigung a_1 nach $t_1 = 10$ s, wenn er während dieser Zeit $x_1 = 30$ m zurückgelegt hat?

Lösung

a) $a = Ct$; $\quad C = \text{konst.}$ (1)

$$v(t) = \int a \, \mathrm{d}t = \frac{1}{2}Ct^2 + c_1, \tag{2}$$

da bei $t = 0$: $v = 0$, ist $c_1 = 0$.

$$x(t) = \int v \, dt = \frac{1}{6} C t^3 + c_2, \tag{3}$$

da bei $t = 0$: $x = 0$, ist $c_2 = 0$.

b) Mit Gl. (3): $C = \dfrac{6x_1}{t_1^3} = \dfrac{6 \cdot 30 \text{ m}}{1000 \text{ s}^3} = 0,18 \text{ m/s}^3$

Gl. (2): $v_1 = \dfrac{1}{2} C t_1^2 = \dfrac{1}{2} \cdot 0,18 \text{ m/s}^3 \cdot 100 \text{ s}^2 = 9,0 \text{ m/s}$

Gl. (1): $a_1 = C t_1 = 0,18 \text{ m/s}^3 \cdot 10 \text{ s} = 1,8 \text{ m/s}^2$

1.1.5 Wurfparabel

Aufgabe

Ein Eisenbahnwagen bewegt sich mit der konstanten Geschwindigkeit $v_0 = 60$ km/h. Vom 2 m hohen Gepäcknetz fällt ein Gegenstand zu Boden.

a) Nach welcher Zeit trifft er auf dem Boden des Wagens auf?

b) Welche Bahnform der Fallbewegung sieht ein im Wagen sitzender Fahrgast?

c) Berechnen Sie die Bahnkurve, die ein auf dem Bahndamm stehender Beobachter sieht.

Lösung

a) Freier Fall: $s = \dfrac{1}{2} g t^2$; $\quad t = \sqrt{\dfrac{2s}{g}} = \sqrt{\dfrac{2 \cdot 2 \text{ m}}{9,81 \text{ m/s}^2}} = 0,64 \text{ s}$

b) Ein mitbewegter Beobachter sieht einen vertikalen Fall.

c) Der Beobachter auf dem Bahndamm hat einen horizontalen Wurf mit der Anfangsgeschwindigkeit v_0 vor sich. Wenn der Luftwiderstand vernachlässigt wird, gilt:

$$x = v_0 t; \quad y = \frac{1}{2} g t^2;$$

daraus ergibt sich die Parabelgleichung

$$y = \frac{g}{2v_0^2}x^2 = \frac{9,81 \text{ m/s}^2}{2 \cdot (60/3,6)^2 \cdot (1 \text{ m/s})^2} \cdot x^2 = (0,018 \text{ m}^{-1}) \cdot x^2$$

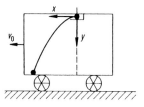

Abb. 1.1.5c. Das Koordinatensystem ist mit dem Bahndamm verbunden. Es ist so gewählt, daß beim Beginn des Fallens $x = 0$ ist.

1.1.6 Vektoraddition von Geschwindigkeiten

Aufgabe

Ein Pilot fliegt mit seinem Sportflugzeug vom Flughafen Köln-Bonn (B) zum 370 km entfernten Flughafen Hamburg (H). Die Kursrichtung über Grund beträgt

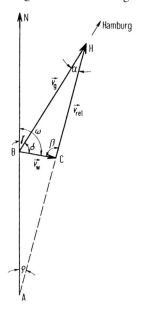

Abb. 1.1.6. Vektoraddition der Geschwindigkeiten.

$\sphericalangle\,\gamma = 33°$. Der Pilot erhält vom Tower in B als Windrichtung $\sphericalangle\,\omega = 100°$ und als Windgeschwindigkeit $v_w = 60$ km/h angegeben. Seine relative Fluggeschwindigkeit beträgt $v_{rel} = 200$ km/h.

a) Welchen Steuerkurs $\sphericalangle\,\rho$ muß er einhalten?

b) Wie groß ist seine Absolutgeschwindigkeit v_g über Grund?

c) Wie lange dauert der Flug?

Lösung

a) $\rho = \gamma - \alpha$

Sinussatz im $\triangle$BHC: $\dfrac{\sin\alpha}{\sin\delta} = \dfrac{v_w}{v_{rel}}$

Da $\delta = \omega - \gamma = 100° - 33° = 67°$, ist

$$\sin\alpha = \frac{60 \text{ km/h}}{200 \text{ km/h}} \cdot \sin 67° = 0,276; \quad \sphericalangle\,\alpha = 16°$$

$$\sphericalangle\,\rho = 33° - 16° = 17°$$

b) Sinussatz im $\triangle$BHC: $\dfrac{\sin\beta}{\sin\delta} = \dfrac{v_g}{v_{rel}}$

Da $\beta = 180° - \alpha - \delta = 180° - 16° - 67° = 97°$, ist

$$v_g = \frac{\sin 97°}{\sin 67°} \cdot 200 \text{ km/h} = 215,7 \text{ km/h}$$

c) Flugzeit: $\Delta t = \dfrac{\Delta x}{v_g} = \dfrac{370 \text{ km}}{215,7 \text{ km/h}} = 1,7 \text{ h} = 103 \text{ min}$

1.1.7 Gleichförmige Drehbewegung

Aufgabe

Ein Rad mit sechs Speichen dreht sich zunächst mit einer Frequenz $f_R = 2 \text{ s}^{-1}$. Es wird mit einem Stroboskop beleuchtet.

a) Welche Stroboskop-Frequenzen f_S sind für die Beleuchtung möglich, damit das Rad stillzustehen scheint?

b) Welche Winkelgeschwindigkeiten ω_R kann das Rad haben, wenn es bei einer Blitzfolge $f_S = 18$ s^{-1} scheinbar steht?

c) Um wieviele Winkelgrade ϑ_1 bzw. ϑ_2 erscheinen die Speichen verbreitert, wenn bei der Drehzahl $f_R = 2$ s^{-1} die Lichtblitze eine Zeitdauer Δt von 1 ms bzw. (1/120) s haben?

Lösung

a) Dauer einer Umdrehung $T_R = 1/f_R = 0,5$ s
   Zeit zwischen zwei Blitzen: $T_S = k \cdot T_R/6$; $k = 1, 2, 3, \ldots$

$$f_S = 6/(k \cdot T_R) = 6 f_R/k$$

b) $f_R = k \cdot f_S/6$; $\omega_R = 2\pi k f_S/6 = k \cdot 18,85$ s^{-1} mit $k = 1, 2, 3, \ldots$

c) $\vartheta = 360° \cdot \Delta t/T_R$; $\vartheta_1 = 360° \cdot 10^{-3}$ s/0,5 s $= 0,72°$ bzw. $\vartheta_2 = 6,0°$

1.1.8 Kinematik der Kreisbewegung

Aufgabe

Ein Kinderkarussell dreht sich mit konstanter Winkelgeschwindigkeit ω um seine vertikale z-Achse. Bezüglich der mit dem Boden verbundenen x- und y-Achsen soll ein Pferd auf dem Karussell zum Zeitpunkt $t = 0$ die Koordinaten $x_0 = 3,5$ m und $y_0 = 2$ m haben. Nach 0,8 s hat es die y-Achse erreicht.

a) Berechnen Sie die Winkelgeschwindigkeit ω und die Umlaufdauer T. Wie groß sind die Komponenten des Beschleunigungsvektors $\vec{a}$, der auf ein Kind auf dem Pferd einwirkt, in Abhängigkeit von der Zeit? Wie groß ist dessen Betrag? Welche Zentrifugalkraft F_z spürt ein Kind mit der Masse $m = 40$ kg?

b) Anschließend wird das Karussell gleichmäßig abgebremst und kommt nach $t = 40$ s zum Stillstand. Wieviele Umdrehungen N hat es während des Abbremsvorganges gemacht?

Lösung

a) $\omega = \Delta\varphi/\Delta t$; $\tan\varphi_0 = y_0/x_0 = 2$ m/3,5 m; $\varphi_0 = 29,7°$
   $\omega = (\pi/2 - 29,7° \cdot \pi/180°)/0,8$ s $= 1,32$ s^{-1}
   $T = 2\pi/1,32$ s$^{-1} = 4,78$ s

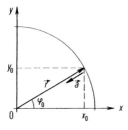

Abb. 1.1.8a. Position des Pferds zum Zeitpunkt $t = 0$.

Der Vektor der Zentripetalbeschleunigung $\vec{a} = \ddot{\vec{r}}$ ist dem Ortsvektor $\vec{r}$ entgegengerichtet, also

$a_x = -a_r \cdot \cos \varphi(t); \quad a_y = -a_r \cdot \sin \varphi(t),$ wobei

$\varphi(t) = \omega t + \varphi_0 = 1,32 \text{ s}^{-1} \cdot t + 29,7° \cdot \pi/180°$

$r = \sqrt{x_0^2 + y_0^2} = 4,03 \text{ m}$

und $a_r = |\vec{a}| = \omega^2 r = (1,32 \text{ s}^{-1})^2 \cdot 4,03 \text{ m} = 7,01 \text{ m/s}^2$ ist.

$F_z = ma_r = 40 \text{ kg} \cdot 7,02 \text{ m/s}^2 = 280,9 \text{ N}$

b) $\varphi = \frac{1}{2}\alpha t^2; \quad \alpha = \Delta\omega/\Delta t = \omega/t; \quad \varphi = \frac{1}{2}\omega t$

$N = \varphi/(2\pi) = \omega/(4\pi) = 1,32 \text{ s}^{-1} \cdot 40 \text{ s}/(4\pi) = 4,20$

1.2 Dynamik

Mit dem Grundgesetz der Dynamik (Bewegungsgleichung) $\vec{F} = \dot{\vec{p}}$ bzw. $\vec{F} = m\vec{a}$ und dem Impulserhaltungssatz lassen sich viele physikalisch-technische Probleme der Mechanik behandeln, z.B. die schiefe Ebene, die äußere Reibung oder der Raketenaufstieg. Aus der Integration der Bewegungsgleichung ergibt sich der Bewegungsablauf.
In diesem Abschnitt werden die Probleme nicht behandelt, welche mit der Drehbewegung von Körpern zusammenhängen, wie Drehimpuls, Massenträgheitsmoment usw. Darauf wird in Abschn. 1.4 eingegangen.

Energie- und Impulserhaltungssatz folgen aus dem Grundgesetz. Bei Stoßproblemen müssen diese beiden Erhaltungssätze berücksichtigt werden.

Für den zentralen elastischen Stoß zweier Körper mit den Massen m_1 und m_2, den Anfangsgeschwindigkeiten $v_{1,a}$ und $v_{2,a}$ und den Endgeschwindigkeiten $v_{1,e}$ und $v_{2,e}$ nach dem Stoß gilt:

$$v_{1,e} = \frac{2m_2}{m_1 + m_2} \cdot v_{2,a} + \frac{m_1 - m_2}{m_1 + m_2} \cdot v_{1,a}$$

$$v_{2,e} = \frac{2m_1}{m_1 + m_2} \cdot v_{1,a} - \frac{m_1 - m_2}{m_1 + m_2} \cdot v_{2,a}$$

Reibungskräfte

Man unterscheidet drei Arten von Reibungskräften F_R:

a) Trockene, äußere Reibung beim Gleiten oder Rollen eines Fahrzeugs: F_R ist proportional zur Normalkraft F_N, senkrecht zur Auflagefläche eines Körpers und praktisch geschwindigkeitsunabhängig: $F_R = \mu F_N$.
   Die Gleit- bzw. Rollreibungszahl μ ist abhängig von der Materialkombination zwischen Körper – Auflagefläche.

b) Innere Reibung: Bewegt sich ein Körper relativ zu Flüssigkeiten oder Gasen, so gilt im Fall laminarer Strömung: $\vec{F}_R = -k\vec{v}$.
   Der Proportionalitätsfaktor k hängt von geometrischen Abmessungen des Körpers und der Viskosität η (Koeffizient der inneren Reibung) ab.

c) Turbulente Strömung: Hier gilt angenähert $F_R \sim v^2$ für $v <$ Schallgeschwindigkeit.

1.2.1 Arbeit und Leistung bei der Linearbewegung

Aufgabe

Ein Auto mit der Masse $m = 1$ t fährt mit konstanter Beschleunigung aus dem Stand eine schiefe Ebene vom Neigungswinkel $\alpha = 10°$ hinauf. Die auftretenden Reibungskräfte (Rollreibung, Getriebe usw.) sollen als näherungsweise geschwindigkeitsunabhängig zu einer äußeren Reibungskraft mit der Reibungszahl (Fahrwiderstandszahl) $\mu = 0,02$ zusammengefaßt werden. Nach $t_1 = 20$ s erreicht es die Geschwindigkeit $v_1 = 60$ km/h, die es dann auf der schiefen Ebene beibehält.

a) Berechnen Sie Geschwindigkeit, Antriebskraft und Leistung des Autos als Funktion der Zeit während der Beschleunigungsphase und während der gleichförmigen Bewegung auf der schiefen Ebene (Skizze mit den Kräften, die auf das Auto einwirken!).

b) Berechnen Sie mit den gegebenen Zahlenwerten Antriebskraft $F_{Z,1}$ bzw. $F_{Z,2}$ und Leistung P_1 bzw. P_2 am Ende des Beschleunigungsvorganges und zu Beginn der gleichförmigen Bewegung.

c) Skizzieren Sie die drei Funktionen der Aufgabe a) in untereinander liegenden Diagrammen im Bereich von $t = 0 \ldots 40$ s. Wie sieht das Diagramm der Arbeit, die von der Antriebskraft verrichtet wird, als Funktion der Zeit aus?

Lösung

a)

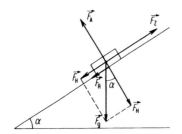

Abb. 1.2.1a. Die Kraft $\vec{F}_A = -\vec{F}_N$ stellt die Reaktionskraft dar, mit welcher die Ebene auf die Gewichtskraft des Autos reagiert.

Grundgesetz der Dynamik: $F = ma = F_Z - F_H - F_R$, wobei F_Z die Antriebskraft, F_H den Hangabtrieb und F_R die Reibungskraft bedeuten.

Während der 1. Phase:
Weil $a = $ konst., ist $v = at = (v_1/t_1) \cdot t$
$F_{Z,1} = ma + F_H + F_R = m \cdot (v_1/t_1) + mg \cdot \sin\alpha + \mu mg \cdot \cos\alpha = $ konst.
$P_1(t) = F_{Z,1} \cdot v = F_{Z,1} \cdot (v_1/t_1) \cdot t \sim t$

Während der 2. Phase mit $v = v_1 = $ konst.:
$F_{Z,2} = mg \cdot \sin\alpha + \mu mg \cdot \cos\alpha = $ konst. $< F_{Z,1}$
$P_2(t) = F_{Z,2} \cdot v_1 = $ konst.

b) $a = v_1/t_1 = 0,833$ m/s^2
$F_{Z,1} = 833$ N $+ 1703$ N $+ 193$ N $= 2729$ N
$F_{Z,2} = 1703$ N $+ 193$ N $= 1896$ N

$$P_1(t_1) = F_{Z,1} \cdot v_1 = 2729 \text{ N} \cdot 16,67 \text{ m/s} = 45,5 \text{ kW}$$
$$P_2 \quad = F_{Z,2} \cdot v_1 = 1896 \text{ N} \cdot 16,67 \text{ m/s} = 31,6 \text{ kW}$$

c)

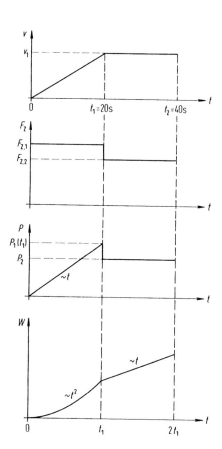

Abb. 1.2.1c. Das Diagramm $W=W(t)$ entsteht aus $P = P(t)$ durch die Überlegung, daß $W = \int P \, dt$ bzw. $P = dW/dt$ ist.

1.2.2 Innere Reibung

Aufgabe

Ein Güterwagen mit der Masse $m = 10$ t und der Geschwindigkeit $v_0 = 5$ m/s rollt auf ebener Strecke aus und wird durch den Luftwiderstand und die Lagerreibung mit der Bremskraft $F_R = -kv$ zur Ruhe gebracht. Dabei sei $k = 200$ kg/s.

a) Berechnen Sie den Ort, die Geschwindigkeit und die Beschleunigung des Wagens in Abhängigkeit von der Zeit.

b) Nach welcher Zeit kommt der Wagen zum Stillstand, und wie groß ist sein Bremsweg? Wie groß ist die Bremsverzögerung zu Beginn der Abbremsung? Welcher Einfluß verkleinert diese Werte in der Praxis?

Lösung

a) Grundgesetz der Dynamik: $m\ddot{x} = -k\dot{x}$; $m \cdot dv = -k \cdot dx$
Anfangsbedingungen: $t = 0$: $x_0 = 0$; $v_0 = 5$ m/s

1. Integration: $m \cdot \displaystyle\int_{v_0}^{v} dv = -k \int_{0}^{x} dx$; $v(t) = -(k/m) \cdot x + v_0$

2. Integration nach Separation der Variablen:

$$\int_{0}^{x} \frac{dx}{-(k/m) \cdot x + v_0} = \int_{0}^{t} dt; \quad \ln\left(-\frac{k}{m} \cdot \frac{x}{v_0} + 1\right) = -\frac{k}{m} t$$

$$x(t) = v_0 \cdot \frac{m}{k}\left(1 - e^{-(k/m)\cdot t}\right); \quad v(t) = \dot{x}(t) = v_0 \cdot e^{-(k/m)\cdot t}$$

$$a(t) = \dot{v}(t) = -\frac{k}{m} v_0 \cdot e^{-(k/m)\cdot t}$$

b) Für den Grenzfall, ohne Einfluß von äußerer Reibung (Rollreibung), wird für $t \to \infty$: $v \to 0$.

Maximaler Bremsweg: $x(t \to \infty) = v_0 \cdot \dfrac{m}{k} = \dfrac{5 \text{ m/s} \cdot 10^4 \text{ kg}}{200 \text{ kg/s}} = 250$ m

Bremsverzögerung: $a_0 = -\dfrac{k}{m} v_0 = -\dfrac{200 \text{ kg/s} \cdot 5 \text{ m/s}}{10^4 \text{ kg}} = -0,1$ m/s^2

Die kleine geschwindigkeitsunabhängige Rollreibung überwiegt gegen Ende des Bremsweges und sorgt für endliche Bremszeiten und kürzere Bremswege.

1.2.3 Mechanischer Massenspektrograf

Aufgabe

Kugeln mit zwei verschiedenen Massen m_1 und m_2 werden horizontal aus einem Rohr in ein evakuiertes Gefäß geschossen. Im Rohr befindet sich eine Schraubenfeder mit der Richtgröße $D = 300$ N/m, die um $l = 10$ cm zusammengedrückt und dann losgelassen wird. Dadurch werden die Kugeln auf *gleiche kinetische Energien* gebracht. Das Rohr liegt in einer Höhe $h = 4,5$ m über dem Gefäßboden. Die eine Kugelsorte trifft $x_{e,1} = 4$ m, die andere $x_{e,2} = 6$ m entfernt vom Fußpunkt der Rohrmündung auf den Boden.

a) Wie groß ist die Kraft der gespannten Feder und die kinetische Energie der Kugeln nach Entspannung der Feder?

b) Wie lautet die Bahngleichung der Kugeln?

c) Wie groß sind deren Massen und deren Ablenkwinkel α von der Einschußrichtung beim Auftreffen?

d) Wie lange brauchen die Kugeln bis zum Auftreffen? Wie groß sind ihre Geschwindigkeitsbeträge ($v_{x,1}$, $v_{x,2}$) beim Eintritt ins Gefäß und ihre Beträge (v_1, v_2) beim Auftreffen auf den Gefäßboden sowie die zugehörigen Impulsbeträge?

e) *Analogon:* Der elektrische Massenspektrograf.
Läßt man auf Ionen derselben kinetischen Energie ein homogenes elektrisches Feld senkrecht zur Richtung ihrer Eintrittsgeschwindigkeit wirken, so treffen bei genügend starker ablenkender Kraft diese auf eine der beiden Kondensatorplatten. Die Ionen werden dabei parallel zu den Platten in die Kondensatormitte eingeschossen. Die eine der Platten soll eine Fotoplatte tragen, so daß der Auftreffpunkt der Ionen registriert werden kann.
Zeigen Sie anhand der Formel für den Abstand Kondensatoranfang–Auftreffpunkt (unter Benützung der Ergebnisse der vorangehenden Aufgaben), daß diese Anordnung nicht zur Massenanalyse brauchbar ist.

Lösung

a) $|\vec{F}| = Dl = 300$ N/m $\cdot$ $0,1$ m $= 30$ N

$$W_{\text{kin}} = W_{\text{pot}} = \frac{1}{2}Dl^2 = \frac{1}{2} \cdot 300 \, \frac{\text{N}}{\text{m}} \cdot (0,1 \text{ m})^2 = 1,5 \text{ J}$$

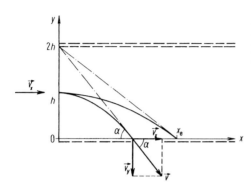

Abb. 1.2.3a. Gestrichelt gezeichnet sind die Kondensator-Platten zu Aufg. e). Die strichpunktierten Linien zeigen, daß $\tan \alpha = 2h/x_e$ ist (Aufg. c).

b) Aus $x = v_x \cdot t$ und $y = h - \dfrac{1}{2}gt^2$ folgt mit

$$W_{kin} = \frac{1}{2}mv_x^2 = \frac{1}{2}m\frac{x^2}{t^2};\ y = h - \frac{mg}{4W_{kin}}x^2$$

c) Auftreffstelle bei $y = 0$; $x = x_{e,1}$ bzw. $x_{e,2}$

$$m = \frac{4W_{kin} \cdot h}{gx_e^2}$$

$$m_1 = \frac{4 \cdot 1,5\ \text{Nm} \cdot 4,5\ \text{m}}{9,81\ \text{m/s}^2 \cdot (4\ \text{m})^2} = 0,172\ \text{kg};\quad m_2 = 0,0765\ \text{kg}$$

Ablenkwinkel: $\tan \alpha = v_y/v_x$. Da $v_y = \sqrt{2gh}$ und $v_x = \sqrt{2W_{kin}/m}$, wird

$$\tan \alpha = \sqrt{\frac{mgh}{W_{kin}}} = \sqrt{\frac{4W_{kin} \cdot h \cdot gh}{W_{kin} \cdot g \cdot x_e^2}} = \frac{2h}{x_e}$$

$\tan \alpha_1 = 2 \cdot 4,5\ \text{m}/4\ \text{m} = 2,25$; $\alpha_1 = 66,0°$; $\alpha_2 = 56,3°$

d) $t = \sqrt{\dfrac{2h}{g}} = \sqrt{\dfrac{2 \cdot 4,5\ \text{m}}{9,81\ \text{m/s}^2}} = 0,96\ \text{s}$

$v_{x,1} = \sqrt{2W_{kin}/m_1} = \sqrt{2 \cdot 1,5\ \text{J}/0,172\ \text{kg}} = 4,18\ \text{m/s}$

$$p_{x,1} = m_1 v_{x,1} = 0,719 \text{ kg m/s}$$

$$v_1 = \sqrt{v_{x,1}^2 + v_y^2} = \sqrt{v_{x,1}^2 + 2gh} = 10,28 \text{ m/s}; \; p_1 = 1,768 \text{ kg m/s}$$

$$v_{x,2} = 6,26 \text{ m/s}; \; v_2 = 11,29 \text{ m/s}; \; p_{x,2} = 0,479 \text{ kg m/s}; \; p_2 = 0,864 \text{ kg m/s}$$

e) Aus der Gleichung für m aus Aufg. c) folgt $x_e = \sqrt{\dfrac{4 W_{\text{kin}} h}{mg}}$.

Beim Plattenkondensator ersetzen wir die Gewichtskraft $m \cdot g$ durch die elektrische Kraft $F = Q|\vec{E}|$, wobei $Q = ne$ mit $n = 1, 2, 3, \ldots$. Damit wird

$$x_e = \sqrt{\frac{4 W_{\text{kin}} \cdot h}{QE}} \quad \text{unabhängig von der Masse!}$$

1.2.4 Kreispendel

Aufgabe

Eine Kugel mit der Masse $m = 4$ kg hängt an einem Messingdraht vom Durchmesser 0,5 mm. Der Abstand Kugelmittelpunkt – Aufhängepunkt beträgt $l = 1$ m. Sie führt um die vertikale Achse durch den Aufhängepunkt eine gleichförmige Kreisbewegung aus.

a) Wie groß sind die Grenzwerte für Auslenkwinkel φ, Winkelgeschwindigkeit ω und Umlaufdauer T der Kugel, wenn der Draht bei einer Belastung von 100 N reißt?
Mit welcher Geschwindigkeit fliegt sie weg?
Wie groß ist dabei ihr Impuls?
Was ist über ihre Richtung zu sagen?
(Der Draht werde zunächst als ungedehnt angenommen.)

b) Wie groß muß ω im Grenzfall sehr kleiner Auslenkungen mindestens sein, damit eine Bewegung als Kreispendel möglich ist?

c) Um welche Strecke dehnt sich der Draht, wenn die Kugel in Ruhe ist bzw. wenn sie mit $\omega = 3,5$ s^{-1} umläuft?
Wie groß ist im zweiten Fall die Auslenkung? Der Elastizitätsmodul von Messing beträgt $E = 9 \cdot 10^4$ N/mm^2.

Lösung

a) Die Schwerkraft wird zerlegt in den Radialanteil $\vec{F}_r$, welcher als Zentripetalkraft wirkt, und die Kraft $\vec{F}_s$, welche die Gegenkraft zur Seilkraft $-\vec{F}_s$ darstellt.

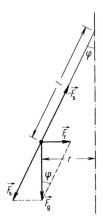

Abb. 1.2.4a. Kräfte, die auf die Kugel einwirken.

$$\cos\varphi = \frac{F_g}{F_s} = \frac{4 \text{ kg} \cdot 9,81 \text{ m/s}^2}{100 \text{ N}}; \quad \varphi = 66,9°$$

$$\sin\varphi = \frac{r}{l} = \frac{F_r}{F_s}; \quad F_r = m\omega^2 r$$

daraus: $F_s = m\omega^2 l$ und $\omega = \sqrt{F_s/(ml)} = 5 \text{ s}^{-1}$; $T = 2\pi/\omega = 1,26 \text{ s}$

$v = \omega r = \omega l \cdot \sin\varphi = 4,60 \text{ m/s}$; $p = mv = 18,40 \text{ kg m/s}$

Wenn der Faden reißt, fliegt die Kugel tangential zur Kreisbahn weg und durchfliegt eine Wurfparabel.

b) Radialkraft F_r = Zentripetalkraft

$$mg \cdot \tan\varphi = m\omega^2 r; \quad r = l \cdot \sin\varphi$$

daraus ergibt sich: $\cos\varphi = g/(\omega^2 l) \approx 1$, d.h.

$$\omega \geq \sqrt{g/l} = \sqrt{(9,81 \text{ m/s}^2)/1 \text{ m}} = 3,13 \text{ s}^{-1}$$

c) Relative Längenänderung, wenn die Kugel ruht:

$$\frac{\Delta l}{l_0} = \frac{F_g}{A \cdot E} = \frac{4 \text{ kg} \cdot 9,81 \text{ m/s}^2}{\pi \cdot (0,25 \text{ mm})^2 \cdot 9 \cdot 10^4 \text{ N/mm}^2} = 2,22 \cdot 10^{-3}$$

$$\Delta l = 2,22 \text{ mm}$$

Bei der Kreisbewegung ist $F_s = m\omega^2 l \approx m\omega^2 l_0 = 4 \text{ kg} \cdot (3,5 \text{ s}^{-1})^2 \cdot 1 \text{ m}$

$$F_s = 49 \text{ N}; \quad \frac{\Delta l}{l_0} = \frac{F_s}{A \cdot E} = 2,77 \cdot 10^{-3}; \quad \Delta l = 2,77 \text{ mm}$$

bei einer Auslenkung von $\cos\varphi = g/(\omega^2 l) = 0,801$; $\varphi = 36,8°$

1.2.5 Corioliskraft

Aufgabe

Auf einem Volksfestplatz steht ein Rotor vom Durchmesser $2r = 4$ m. Seine Winkelgeschwindigkeit ω soll gerade so groß sein, daß die Zentrifugalbeschleunigung an der Wand gleich der doppelten Erdbeschleunigung ist.

a) Welcher Haftreibungskoeffizient μ_0 muß zwischen Wand und Fahrern vorhanden sein, damit letztere nicht herunterrutschen?

b) Welche Corioliskraft F_c wirkt auf einen Gegenstand der Masse $m = 1,5$ kg, wenn dieser von einem Teilnehmer mit der Geschwindigkeit $v_r = 1$ m/s in Richtung zum Mittelpunkt des Rotors bewegt wird? In welche Richtung wirkt diese Kraft?

Lösung

a) Es muß gelten: Haftreibungskraft $\geq$ Gewichtskraft, d.h.
$\mu_0 F_z \geq F_g$; $\mu_0 \geq F_s/F_z = 1/2$; $F_z =$ Zentrifugalkraft.

b) $\vec{F}_c = 2m\vec{v}_r \times \vec{\omega}$, hier $F_c = 2mv_r\omega$
Zentrifugalbeschleunigung: $a_z = \omega^2 r = 2g$; $\omega = \sqrt{2g/r}$

$$F_c = 2 \cdot 1,5 \text{ kg} \cdot 1 \text{ m/s} \cdot \sqrt{2 \cdot (9,81 \text{ m/s}^2)/2 \text{ m}} = 9,40 \text{ N}$$
Die Richtung der Kraft zeigt senkrecht zu $\vec{v}_r$ und $\vec{\omega}$, hier also in Fahrtrichtung.

1.2.6 Kraftstoß

Aufgabe

An einem Fadenpendel der Länge $l = 1$ m hängt eine Kugel der Masse $m = 800$
Sie wird um $s = 5$ cm ausgelenkt und prallt elastisch auf eine Wand. Die Berü
rungsdauer wird elektronisch zu $\Delta t = 200$ µs gemessen. Wie groß ist der Impu
der Kugel kurz vor dem Stoß und die mittlere Stoßkraft während der Berühru
auf die Wand?

Lösung

$$\Delta p = \int_{t_1}^{t_2} F \, dt = 2mv; \quad \overline{F} \cdot \Delta t = 2mv$$

Die mittlere Stoßkraft: $\overline{F} = 2mv/\Delta t = 2p/\Delta t$

$(l - x)^2 + s^2 = l^2$
für $x \ll s$: $x \approx s^2/2l = (0,05 \text{ m})^2/(2 \cdot 1 \text{ m}) = 1,25$ mm

$p = mv = m\sqrt{2gx} = 0,8 \text{ kg} \cdot \sqrt{2 \cdot 9,81 \text{ m/s}^2 \cdot 1,25 \cdot 10^{-3} \text{ m}} = 0,125$ kg m/s

$\overline{F} = 2 \cdot (0,125 \text{ kg m/s})/0,2 \cdot 10^{-3} \text{ s} = 1253$ N

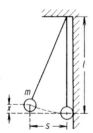

Abb. 1.2.6. Kugel vor dem Stoß.

1.2.7 Impulserhaltung

Aufgabe

Ein oben offener leerer Eisenbahnwagen der Masse $m_0 = 15$ t bewege sich
bungsfrei mit $v_0 = 2$ m/s. Während der Bewegung fällt aus einem (ruhen
Greifbagger senkrecht von oben Sand mit der Masse $m_1 = 1$ t in den Wagen.

a) Wie groß ist die Geschwindigkeit des beladenen Wagens? Um welchen Betrag ändert sich die kinetische Energie des Wagens? (Begründung!)

b) Anschließend wird der Wagen durch eine Klappe nach unten entleert. Wie groß sind danach Geschwindigkeit und kinetische Energie des Wagens?

Lösung

a) Der Sand hat vor dem Stoß in Fahrtrichtung keine Geschwindigkeitskomponente. Daher lautet der Impulserhaltungssatz in Fahrtrichtung:

$$m_0 v_0 = (m_0 + m_1) v_1$$

$$v_1 = \frac{m_0}{m_0 + m_1} \cdot v_0 = \frac{15 \text{ t}}{16 \text{ t}} \cdot 2 \text{ m/s} = 1,875 \text{ m/s}$$

Die kinetische Energie wird kleiner, weil ein inelastischer Stoß zwischen Sand und Wagen stattfindet:

$$\Delta W_{kin} = \frac{1}{2} m_0 v_0^2 - \frac{1}{2}(m_0 + m_1) v_1^2 = \frac{1}{2} m_0 v_0^2 \cdot \left(1 - \frac{m_0}{m_0 + m_1}\right) =$$

$$= 30 \cdot 10^3 \text{ J} \cdot \left(1 - \frac{15 \text{ t}}{16 \text{ t}}\right) = 1875 \text{ J}$$

b) Die Geschwindigkeit v_1 bleibt gleich, weil Wagen und Sand vorher gleiche Geschwindigkeiten hatten.

$$W_{kin} = \frac{1}{2} m_0 v_1^2 = 26,37 \cdot 10^3 \text{ J}$$

1.2.8 Energie- und Impulserhaltung

Aufgabe

Ein Güterwagen der Masse m_1 wird am oberen Ende eines Ablaufberges mit dem Neigungswinkel $6°$ mit der Geschwindigkeit $v_0 = 5$ m/s in Bewegung gesetzt (Reibungskoeffizient $\mu = 0,02$). Nach einer Strecke $x = 120$ m auf der schiefen Ebene stößt er am unteren Ende des Berges auf einen dort stehenden 2. Güterwagen der Masse m_2. Der Stoß soll teilelastisch erfolgen, wobei 20% der ursprünglich vorhandenen kinetischen Energie in Wärmeenergie umgesetzt werden.

a) Wie groß ist das Massenverhältnis m_1/m_2 der Wagen, wenn unmittelbar nach dem Zusammenstoß der 1. Wagen stehen bleibt und der zweite wegfährt?

b) Wie groß ist die Beschleunigung des 1. Wagens während des Ablaufens vom Berg? Mit welcher Geschwindigkeit $v_{2,e}$ fährt der 2. Wagen unmittelbar nach dem Stoß weg? (Indizes vgl. S. 11).

c) Wie groß ist die Geschwindigkeit v_e der Wagen nach dem Stoß, wenn der Stoß völlig unelastisch erfolgt?
Wieviel Prozent der ursprünglich vorhandenen kinetischen Energie sind dann beim Aufprall in Wärmeenergie umgewandelt worden?

Lösung

a) (1) Impulserhaltung: $m_1 v_{1,a} = m_2 v_{2,e}$
(2) Energieerhaltung: $W_{kin,1,a} = W_{kin,2,e} + \Delta W = W_{kin,2,e} + 0,2 \cdot W_{kin,1,a}$

Aus Gl. (2): $\dfrac{m_1}{m_2} = \dfrac{1}{0,8} \left(\dfrac{v_{2,e}}{v_{1,a}} \right)^2$; aus Gl. (1): $\dfrac{v_{2,e}}{v_{1,a}} = \dfrac{m_1}{m_2}$

Damit wird $m_1/m_2 = 0,8$.

b) Resultierende Kraft auf den 1. Wagen:

$$F = F_H - F_R = m_1 g \cdot \sin\alpha - \mu m_1 g \cdot \cos\alpha = m_1 a$$

$$a = g(\sin\alpha - \mu \cdot \cos\alpha) = 9,81 \text{ m/s}^2 \cdot (\sin 6° - 0,02 \cdot \cos 6°) =$$
$$= 0,83 \text{ m/s}^2$$

Aus $v_{1,a} = v_0 + at$ und $x = \frac{1}{2}at^2 + v_0 t$ folgt:

$$v_{1,a} = \sqrt{v_0^2 + 2ax} = \sqrt{(5 \text{ m/s})^2 + 2 \cdot 0,83 \text{ m/s}^2 \cdot 120 \text{ m}} = 14,98 \text{ m/s}$$

Mit Gl. (1):

$$v_{2,e} = 0,8 \cdot 14,98 \text{ m/s} = 11,98 \text{ m/s}$$

c) Beim völlig inelastischen Stoß ist $v_e = v_{1,e} = v_{2,e}$.
Impulserhaltung: $m_1 v_{1,a} = (m_1 + m_2)v_e$

$$v_e = v_{1,a} \Big/ \left(1 + \frac{1}{0,8}\right) = \frac{14,98 \text{ m/s}}{2,25} = 6,66 \text{ m/s}$$

Relative Verminderung der kinetischen Energie:
Aus $\Delta W = W_{1,a} - \left(W_{1,e} + W_{2,e}\right)$ folgt

$$\frac{\Delta W}{W_{1,a}} = 1 - \frac{W_{1,e} + W_{2,e}}{W_{1,a}} = 1 - \frac{m_1 + m_2}{m_1} \cdot \left(\frac{v_e}{v_{1,a}}\right)^2 =$$

$$= 1 - \left(1 + \frac{1}{0,8}\right) \cdot \left(\frac{6,66 \text{ m/s}}{14,98 \text{ m/s}}\right)^2 = 0,556 = 55,6\%$$

1.2.9 Looping

Aufgabe

Eine Kugel mit der Masse $m_1 = 60$ g rollt eine schräge Rinne hinunter und stößt zentral und elastisch auf eine ruhende zweite Kugel mit der Masse $m_2 = 100$ g, die an einem Faden der Länge $l = 20$ cm befestigt ist. Die Masse des Fadens und die Trägheitsmomente der Kugeln sollen vernachlässigt werden.

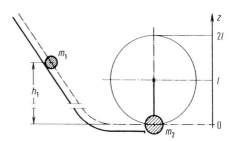

Abb. 1.2.9. Lage der Kugeln vor dem Stoß. Beachten Sie, daß $h_1 > 2l$ ist.

a) Welche Geschwindigkeit v_2 muß die 2. Kugel in ihrem tiefsten Punkt der Bahn mindestens haben, damit sie gerade eine volle Kreisbahn durchläuft?

b) Von welcher Höhe h_1 muß die 1. Kugel dann starten?

c) Welche Höhe h_2 erreicht sie nach dem Stoß?

d) Beantworten Sie die Fragen a), b) und c) für den Fall, daß die 2. Kugel an einer starren Stange (Masse vernachlässigbar) befestigt ist, statt an einem Faden.

Lösung

a) Im oberen Umkehrpunkt der 2. Kugel muß im Grenzfall gelten:

Zentrifugalkraft = Schwerkraft: $m_2 v_2^{*2}/l = m_2 g$; $v_2^* = \sqrt{gl}$

Im tiefsten Punkt der Bahn hat die 2. Kugel die Geschwindigkeit $v_{2,e}$.
Der Energieerhaltungssatz besagt:

$$W_{ges} = W_{kin}(z=0) = W_{pot}(2l) + W_{kin}(2l)$$

$$\frac{1}{2} m_2 v_{2,e}^2 = m_2 g \cdot 2l + \frac{1}{2} m_2 v_2^{*2}; \quad v_{2,e}^2 = 4gl + gl$$

$$v_{2,e} = \sqrt{5gl} = \sqrt{5 \cdot 9,81 \text{ m/s}^2 \cdot 0,2 \text{ m}} = 3,13 \text{ m/s}$$

b) Impulserhaltung: Aus der Formel für den elastischen Stoß (vgl. S. 11) folgt für den Spezialfall, daß die 2. Kugel vor dem Stoß in Ruhe ist, d.h. $v_{2,a} = 0$, für die Geschwindigkeit der 1. Kugel vor dem Stoß:

$$v_{1,a} = \frac{m_1 + m_2}{2m_1} \cdot v_{2,e} = \frac{60 \text{ g} + 100 \text{ g}}{2 \cdot 60 \text{ g}} \cdot 3,13 \text{ m/s} = 4,18 \text{ m/s}$$

Energieerhaltung:

$$m_1 g h_1 = \frac{1}{2} m_1 v_{1,a}^2; \quad h_1 = v_{1,a}^2/(2g) = 0,89 \text{ m}$$

c) Geschwindigkeit der 1. Kugel nach dem Stoß:

$$v_{1,e} = \frac{m_1 - m_2}{m_1 + m_2} \cdot v_{1,a} = \frac{(60 - 100) \text{ g}}{(60 + 100) \text{ g}} \cdot 4,18 \text{ m/s} = -1,04 \text{ m/s}$$

$$h_2 = v_{1,e}^2/(2g) = 5,6 \text{ cm}$$

d) Die 2. Kugel kann jetzt im oberen Umkehrpunkt im Grenzfall $v_2^* = 0$ haben. Im tiefsten Punkt der Kreisbahn gilt dann wegen des Energieerhaltungssatzes:

$$m_2 g \cdot 2l = \frac{1}{2} m_2 v_{2,e}^2; \quad v_{2,e} = 2 \cdot \sqrt{gl} = 2,80 \text{ m/s}$$

$$v_{1,a} = 3,73 \text{ m/s}; \quad h_1 = 71 \text{ cm}$$

$$v_{1,e} = -0,93 \text{ m/s}; \quad h_2 = 4,4 \text{ cm}$$

1.2.10 Raketenstart

Aufgabe

Eine Rakete mit der Masse $m_0 = 100$ t soll senkrecht nach oben starten. Die Geschwindigkeit der ausgestoßenen Gasteilchen relativ zur Rakete soll zeitlich konstant $v_T = 4000$ m/s betragen. Die Erdbeschleunigung werde unabhängig von der Höhe als konstant angenommen, Reibungsverluste sollen vernachlässigt werden.

a) Welcher Gasausstoß $n_1 = -\mathrm{d}m/\mathrm{d}t$ ist erforderlich, damit die Rakete zunächst gerade über dem Startplatz schwebt?

b) Nach welcher Zeit t_e hat die Rakete noch die halbe Masse, wenn der Gasausstoß zeitlich konstant $n_2 = 500$ kg/s beträgt?

c) Wie groß ist die Beschleunigung zu diesem Zeitpunkt?

d) Welche Geschwindigkeit hat die Rakete zur Zeit t_e?

e) Wie hoch ist die Rakete dann gestiegen?

f) Welche Masse hat die Rakete noch, wenn sie die erste kosmische Geschwindigkeit $v_1 = 7,91$ km/s bzw. die zweite kosmische Geschwindigkeit $v_2 = 11,18$ km/s (vgl. Aufgabe in Abschn. 1.3.2) erreicht hat?
Wie lange braucht sie zum Erreichen dieser Geschwindigkeiten? Um eine geschlossene Lösung angeben zu können, muß hier die Erdbeschleunigung gleich null gesetzt werden.

Lösung

a) $m_0 g = F = \mathrm{d}p/\mathrm{d}t = n_1 v_T$

$$n_1 = \frac{m_0 g}{v_T} = \frac{10^5 \text{ kg} \cdot 9,81 \text{ m/s}^2}{4 \cdot 10^3 \text{ m/s}} = 245 \text{ kg/s}$$

b) Wegen des konstanten Gasausstoßes nimmt die Masse ab nach der Gleichung:

$$m = m_0 - n_2 t \tag{1}$$

Für $m = \dfrac{m_0}{2}$ wird $t_e = \dfrac{m_0}{2n_2} = \dfrac{10^5 \text{ kg}}{2 \cdot 500 \text{ kg/s}} = 100 \text{ s}$

c) Ohne Berücksichtigung der Schwerkraft gilt zunächst: Impulsänderung der Rakete Δp = Impuls der ausgestoßenen Masse ($\Delta m < 0$), also:

$$\Delta p = -(v_T - v) \cdot \Delta m; \quad \mathrm{d}p/\mathrm{d}t = -(v_T - v) \cdot \mathrm{d}m/\mathrm{d}t$$

Unter Berücksichtigung der Schwerkraft wird

$$\mathrm{d}p/\mathrm{d}t = -(v_T - v) \cdot \mathrm{d}m/\mathrm{d}t - mg$$

Der Gasausstoß ist $n = -\mathrm{d}m/\mathrm{d}t$. Man erhält die auf die Rakete wirkende Kraft:

$$F = \mathrm{d}p/\mathrm{d}t = (v_T - v)n - mg \tag{2}$$

Außerdem gilt das Grundgesetz der Dynamik in der Form:

$$\frac{\mathrm{d}p}{\mathrm{d}t} = \frac{\mathrm{d}}{\mathrm{d}t}(mv) = m\frac{\mathrm{d}v}{\mathrm{d}t} + v\frac{\mathrm{d}m}{\mathrm{d}t} = ma - vn$$

Mit Gl. (2) ergibt sich $ma = v_T n - mg$ und wegen Gl. (1):

$$a(t) = \frac{v_T n_2}{m_0 - n_2 t} - g \tag{3}$$

Für $t = t_e$:

$$a_e = \frac{2v_T n_2}{m_0} - g = \frac{2 \cdot 4000 \text{ m/s} \cdot 500 \text{ kg/s}}{10^5 \text{ kg}} - 9,81 \text{ m/s}^2 =$$
$$= (40,0 - 9,81) \text{ m/s}^2 = 30,19 \text{ m/s}^2 = 3,08 \cdot g$$

d) $v(t) = \int a(t)\mathrm{d}t = -v_T \cdot \ln(m_0 - n_2 t) - gt + c$
Anfangsbedingungen: $t = 0 : v = 0; \ x = 0; \ m = m_0$
daraus die Integrationskonstante: $c = v_T \cdot \ln m_0$

Ergebnis: $v(t) = v_T \cdot \ln \dfrac{m_0}{m_0 - n_2 t} - gt \tag{4}$

Für $t = t_e$ wird $v_e = v_T \cdot \ln 2 - gt_e$

$$v_e = 4000 \text{ m/s} \cdot \ln 2 - 9,81 \text{ m/s}^2 \cdot 100 \text{ s} = (2773 - 981) \text{ m/s} = 1,79 \text{ km/s}$$

e) $x(t) = \int v(t)\,dt$

Mit der Formel $\int \ln x\,dx = x(\ln x - 1)$ erhält man

$$x(t) = v_T \cdot \left[\frac{m_0 - n_2 t}{n_2} \cdot \ln \frac{m_0 - n_2 t}{m_0} + t \right] - \frac{1}{2}gt^2 \tag{5}$$

$$x(t_e) = v_T \cdot \left[\frac{m_0}{2n_2} \cdot \ln \frac{m_0}{2m_0} + \frac{m_0}{2n_2} \right] - \frac{1}{2}gt_e^2 =$$

$$= 122,7 \cdot 10^3 \text{ m} - 49,05 \cdot 10^3 \text{ m} = 73,7 \text{ km}$$

f) Wir setzen in Gl. (4) $g = 0$: $v/v_T = \ln(m_0/m)$

$$m = m_0 \cdot e^{v/v_T} \tag{6}$$

Mit $v_1 = 7,91 \cdot 10^3$ m/s wird $m_1 = 100$ t $\cdot$ e$^{-7,91/4} = 13,8$ t

mit $v_2 = 11,18 \cdot 10^3$ m/s wird $m_2 = 100$ t $\cdot$ e$^{-11,18/4} = 6,1$ t

Gl. (1): $t = (m_0 - m)/n_2$; $t_1 = 172,4$ s; $t_2 = 187,8$ s

Die erhaltenen Massenwerte m_1 und m_2 sind nur obere Grenzen, die Zeiten t_1 und t_2 untere Grenzen. In Wirklichkeit ist zu berücksichtigen, daß durch den Raketenantrieb auch noch Hubarbeit aufgebracht werden muß. Die Nutzlasten werden folglich sehr klein.

1.3 Gravitation

Bei der Behandlung der Probleme dieses Abschnittes werden die im vorhergehenden Abschn. 1.2 besprochenen Zusammenhänge mitbenützt. Zwischen schwerer und träger Masse wird in den folgenden Aufgaben nicht unterschieden. Der begriffliche Unterschied zwischen beiden wird z.B. in R. Fleischmann: Einführung in die Physik, 2., überarbeitete Auflage. Physik Verlag, Weinheim 1980, S. 30 ff. behandelt.

Die in Abschn. 1.3.2, Aufgabe, erhaltenen Lösungen können auch auf das klassische Bild des Wasserstoffatoms übertragen werden. An die Stelle des Gravitationsgesetzes tritt dann das Coulombsche Gesetz.

Wichtige Konstanten:

Erdmasse: $m_E = 5,97 \cdot 10^{24}$ kg

Erdradius $r_E = 6370$ km ≈ 40000 km/2π

1.3.1 Gravitationsgesetz

Aufgabe

Der Jupitermond Kallisto läuft in $T = 16,7$ Tagen einmal um seinen Planeten. Sein Abstand vom Mittelpunkt des Jupiter beträgt $r = 1,88 \cdot 10^6$ km.

a) Wie groß ist die Masse m_J des Planeten Jupiter?

b) Die mittlere Dichte von Jupiter ist 4,2mal kleiner als die der Erde. Wie groß ist die Jupiter-Dichte ρ_J und der -Radius r_J?

c) Welche „Jupiter-Beschleunigung" a_J herrscht auf dessen Oberfläche? Welche Gewichtskraft F_A würde auf einen Astronauten mit der Masse $m_A = 80$ kg dort wirken?

Lösung

a) $f \cdot \dfrac{m_J \cdot m}{r^2} = m\omega^2 r; \ m_J = \dfrac{4\pi^2 r^3}{T^2 f}$

$T = 16,7 \ \mathrm{d} = 1,44 \cdot 10^6 \ \mathrm{s}$

$$m_J = \frac{4\pi^2 \cdot (1,88 \cdot 10^9 \ \mathrm{m})^3}{(1,44 \cdot 10^6 \ \mathrm{s})^2 \cdot 6,67 \cdot 10^{-11} \ \mathrm{Nm^2/kg^2}} = 1,90 \cdot 10^{27} \ \mathrm{kg} = 318 m_E$$

b) $\rho_J = \dfrac{1}{4,2} \cdot \dfrac{m_E}{V_E} = \dfrac{5,97 \cdot 10^{24} \ \mathrm{kg} \cdot 3}{4,2 \cdot 4\pi \cdot (6,37 \cdot 10^6 \ \mathrm{m})^3} = 1,31 \cdot 10^3 \ \mathrm{kg/m^3}$

$V_J = \dfrac{m_J}{\rho_J} = \dfrac{4}{3}\pi r_J^3$

daraus folgt für den Radius des Jupiter:

$$r_J^3 = \frac{3 \cdot 1,90 \cdot 10^{27} \ \mathrm{kg}}{4\pi \cdot 1,31 \cdot 10^3 \ \mathrm{kg/m^3}} = 0,345 \cdot 10^{24} \ \mathrm{m^3}$$

$r_J = 70130 \ \mathrm{km} = 11 \cdot r_E$

c) $F_A = m_A \cdot a_J = f \cdot \dfrac{m_A \cdot m_J}{r_J^2}$

$$a_J = \frac{6,67 \cdot 10^{-11} \ \mathrm{Nm^2/kg^2} \cdot 1,90 \cdot 10^{27} \ \mathrm{kg}}{(70,13 \cdot 10^6 \ \mathrm{m})^2} = 25,72 \ \mathrm{m/s^2} = 2,62 \cdot g$$

$F_A = 2058 \ \mathrm{N}$

1.3.2 Satellit im Gravitationsfeld der Erde

Aufgabe

Ein Satellit soll die Erde auf einer Kreisbahn vom Radius r umkreisen.

a) Berechnen Sie dessen Bahngeschwindigkeit v als Funktion von r.
   Dabei sollen im Ergebnis nur r_E und g als Konstanten vorkommen.
   Wie groß ist v, wenn der Satellit in der Höhe $h = 200$ km die Erdoberfläche umkreist?

b) Welche Geschwindigkeit v_1 („1. kosmische Geschwindigkeit") müßte er haben, damit er eine Kreisbahn nahe der Erdoberfläche einschlagen könnte, wenn kein Luftwiderstand vorhanden wäre?

c) Wie groß ist die Umlaufsdauer T in Aufg. a) und T_1 in Aufg. b)?

d) Berechnen Sie die Gesamtenergie W eines Satelliten der Masse m in Abhängigkeit vom Radius r seiner Kreisbahn aus seiner kinetischen und potentiellen Energie. Wie groß sind diese Energien für $m = 500$ kg in Aufg. a) und b)?
   Als Konstanten sollen nur r_E, g und m verwendet werden.

e) Vergleichen Sie die kinetischen Energien der Aufg. d) mit der kinetischen Energie, welche der Satellit wegen der Erddrehung auf der Startrampe hat.

f) Skizzieren Sie die Gesamtenergie, kinetische und potentielle Energie aus Aufg. d) in Abhängigkeit von r in ein Diagramm. Daraus kann die Energie entnommen werden, welche dem Satelliten zugeführt werden muß, um ihn von der Startrampe weg aus dem Anziehungsbereich der Erde zu entfernen. Auf welche Geschwindigkeit v_2 („2. kosmische Geschwindigkeit") muß er daher mindestens gebracht werden?

Lösung

a) Zentripetalkraft = Gravitationskraft: $\dfrac{mv^2}{r} = f \cdot \dfrac{m\,m_E}{r^2}$,

daraus: $v = \sqrt{fm_E/r}$

Ersatz von $f \cdot m_E$: Auf der Erdoberfläche gilt $mg = fm\,m_E/r_E^2$,

daraus: $gr_E^2 = fm_E$. $\hfill (1)$

Damit wird $v = r_E\sqrt{g/r}$. $\hfill (2)$

Für $r = r_E + h$:

$$v = 6,37 \cdot 10^6 \text{ m} \cdot \sqrt{\frac{9,81 \text{ m/s}^2}{6,57 \cdot 10^6 \text{ m}}} = 7,78 \cdot 10^3 \text{ m/s}$$

b) Setzt man in Gl. (2) $r = r_E$, so erhält man

$$v_1 = \sqrt{g r_E} = \sqrt{9,81 \text{ m/s}^2 \cdot 6,37 \cdot 10^6 \text{ m}} = 7,91 \text{ km/s}$$

c) $T = 2\pi r/v$
   $T = 2\pi \cdot 6,57 \cdot 10^6 \text{ m}/(7,78 \cdot 10^3 \text{ m/s}) = 5303 \text{ s} = 1 \text{ h } 28 \text{ min } 23 \text{ s}$
   $T_1 = 2\pi \cdot 6,37 \cdot 10^6 \text{ m}/(7,91 \cdot 10^3 \text{ m/s}) = 5063 \text{ s} = 1 \text{ h } 24 \text{ min } 23 \text{ s}$

d) $W_{pot} = -f m m_E/r = -mgr_E^2/r$ wegen Gl. (1)

$$W_{kin} = \frac{1}{2} mv^2 = mgr_E^2/(2r) \text{ wegen Gl. (2)}$$

$$W = W_{pot} + W_{kin} = -mgr_E^2/(2r) \tag{3}$$

Speziell für $r = r_E$:

$W_{pot} = -mgr_E$; $W_{kin} = mgr_E/2$; $W = -mgr_E/2$

Also gilt: $W = -W_{kin} = W_{pot}/2$ bzw. $W_{kin} = -W_{pot}/2$

Für $m = 500$ kg und $r = 6570$ km ist

$$W_{pot} = -500 \text{ kg} \cdot 9,81 \text{ m/s}^2 \cdot (6,37 \cdot 10^6 \text{ m})^2/6,57 \cdot 10^6 \text{ m} =$$
$$= -30,3 \cdot 10^9 \text{ J}$$

$$W_{kin} = -W = 15,2 \cdot 10^9 \text{ J}$$

Für $r = r_E$: $W_{pot} = -31,3 \cdot 10^9 \text{ J}$; $W_{kin} = -W = 15,6 \cdot 10^9 \text{ J}$

e) Auf der Startrampe:

$$\text{Bahngeschwindigkeit: } v_E = \frac{2\pi}{T_E} r_E = \frac{2\pi \cdot 6,37 \cdot 10^6 \text{ m}}{86400 \text{ s}} = 463,2 \text{ m/s}$$

$$W_{kin} = \frac{1}{2}mv_E^2 = \frac{1}{2} \cdot 500 \text{ kg} \cdot (463,2 \text{ m/s})^2 = 53,64 \cdot 10^6 \text{ J}$$

W_{kin} ist also wesentlich kleiner als die Energien auf den Umlaufbahnen!

f) Auf der Startrampe kann für den Satellit $W_{kin} = 0$ gesetzt werden, weil die Energie, welche er durch die Rotation der Erde besitzt, hier vernachlässigbar ist.

$$W_{gesamt} = W_{pot} = -mgr_E$$

$\Delta W = mgr_E$ muß also in Form von kinetischer Energie zugeführt werden.

$\Delta W = \frac{1}{2}mv_2^2 = mgr_E$; die 2. kosmische Geschwindigkeit wird somit

$v_2 = \sqrt{2gr_E} = \sqrt{2} \cdot v_1 = 11,18$ km/s.

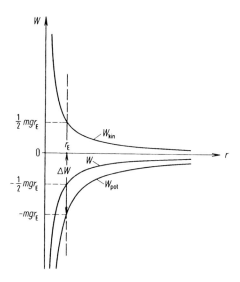

Abb. 1.3.2f. Die Energie-Kurven sind Hyperbeln. Sie gelten für Radien $r \geq r_E$.

1.3.3 Der ortsfeste Nachrichtensatellit

Aufgabe

Zur Nachrichtenverbindung mit dem Kontrollzentrum beim Apollo-Sojus-Unternehmen im Juli 1975 wurde ein Satellit über Kenia benutzt, der über dem Äquator stillzustehen scheint.

a) Wie groß ist dessen Abstand r_s von der Erdoberfläche und seine Bahngeschwindigkeit v_s?
Welche Erdbeschleunigung a_s wirkt auf ihn?

b) Durch Einschalten von Steuerdüsen soll eine Bahnkorrektur erfolgen. Um welchen Wert ändern sich Gesamtenergie, potentielle und kinetische Energie des Satelliten der Masse $m = 2$ t, wenn er um 6,5 km näher an die Erde herankommt?
Welche Bremsenergie der Düsen ist also nötig?

c) Wie ändern sich Umlaufzeit und Bahngeschwindigkeit im Fall b)?
In welcher Zeit verändert sich seine Position um 10 km parallel zum Erdboden? Damit ist die Strecke gemeint, die der Radiusvektor des Satelliten auf der Erdoberfläche überstreicht.

Lösung

Wir benutzen die Lösung aus Abschn. 1.3.2.

a) Aus Gl. (2) folgt wegen $v = 2\pi r/T$:

$$r^3 = g \cdot \left(\frac{r_E T}{2\pi}\right)^2 \text{, wobei } T = T_s = 24 \text{ h} = 86400 \text{ s sein muß.}$$

$$r_s^3 = 9,81 \frac{\text{m}}{\text{s}^2} \cdot \left(\frac{6,37 \cdot 10^6 \text{ m} \cdot 86400 \text{ s}}{2\pi}\right)^2 = 75,27 \cdot 10^{21} \text{ m}^3$$

$$r_s = 42220 \text{ km}$$

$$h = r_s - r_E = 35850 \text{ km}$$

$$v_s = \frac{2\pi \cdot 42,22 \cdot 10^6 \text{ m}}{86400 \text{ s}} = 3,07 \cdot 10^3 \text{ m/s} = 3,07 \text{ km/s}$$

Aus dem Gravitationsgesetz und Gl. (1) ergibt sich:

$$a/g = (r_E/r)^2; \quad a_s = 9,81 \text{ m/s}^2 \cdot (6,37 \cdot 10^6 \text{ m}/42,22 \cdot 10^6 \text{ m})^2 =$$
$$= 0,223 \text{ m/s}^2$$

b) Weil die Höhenänderung $|\Delta r| = 6,5$ km $\ll r$ ist, kann die relative Änderung durch Betrachtung des totalen Differentials erhalten werden.

Energien:

Gl. (3): $W = -mgr_E^2/(2r) \sim 1/r$; $dW/W = -dr/r$; $\Delta W = -W \cdot \Delta r/r$

$$W = -9,43 \cdot 10^9 \text{ J}$$

$$\Delta W = -\frac{(-9,43 \cdot 10^9 \text{ J}) \cdot (-6,5 \cdot 10^3 \text{ m})}{42,22 \cdot 10^6 \text{ m}} = -1,45 \cdot 10^6 \text{ J}$$

$$\Delta W_{\text{pot}} = 2 \cdot \Delta W = -2,90 \cdot 10^6 \text{ J}; \quad \Delta W_{\text{kin}} = -\Delta W = +1,45 \cdot 10^6 \text{ J}$$

Die Gesamtenergie nimmt ab. Sie ist gleich der Bremsenergie.

c) Umlaufzeit:

Aus Aufg. a): $r^3 \sim T^2$; $\quad \dfrac{dT}{T} = \dfrac{3}{2} \cdot \dfrac{dr}{r}$; $\quad \Delta T = \dfrac{3T \cdot \Delta r}{2 \cdot r}$

$$\Delta T = \frac{3 \cdot 86400 \text{ s} \cdot (-6,5 \cdot 10^3 \text{ m})}{2 \cdot 42,22 \cdot 10^6 \text{ m}} = -19,95 \text{ s, also Abnahme.}$$

Geschwindigkeit:

Gl. (2): $v \sim 1/\sqrt{r}$; $\quad \dfrac{dv}{v} = -\dfrac{1}{2} \cdot \dfrac{dr}{r}$; $\quad \Delta v = \dfrac{v \cdot \Delta r}{2 \cdot r}$

$$\Delta v = -\frac{3,07 \cdot 10^3 \text{ m/s} \cdot (-6,5 \cdot 10^3 \text{ m})}{2 \cdot 42,22 \cdot 10^6 \text{ m}} = 0,236 \text{ m/s}$$

v wächst also!

Zeitdauer für die Positionsänderung:

Differenz der Geschwindigkeiten des Satelliten

$$\Delta v = v^* = \Delta s/\Delta t$$

10 km auf der Erdoberfläche entsprechen dabei auf der Satellitenbahn

$$\Delta s = 10000 \text{ m} \cdot \frac{42220 \text{ km}}{6370 \text{ km}} = 66279 \text{ m}$$

$$\Delta t = \Delta s/v^* = 66279 \text{ m}/(0,236 \text{ m/s}) = 0,281 \cdot 10^6 \text{ s} = 78 \text{ h } 0 \text{ min } 45 \text{ s}$$

1.4 Dynamik der Drehbewegung

Zur Behandlung der Rotation eines starren Körpers benötigt man das Grundgesetz der Dynamik in der speziellen Form $\vec{M} = \dot{\vec{L}}$ bzw. $\vec{M} = J\vec{\alpha}$. Bei Anwendung des Energieerhaltungssatzes muß darauf geachtet werden, daß die gesamte kinetische Energie aus der Translationsenergie des Schwerpunkts und der Rotationsenergie um eine Achse durch den Schwerpunkt besteht.

So wie ein Kraftstoß den Impuls ändert, verändert ein Drehmoment-Stoß den Drehimpuls:

$$\Delta\vec{p} = \int_{t_1}^{t_2} \vec{F} \, dt; \quad \Delta\vec{L} = \int_{t_1}^{t_2} \vec{M} \, dt$$

Das Eintreten einer Präzession erfordert das Wirksamwerden eines Drehmoments, d.h. eines Kräftepaares. Ein Drehmoment $\vec{M}$ verursacht die Präzessionswinkelgeschwindigkeit $\vec{\omega}_p$ gemäß $\vec{M} = \vec{\omega}_p \times \vec{L}$. Bei der erzwungenen Präzession entsteht umgekehrt ein sog. „Kreiselmoment" $\vec{M}_K = -\vec{M} = -\vec{\omega}_p \times L$. Es führt zu einem Kräftepaar, das nach außen wirkt, z.B. einem Kräftepaar auf die beiden Lager der Kreiselachse.

1.4.1 Drehbewegung, ungleichmäßig beschleunigte Drehbewegung, Energie, Leistung

Aufgabe

Von einer rotierenden Seiltrommel (Hohlzylinder der Masse $M = 200$ kg) wird ein Seil abgewickelt, an dem eine Last der Masse $m = 250$ kg hängt. Die Trommel ist mit einer Bremsvorrichtung versehen, welche die herabsinkende Last bis zum Stillstand abbremst.

a) Berechnen Sie Tangential-, Zentripetal- und Gesamtbeschleunigungsbeträge eines beliebigen Punktes auf dem Umfang der Trommel (Radius $r = 50$ cm), wenn sich diese gerade mit der Drehfrequenz $n = 1,6 \ \text{s}^{-1}$ dreht und auf die Last dabei eine Bremsverzögerung von $g/5$ wirkt.
Zeichnen Sie die Beschleunigungsvektoren in eine Skizze und berechnen Sie den Winkel φ, den der Vektor der Gesamtbeschleunigung mit dem Radius r bildet.

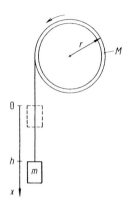

Abb. 1.4.1. Die Dicke der Zylinderwand soll wesentlich kleiner als der Radius sein. Nur das Trägheitsmoment der Zylinderwand soll berücksichtigt werden, nicht das der Halterung.

b) Die Last bewege sich nun mit der Bremsverzögerung $a(t) = a_0 \cdot (t/t_1 - 1)$, $0 \leq t \leq t_1$, nach unten. Berechnen Sie die zeitliche Abhängigkeit von Geschwindigkeit und Weg der Last unter der Bedingung, daß zur Zeit $t = 0$: $x = 0$ ist und bei $t = t_1$ die Last zur Ruhe kommt.
Wie groß sind Anfangsgeschwindigkeit v_0 der Last und die zurückgelegte Strecke h, nach der sie zur Ruhe gekommen ist, wenn $t_1 = 10$ s, $a_0 = g/5$ sind? (n aus a) hier nicht verwendbar!)

c) Welche Bremsenergie W_{Br} und mittlere Bremsleistung $\overline{P}$ sind bei b) bis zum Stillstand nötig?

Lösung

a)

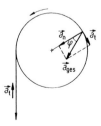

Abb. 1.4.1a. Die Beschleunigungsvektoren am Trommelumfang.

Tangentialbeschleunigung: $a_t = -\dfrac{1}{5}g = -1,96 \text{ m/s}^2$

Zentripetalbeschleunigung:

$a_n = (2\pi n)^2 \cdot r = (2\pi \cdot 1,6 \text{ s}^{-1})^2 \cdot 0,5 \text{ m} = 50,53 \text{ m/s}^2$

Gesamtbeschleunigung: $a_{ges} = \sqrt{a_t^2 + a_n^2} = 50,57 \text{ m/s}^2$

$\tan \varphi = \dfrac{|a_t|}{|a_n|} = \dfrac{1,96 \text{ m/s}^2}{50,53 \text{ m/s}^2} = 0,039; \quad \varphi = 2,2°$

b) $v(t) = \displaystyle\int a(t)\mathrm{d}t = \dfrac{a_0}{2 \cdot t_1} \cdot t^2 - a_0 \cdot t + c_1;$ $\hspace{2cm}$ (1)

für $t = t_1$ ist $v_1 = 0$. Daraus folgt für die Integrationskonstante

$c_1 = \dfrac{1}{2}a_0 t_1$.

$x(t) = \displaystyle\int v(t)\mathrm{d}t = \dfrac{a_0}{6 \cdot t_1} \cdot t^3 - \dfrac{1}{2}a_0 t^2 + \dfrac{1}{2}a_0 t_1 \cdot t + c_2;$ $\hspace{1cm}$ (2)

für $t = 0$ ist $x = 0$, deshalb folgt $c_2 = 0$.

Gl. (1): bei $t = 0$ ist $v = v_0$:

$v_0 = \dfrac{1}{2}a_0 t_1 = \dfrac{1}{10}g t_1 = \dfrac{1}{10} \cdot 9,81 \text{ m/s}^2 \cdot 10 \text{ s} = 9,81 \text{ m/s}$

Gl. (2): $h = x(t_1) = \dfrac{1}{6}a_0 t_1^2 = \dfrac{1}{30}g t_1^2 = \dfrac{1}{30} \cdot 9,81 \text{ m/s}^2 \cdot 100 \text{ s}^2 = 32,7 \text{ m}$

c) $W_{Br} = W_{rot} + W_{kin} + W_{pot} = \dfrac{1}{2}J\omega_0^2 + \dfrac{1}{2}mv_0^2 + mgh$

Trägheitsmoment der Trommel: $J = Mr^2$
Abrollbedingung für das Seil: $v_0 = \omega_0 r$

$W_{Br} = \dfrac{1}{2}(M + m)v_0^2 + mgh =$

$= \dfrac{1}{2} \cdot (200 + 250)\text{kg} \cdot (9,81 \text{ m/s})^2 + 250 \text{ kg} \cdot 9,81 \text{ m/s}^2 \cdot 32,7 \text{ m} =$

$= 101,8 \text{ kJ}$

Mittlere Bremsleistung: $\overline{P} = W_{Br}/t_1 = 10,18 \text{ kW}$

1.4.2 Reine Rollbewegung

Aufgabe

Eine lange dünnwandige Walze und ein kürzerer Vollzylinder mit gleichen Massen von jeweils 20 kg und einem Durchmesser von 40 cm rollen, ohne zu gleiten, auf einer waagrechten Unterlage.

a) Welche Beschleunigungen erfahren die Schwerpunkte der Zylinder, wenn sie eine Kraft $F = 40$ N parallel zur Unterlage senkrecht auf die Zylinderachse erfahren? Wie groß ist jeweils die Haftreibungskraft F_1?

b) Wie groß darf die Kraft F in beiden Fällen höchstens sein, damit die Zylinder gerade noch nicht zu gleiten beginnen (Haftreibungskoeffizient $\mu_0 = 0,3$)?

c) Wie groß sind die gesamte kinetische Energie, der Impuls des Schwerpunkts und der Drehimpuls der Walze bei einer Schwerpunktsgeschwindigkeit $v_s = 10$ m/s?

Lösung

a)

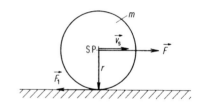

Abb. 1.4.2a. Auf die Zylinder wirken in horizontaler Richtung die Zugkraft $\vec{F}$ und die Haftreibungskraft $\vec{F}_1$.

Grundgesetz der Dynamik für die Translation des Schwerpunkts (S.P.):

$$F - F_1 = ma_s$$

Grundgesetz der Dynamik für die Drehung um die Achse durch den Schwerpunkt:

$$M = J_s \alpha = r F_1, \text{ wobei } J_s \text{ das Trägheitsmoment um die Zylinderachse bedeutet.}$$

Auflösung der beiden Gleichungen unter Verwendung der Rollbedingung:
$v_s = \omega r$, also $a_s = \alpha r$:

$$a_s = \frac{F}{m(1 + J_s/(mr^2))}; \quad F_1 = \frac{F}{1 + mr^2/J_s}$$

Hohlzylinder: $J_s = mr^2 : a_s = \dfrac{F}{2m} = \dfrac{40 \text{ N}}{2 \cdot 20 \text{ kg}} = 1,0 \text{ m/s}^2$

$$F_1 = F/2 = 20 \text{ N}$$

Vollzylinder: $J_s = \dfrac{1}{2}mr^2 : a_s = \dfrac{2F}{3m} = \dfrac{2 \cdot 40 \text{ N}}{3 \cdot 20 \text{ kg}} = 1,33 \text{ m/s}^2$

$$F_1 = F/3 = 13,33 \text{ N}$$

b) Bedingung für reines Rollen:

$F_1 \le F_R = \mu_0 mg = 0,3 \cdot 20 \text{ kg} \cdot 9,81 \text{ m/s}^2 = 58,86 \text{ N}$, der maximalen Haftreibungskraft.

Im Grenzfall: Hohlzylinder $F = 2F_R = 117,72 \text{ N}$

Vollzylinder $F = 3F_R = 176,58 \text{ N}$

c) $W_{\text{kin}} = \dfrac{1}{2}mv_s^2 + \dfrac{1}{2}J_s\omega^2 = \dfrac{1}{2}mv_s^2 \cdot \left[1 + J_s/(mr^2)\right]$, weil $v_s = \omega r$

Hohlzylinder: $W_{\text{kin}} = mv_s^2 = 2000 \text{ J}; \quad p = mv_s = 200 \text{ kg m/s}$

$$L = J\omega = Jv_s/r = rmv_s = 40 \text{ m}^2 \text{ kg/s}$$

Vollzylinder: $W_{\text{kin}} = \dfrac{3}{4}mv_s^2 = 1500 \text{ J}; \quad p = mv_s = 200 \text{ kg m/s}$

$$L = \dfrac{1}{2}rmv_s = 20 \text{ m}^2 \text{ kg/s}$$

1.4.3 Rotierende Raumstation

Aufgabe

Ein zylinderförmiges Raumschiff dreht sich mit einer Umlaufzeit $T_1 = 1 \text{ min}$ um seine Achse (Trägheitsmoment $J = 0,4 \cdot 10^9 \text{ m}^2 \cdot \text{kg}$). An seiner Peripherie sind im Abstand von $r = 50 \text{ m}$ von der Drehachse vier spezielle Triebwerke gleichmäßig verteilt.

a) Die Triebwerke sollen tangential eine konstante Schubkraft von je 100 N erzeugen. Wie lange dauert es, bis das Raumschiff eine solche Winkelgeschwindigkeit ω_2 erreicht, daß an der Peripherie die Zentrifugalkraft gleich der Schwerkraft der Erdoberfläche ist?

b) Wie groß ist die Winkelbeschleunigung α bei diesem Vorgang, und wieviele Umdrehungen N macht das Raumschiff dabei?

c) Wie groß ist die Enddrehfrequenz n_2 des Raumschiffes, wenn die Schubkraft jedes Triebwerks sich folgendermaßen ändert: Sie soll während 30 min linear von 0 auf 100 N steigen, dann 90 min diesen Wert behalten und anschließend innerhalb von 15 min wieder linear auf null abnehmen.

Lösung

a) Drehimpulsänderung = Drehmoment-Stoß:

$L_2 - L_1 = J(\omega_2 - \omega_1) = M \cdot \Delta t$

$M = 4rF = 4 \cdot 50 \text{ m} \cdot 100 \text{ N} = 20000 \text{ Nm}$

$\omega_1 = 2\pi/60 \text{ s} = 0,105 \text{ s}^{-1}$

$\omega_2^2 r = g; \ \omega_2 = \sqrt{g/r} = \sqrt{(9,81 \text{ m/s}^2)/50 \text{ m}} = 0,443 \text{ s}^{-1}$

$$\Delta t = \frac{J}{M}(\omega_2 - \omega_1) = \frac{0,4 \cdot 10^9 \text{ m}^2 \text{ kg}}{20000 \text{ Nm}} \cdot (0,443 - 0,105) \text{ s}^{-1} =$$
$$= 6,76 \cdot 10^3 \text{ s} = 112,7 \text{ min}$$

b) $\alpha = \dfrac{M}{J} = \dfrac{20000 \text{ Nm}}{0,4 \cdot 10^9 \text{ m}^2 \text{ kg}} = 50 \cdot 10^{-6} \text{ s}^{-2}$

Winkel, der während des Beschleunigungsvorganges überstrichen wird:

$$\varphi_2 = \frac{1}{2}(\omega_1 + \omega_2) \cdot \Delta t = \frac{1}{2} \cdot (0,105 \text{ s}^{-1} + 0,443 \text{ s}^{-1}) \cdot 6,76 \cdot 10^3 \text{ s} =$$
$$= 1,85 \cdot 10^3$$

$N = \varphi_2/2\pi = 294,8$ Umdrehungen

c) Maximales Drehmoment: $M_{\max} = 4rF = 20 \cdot 10^3 \text{ Nm}$

Die Fläche unter der Kurve $M = M(t)$ ergibt:

$$\Delta L = \int_{t_1}^{t_2} M \, dt = 20 \cdot 10^3 \text{ Nm} \cdot \left(\frac{30}{2} + 90 + \frac{15}{2} \right) \cdot 60 \text{ s} =$$
$$= 0,135 \cdot 10^9 \text{ m}^2 \text{ kg/s}$$

$$\omega_2 = \omega_1 + \frac{\Delta L}{J} = 0,105 \text{ s}^{-1} + \frac{0,135 \cdot 10^9 \text{ m}^2 \text{ kg/s}}{0,4 \cdot 10^9 \text{ m}^2 \text{ kg}} = 0,443 \text{ s}^{-1}$$

$$n_2 = \omega_2/2\pi = 4,23 \text{ min}^{-1}$$

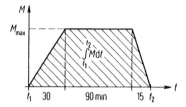

Abb. 1.4.3c. Die gesamte Drehimpuls-Änderung ist gleich der Fläche unter der Kurve.

1.4.4 Abrollen auf der schiefen Ebene

Aufgabe

Eine Hantel aus Eisen ($\rho = 7,8$ kg/dm^3) bestehe aus einer Vollachse und zwei massiven Scheiben. Sie rollt, ohne zu gleiten, eine schiefe Ebene hinunter, die auf einer horizontalen Ebene aufgebaut ist.

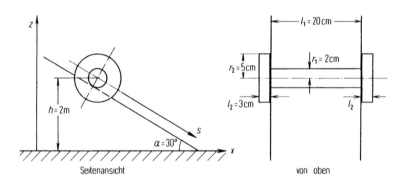

Abb. 1.4.4. Aufbau und Abmessungen.

a) Berechnen Sie das Trägheitsmoment der Hantel um die Symmetrieachse.

b) Leiten Sie aus dem Energieerhaltungssatz den Betrag der Schwerpunktsgeschwindigkeit v_s in Abhängigkeit von der Koordinate s des Schwerpunkts her. Die Hantel werde in der Höhe h freigegeben.

c) Berechnen Sie die Vektor-Komponenten $(v_{x,s}, v_{z,s})$ von $\vec{v}_s$ in Abhängigkeit von der Zeit.

d) Wie groß ist v_s, wenn die Scheiben der Hantel auf die horizontale Ebene auftreffen?
Welche Zeit t_e ist dabei vergangen?

Lösung

a) Trägheitsmoment, wenn die Drehachse durch den Schwerpunkt (hier Symmetrieachse) geht:

$$J = J(\text{Achse}) + 2 \cdot J(\text{Scheibe}) =$$

$$= \frac{1}{2}m_1 r_1^2 + 2 \cdot \frac{1}{2}m_2 r_2^2 = \pi\rho\left(\frac{1}{2}l_1 r_1^4 + l_2 r_2^4\right) =$$

$$= 0,392 \cdot 10^{-3}\ \text{m}^2\ \text{kg} + 4,595 \cdot 10^{-3}\ \text{m}^2\ \text{kg} = 4,99 \cdot 10^{-3}\ \text{m}^2\ \text{kg}$$

b) Energieerhaltung: $W_{\text{ges}} = W_{\text{pot}} + W_{\text{kin}} + W_{\text{rot}}$

$$mgh = mgz + \frac{1}{2}mv_s^2 + \frac{1}{2}J\omega^2$$

Rollbedingung: Schwerpunktsgeschwindigkeit $v_s = \omega r_1$

Auflösung nach $v_s^2 = \dfrac{2g(h-z)}{1 + J/(mr_1^2)} = \dfrac{2gs \cdot \sin\alpha}{1 + J/(mr_1^2)},$

wenn bei $z = h$ gilt: $s = 0$.

$$m = \rho V = \pi\rho\left(l_1 r_1^2 + 2l_2 r_2^2\right) = 5,64\ \text{kg}$$

$$v_s = \sqrt{\frac{2 \cdot 9,81 \text{ m/s}^2 \cdot 0,5}{1 + 4,99 \cdot 10^{-3} \text{ m}^2 \text{ kg}/[5,64 \text{ kg} \cdot (0,02 \text{ m})^2]}} \cdot s = \sqrt{3,06 \frac{\text{m}}{\text{s}^2} \cdot s}$$

Beachten Sie, daß s (kursiv) eine Länge bedeutet, dagegen s (steil) Sekunde.

c)

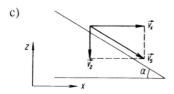

Abb. 1.4.4c. Vektorzerlegung der Schwerpunktsgeschwindigkeit.

$v_x = v_s \cdot \cos \alpha$; $v_z = -v_s \cdot \sin \alpha$

Da eine gleichmäßig beschleunigte Bewegung vorliegt, ist

$$s = \frac{1}{2}v_s t \text{ und } v_s^2 = 3,06 \text{ m/s}^2 \cdot \frac{1}{2}v_s t; \quad v_s = 1,53 \text{ m/s}^2 \cdot t$$

$$v_x = 1,53 \text{ m/s}^2 \cdot \cos 30° \cdot t = 1,33 \text{ m/s}^2 \cdot t$$

$$v_z = -1,53 \text{ m/s}^2 \cdot \sin 30° \cdot t = -0,77 \text{ m/s}^2 \cdot t$$

d) Zurückgelegte Strecke bis zum Auftreffen:

$$s_e = \frac{h - r_2}{\sin \alpha} = \frac{2 \text{ m} - 0,05 \text{ m}}{\sin 30°} = 3,90 \text{ m}$$

$$v_{s,e} = \sqrt{3,06 \text{ m/s}^2 \cdot 3,90 \text{ m}} = 3,45 \text{ m/s}$$

$$t_e = 2s_e/v_{s,e} = 2 \cdot 3,90 \text{ m}/3,45 \text{ m/s} = 2,26 \text{ s}$$

1.4.5 Seiltrommel

Aufgabe

An einer Seiltrommel mit dem Radius $r = 15$ cm und dem Trägheitsmoment $J = 0,15 \text{ m}^2$ kg greift über ein Seil eine Kraft F_1 an. Die Trommel wird mit einem Bremsklotz gebremst, der über einen Hebel im Abstand $l = 1$ m mit der Masse $m_2 = 15$ kg belastet wird; $b = 0,3$ m, Gleitreibungszahl $\mu = 0,3$. Die Massen von Seil, Bremsklotz und Hebel werden vernachlässigt.

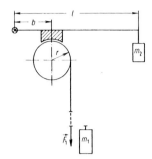

Abb. 1.4.5. Zu Aufg. a) gehört $\vec{F}_1$, zu c) die Last $m_1 g$.
Die Hebelkraft im Abstand b ist F_b, im Abstand l ist sie
$F_l = m_2 g$.

a) Berechnen Sie mit dem Grundgesetz der Dynamik für Drehbewegungen die Linearbeschleunigung a des Seils, wenn $F_1 = 200$ N beträgt. Wie lange dauert es, bis von der Trommel ein Seilstück von $h = 10$ m Länge abgerollt ist, wenn diese vorher in Ruhe war?
Wie groß ist dann die Winkelgeschwindigkeit der Trommel, deren Drehimpuls und Rotationsenergie?

b) Wie groß muß l gewählt werden, damit die Seiltrommel sich gleichförmig dreht, nachdem sie einmal in Bewegung versetzt wurde?

c) Die Anordnung wird so verändert, daß jetzt eine Last der Masse $m_1 = 20$ kg am Seil hängt. Schreiben Sie die Seilkraft an, wenn sich die Last beschleunigt nach unten bewegt. Berechnen Sie daraus nach derselben Methode wie in Aufg. a) die Linearbeschleunigung und beantworten Sie die dort gestellten Fragen.

d) Lösen Sie Aufg. c) mit dem Energieerhaltungssatz.

Lösung

a) Grundgesetz: $M = J\alpha = Ja/r$
Beschleunigungsdrehmoment: $M_A = rF_1$
Bremsdrehmoment: $M_R = rF_R = r\mu F_b$

Hebelgesetz: $bF_b = lF_l = lm_2 g$, daher $F_R = \mu \dfrac{l}{b} m_2 g$ \hfill (1)

$$a = \frac{Mr}{J} = \left(F_1 - \mu \frac{l}{b} m_2 g \right) \cdot \frac{r^2}{J} \hfill (2)$$

$$a = \left(200 \text{ N} - 0,3 \cdot \frac{1 \text{ m}}{0,3 \text{ m}} \cdot 15 \text{ kg} \cdot 9,81 \text{ m/s}^2 \right) \cdot \frac{(0,15 \text{ m})^2}{0,15 \text{ m}^2 \text{ kg}} =$$

$$= 7,93 \text{ m/s}^2$$

$$t = \sqrt{2h/a} = \sqrt{2 \cdot 10 \text{ m}/(7,93 \text{ m/s}^2)} = 1,59 \text{ s}$$

$$\omega = \alpha t \quad = at/r = 7,93 \text{ m/s}^2 \cdot 1,59 \text{ s}/0,15 \text{ m} = 83,94 \text{ s}^{-1}$$

$$L = J\omega \quad = 0,15 \text{ m}^2 \text{ kg} \cdot 83,94 \text{ s}^{-1} = 12,59 \text{ m}^2 \text{ kg/s}$$

$$W_{\text{rot}} = \frac{1}{2}J\omega^2 = \frac{1}{2} \cdot 0,15 \text{ m}^2 \text{ kg} \cdot (83,94 \text{ s}^{-1})^2 = 528,5 \text{ J}$$

b) Setzt man in Gl. (2) $a = 0$, so ergibt sich

$$l = \frac{bF_1}{\mu m_2 g} = \frac{0,3 \text{ m} \cdot 200 \text{ N}}{0,3 \cdot 15 \text{ kg} \cdot 9,81 \text{ m/s}^2} = 1,36 \text{ m}$$

c) Die Kraft F_1 wird jetzt durch die Seilkraft $F_S = m_1(g - a)$ ersetzt: $M_A = rF_S$

$$M = M_A - M_R = r\left(F_S - \mu\frac{l}{b}m_2 g \right)$$

$$a = Mr/J = \left[m_1(g - a) - \mu\frac{l}{b}m_2 g \right]\frac{r^2}{J}$$

Auflösen nach der Beschleunigung:

$$a = \frac{\left(m_1 g - \mu\frac{l}{b}m_2 g \right) r^2}{J + m_1 r^2} \tag{3}$$

$$a = \frac{\left(20 \text{ kg} \cdot 9,81 \frac{\text{m}}{\text{s}^2} - 0,3 \cdot \frac{1 \text{ m}}{0,3 \text{ m}} \cdot 15 \text{ kg} \cdot 9,81 \frac{\text{m}}{\text{s}^2} \right) \cdot (0,15 \text{ m})^2}{0,15 \text{ m}^2 \text{ kg} + 20 \text{ kg} \cdot (0,15 \text{ m})^2} =$$

$$= 1,84 \text{ m/s}^2$$

$$F_S = 20 \text{ kg} \cdot (9,81 - 1,84) \text{ m/s}^2 = 159,4 \text{ N}$$

$$t = \sqrt{\frac{2 \cdot 10 \text{ m}}{1,84 \text{ m/s}^2}} = 3,30 \text{ s}; \quad \omega = 40,4 \text{ s}^{-1}$$

$$L = 6,07 \text{ m}^2\text{kg/s}; \quad W_{\text{rot}} = 122,6 \text{ J}$$

d) Energieerhaltung: $m_1 g h = \frac{1}{2} m_1 v^2 + \frac{1}{2} J \omega^2 + m_1 g x + W_R; \ 0 \le x \le h$

Reibungsarbeit: $W_R = F_R \cdot (h - x) = F_R \cdot \Delta x,$

wobei $\Delta x = h - x$ der von m_1 zurückgelegte Weg ist.

Abrollbedingung: $v = \omega r$; daraus folgt:

$$v^2 \cdot \left(\frac{m_1}{2} + \frac{J}{2r^2} \right) = m_1 g \cdot \Delta x - F_R \cdot \Delta x; \ v^2 = \frac{m_1 g - F_R}{m_1/2 + J/(2r^2)} \cdot \Delta x$$

Da für die gleichmäßig beschleunigte Bewegung gilt: $v^2 = 2a \cdot \Delta x$, erhält man für eine Beschleunigung mit Gl. (1) dieselbe Gl. (3) wie in Aufg. c).

1.4.6 Drehimpulserhaltung auf dem Drehschemel

Aufgabe

Ein Mann sitzt auf einem reibungsfrei gelagerten Drehstuhl, ohne daß seine Füße den Boden berühren. Mann und Drehstuhl haben zusammen bezüglich der

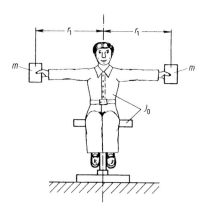

Abb. 1.4.6. Ausgangszustand des Versuchs.

Drehachse das Trägheitsmoment $J_0 = 4 \text{ m}^2\text{kg}$. Er nimmt je ein Bleistück der Masse $m = 10$ kg in seine Hände und streckt die Arme aus. Der Abstand zwischen der Drehachse und den Bleistücken beträgt zunächst jeweils $r_1 = 90$ cm. Für die Rechnung werden die Bleistücke als punktförmig betrachtet!

a) Der Stuhl ist zunächst in Ruhe. Eine zweite Person zieht im Abstand r_1 tangential zur Drehbewegung an einer der Massen, bis sich Mann und Drehstuhl nach einer Zeit von 0,5 s mit konstanter Drehfrequenz $n_1 = 0,4 \text{ s}^{-1}$ drehen. Wie groß ist jetzt der gesamte Drehimpuls L_1 des Systems? Wie groß war die tangentiale mittlere Zugkraft $\overline{F}$ der zweiten Person?

b) Der Mann zieht beide Arme an den Körper, bis sich die Bleistücke im Abstand $r_2 = 40$ cm von der Drehachse befinden. Wie groß ist jetzt die Drehfrequenz n_2? Dabei soll angenommen werden, daß sich J_0 durch die neue Lage der Arme nicht verändert.

c) Welche Arbeit hat der Mann auf dem Stuhl bei b) mit seinen Armen verrichtet?

d) Im Fall a) läßt der Mann bei der Drehfrequenz n_1 beide Massen auf den Boden fallen. Wie ändert sich danach die Drehfrequenz? (Kurze Begründung der Antwort!)

Lösung

a) $L_1 = J_1\omega_1 = (J_0 + 2mr_1^2) \cdot 2\pi n_1$

$J_1 = 4 \text{ m}^2\text{kg} + 2 \cdot 10 \text{ kg} \cdot (0,9 \text{ m})^2 = 20,2 \text{ m}^2\text{kg}$

$L_1 = 20,2 \text{ m}^2\text{kg} \cdot 2\pi \cdot 0,4 \text{ s}^{-1} = 50,77 \text{ m}^2\text{kg/s}$

Drehmoment-Stoß: $\Delta L = \displaystyle\int_{t_1}^{t_2} M \, dt = L_1 = \overline{M} \cdot \Delta t = \overline{F} r_1 \cdot \Delta t$

$\overline{F} = \dfrac{L_1}{r_1 \cdot \Delta t} = \dfrac{50,77 \text{ m}^2\text{kg/s}}{0,9 \text{ m} \cdot 0,5 \text{ s}} = 112,8 \text{ N}$

b) Drehimpulserhaltung: $J_1\omega_1 = J_2\omega_2$; $n_2 = (J_1/J_2) \cdot n_1$

$J_2 = J_0 + 2mr_2^2 = 7,2 \text{ m}^2\text{kg}$

$n_2 = \dfrac{20,2 \text{ m}^2\text{kg}}{7,2 \text{ m}^2\text{kg}} \cdot 0,4 \text{ s}^{-1} = 1,12 \text{ s}^{-1}$

c) $\Delta W = W_{rot,2} - W_{rot,1} = \frac{1}{2}J_2\omega_2^2 - \frac{1}{2}J_1\omega_1^2 =$

$$= \frac{1}{2} \cdot 7,2 \cdot (2\pi \cdot 1,12)^2 \ m^2kg/s^2 - \frac{1}{2} \cdot 20,2 \cdot (2\pi \cdot 0,4)^2 \ m^2kg/s^2 =$$

$$= 178,3 \ Nm - 63,8 \ Nm = 114,5 \ Nm$$

d) Die Drehzahl bleibt unverändert. Der Mann leistet keine Arbeit. Die Bleistücke gehören nicht mehr zum System.

1.4.7 Inelastischer Drehstoß

Aufgabe

Eine Holzscheibe vom Radius $r = 12$ cm und der Masse $m_1 = 10$ kg ist um eine vertikale Achse reibungsfrei drehbar gelagert. Sie wird von einer Bleikugel mit der Masse $m_2 = 10$ g im Abstand $x = 11$ cm von der Drehachse getroffen. Die Kugel soll im Schreibenrand stecken bleiben. Die vorher ruhende Scheibe dreht sich danach mit der Drehfrequenz $n = 0,5 \ s^{-1}$.

a) Wie groß war die Geschwindigkeit der Kugel?

b) Welcher Prozentsatz der kinetischen Energie der Kugel ist am Ende noch als mechanische Energie vorhanden?

c) Durch die Verformungsarbeit werden Scheibe und Kugel geringfügig erwärmt. Wir groß wäre die Temperaturerhöhung, wenn sich die Wärme in der Scheibe gleichmäßig verteilen würde und keine Wärme an die Umgebung abgegeben würde?
Die spezifische Wärmekapazität von Holz beträgt $c_S = 1,7 \cdot 10^3$ J/(kg K), die von Blei $c_K = 130$ J/(kg K).

Lösung

a) Drehimpulserhaltungssatz: $x \cdot p = J_{ges}\omega$

Gesamtes Trägheitsmoment nach dem Stoß:

$$J_{ges} = \frac{1}{2}m_1r^2 + m_2r^2 = \frac{1}{2} \cdot 10 \ kg \cdot (0,12 \ m)^2 + 0,01 \ kg \cdot (0,12 \ m)^2 =$$

$$= 0,072 \ m^2kg$$

$$v = \frac{J_{\text{ges}}\omega}{xm_2} = \frac{0,072 \text{ m}^2\text{kg} \cdot 2\pi \cdot 0,5 \text{ m}^{-1}}{0,11 \text{ m} \cdot 0,01 \text{ kg}} = 206,0 \text{ m/s}$$

b) $\dfrac{W_{\text{rot}}}{W_{\text{kin}}} = \dfrac{\frac{1}{2}J_{\text{ges}}\omega^2}{\frac{1}{2}m_2v^2} = \dfrac{J_{\text{ges}}\omega^2 x^2 m_2^2}{m_2 J_{\text{ges}}^2\omega^2} = \dfrac{x^2 m_2}{J_{\text{ges}}} =$

$$= \frac{(0,11 \text{ m})^2 \cdot 0,01 \text{ kg}}{0,072 \text{ m}^2\text{kg}} = 0,0017 = 0,17 \text{ \%}$$

c) Energieerhaltung: Erzeugte Wärmemenge $\Delta Q = W_{\text{kin}} - W_{\text{rot}}$.
Wegen b) ist $\Delta Q \approx W_{\text{kin}}$

$$W_{\text{kin}} = \frac{1}{2}m_2v^2 = \frac{1}{2} \cdot 0,01 \text{ kg} \cdot (206,0 \text{ m/s})^2 = 212,3 \text{ J}$$

$$\Delta Q = C \cdot \Delta T$$

Wärmekapazität nach dem Stoß:

$$C = m_1c_S + m_2c_K = 10 \text{ kg} \cdot 1,7 \cdot 10^3 \text{ J/(kgK)} + 0,01 \text{ kg} \cdot 130 \text{ J/(kgK)} =$$
$$= 17 \cdot 10^3 \text{ J/K}$$

$$\Delta T = \frac{\Delta Q}{C} = \frac{W_{\text{kin}}}{C} = \frac{212,3 \text{ J}}{17 \cdot 10^3 \text{ J/K}} = 0,013 \text{ K}$$

1.4.8 Präzession eines Kreisels

Aufgabe

Ein Kreisel mit der Masse 100 g dreht sich mit einer Frequenz $f = 10 \text{ s}^{-1}$ um seine Achse. Bei der Auslenkung aus der senkrechten Drehrichtung um einen Winkel $\beta = 30°$ führt er unter dem Einfluß seines Gewichtes eine Präzessionsbewegung aus. Die Präzessionsfrequenz beträgt $f_p = 0,9 \text{ s}^{-1}$, der Abstand Fußpunkt – Kreiselschwerpunkt ist 6 cm.

Wie groß ist das Trägheitsmoment des Kreisels?
Zeichnen Sie die in der Rechnung vorkommenden Vektoren in eine Skizze ein!

Lösung

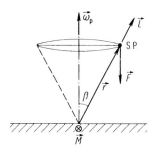

Abb. 1.4.8. Die am Schwerpunkt angreifende Gewichtskraft $\vec{F}$ erzeugt ein Drehmoment $\vec{M}$, das senkrecht zu $\vec{L}$ auf den Kreisel wirkt.

$$\vec{M} = \vec{r} \times \vec{F} = \vec{\omega}_p \times \vec{L}; \quad rmg \cdot \sin\beta = \omega_p J\omega \cdot \sin\beta$$

$$J = \frac{rmg}{4\pi^2 f_p f} = \frac{0,06 \text{ m} \cdot 0,1 \text{ kg} \cdot 9,81 \text{ m/s}^2}{4\pi^2 \cdot 0,9 \text{ s}^{-1} \cdot 10 \text{ s}^{-1}} = 0,166 \cdot 10^{-3} \text{ m}^2\text{kg}$$

1.4.9 Erzwungene Präzession („Kollergang")

Aufgabe

Die waagrechte Achse einer Kreisscheibe, welche $2r = 1$ m Durchmesser und $m = 1500$ kg Masse hat, ist um eine vertikale Achse drehbar gelagert. Die Scheibe befindet sich in $R = 2$ m Abstand von der vertikalen Achse und rollt um diese auf der horizontalen Unterlage ab. Die Drehung um die vertikale Achse erfolgt gleichförmig mit der Drehfrequenz $f_p = 0,5$ s^{-1}.
Mit welcher Kraft drückt die Scheibe auf die Unterlage? Fertigen Sie eine Skizze mit den benötigten Vektoren an!

Lösung

Kreiselmoment: $\vec{M}_K = \vec{R} \times \vec{F} = \vec{L} \times \vec{\omega}_P$
Beträge: $F = L\omega_p/R = J\omega\omega_p/R$

Rollbedingung: Bahngeschwindigkeit des Scheibenmittelpunkts:

$$v = \omega r = \omega_p R; \quad \omega = 2\pi f_p R/r; \quad J = \frac{1}{2}mr^2$$

$$F = \frac{1}{2}mr^2 \cdot (2\pi f_p)^2 \cdot \frac{R}{r} \cdot \frac{1}{R} = \frac{1}{2}mr \cdot (2\pi f_p)^2$$

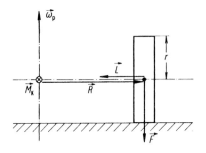

Abb. 1.4.9. Durch die erzwungene Präzession entsteht ein Drehmoment $\vec{M}_K = \vec{R} \times \vec{F}$, das zu einer zusätzlichen Kraft $\vec{F}$ auf die Unterlage führt.

$$F = \frac{1}{2} \cdot 1500 \text{ kg} \cdot 0,5 \text{ m} \cdot (2\pi \cdot 0,5)^2 \text{ s}^{-2} = 3701 \text{ N}$$

Dazu ist das Gewicht F_g der Scheibe zu addieren:

$$F_{\text{ges}} = F_g + F = 14715 \text{ N} + 3701 \text{ N} = 18416 \text{ N}$$

$$F/F_g = 25,2\%$$

1.5 Eigenschaften der Materie

Als Beispiele für mechanische Eigenschaften ruhender Materie werden hier behandelt: Schweredruck, Auftrieb, Oberflächenspannung, elastische Eigenschaften. Bei der Behandlung der Dehnung, Scherung und Viskosität werden Begriffe und Formeln aus der Schwingungslehre (vgl. Abschn. 3.1) verwendet.
Die Viskosität von Flüssigkeiten und Gasen führt auch zu den Eigenschaften strömender Flüssigkeiten und Gase. Die Bernoulli-Gleichung gilt für den Spezialfall der reibungsfreien, laminaren Strömung.

1.5.1 Archimedisches Prinzip

Aufgabe

In einem Becken von der Fläche $A = 5 \text{ m} \cdot 5 \text{ m}$ steht das Wasser $h_0 = 1,500 \text{ m}$ hoch. Man läßt ein Boot von $m_B = 40 \text{ kg}$ Masse, in dem ein Stein (Dichte $\rho_{St} = 3 \text{ kg/dm}^3$) von $m_{St} = 10 \text{ kg}$ liegt, ins Wasser.

a) Wie ändert sich die Höhe des Wasserspiegels?

b) Um wieviel steigt oder fällt der Wasserspiegel gegenüber Aufg. a), wenn man anschließend den Stein aus dem Boot ins Wasser wirft?

Lösung

a) Archimedisches Prinzip: $(m_B + m_{St})g = \rho_W V_B(\text{mit Stein}) \cdot g$

$$h_1 = \frac{V_0 + V_B(\text{mit Stein})}{A} = h_0 + \frac{m_B + m_{St}}{\rho_W A} = h_0 + \Delta h_1$$

$$\Delta h_1 = \frac{(40 + 10)\ \text{kg}}{10^3\ \text{kg/m}^3 \cdot 25\ \text{m}^2} = 2\ \text{mm Anstieg des Wasserspiegels}$$

b) Archimedisches Prinzip: $m_B g = \rho_W V_B(\text{leer}) \cdot g$

$$h_2 = \frac{V_0 + V_B(\text{leer}) + V_{St}}{A} = h_0 + \frac{m_B}{\rho_W A} + \frac{m_{St}}{\rho_{St} A} = h_0 + \Delta h_2$$

$$\Delta h_2 = \frac{40\ \text{kg}}{10^3\ \text{kg/m}^3 \cdot 25\ \text{m}^2} + \frac{10\ \text{kg}}{3 \cdot 10^3\ \text{kg/m}^3 \cdot 25\ \text{m}^2} =$$
$$= 1,6\ \text{mm} + 0,13\ \text{mm} = 1,73\ \text{mm}$$

Der Wasserspiegel fällt also um 0,27 mm.

1.5.2 Auftrieb, barometrische Höhenformel

Aufgabe

Ein kugelförmiger, unten offener Freiballon mit einer Hülle von festem Durchmesser 3 m und der Masse $m_B = 2$ kg ist mit Wasserstoffgas gefüllt.

a) Welche Kraft wirkt beim Start auf ihn, wenn am Boden bei einem Luftdruck $p_0 = 1$ bar und der Temperatur 0 °C die Dichte von Luft $\rho_{0,L} = 1,29$ kg/m^3 und die von Wasserstoff $\rho_{0,H} = 0,09$ kg/m^3 beträgt?

b) Wie hoch steigt der Ballon? Dabei soll angenommen werden, daß die Temperatur in allen Höhen 0 °C beträgt.

c) Wie ändert sich die Steighöhe bei Füllung mit Heliumgas?
$\rho_{0,\text{He}} = 0,18 \text{ kg/m}^3$.

Lösung

a) Kraft = Auftrieb – Gewicht

$$F = (\rho_{0,\text{L}} - \rho_{0,\text{H}})gV - m_\text{B}g =$$

$$= (1,29 - 0,09) \text{ kg/m}^3 \cdot 9,81 \text{ m/s}^2 \cdot \frac{4}{3}\pi \cdot (1,5 \text{ m})^3 - 2 \text{ kg} \cdot 9,81 \text{ m/s}^2 =$$

$$= 146,8 \text{ N}$$

b) $F = 0$ in der Höhe h : $(\rho_\text{L} - \rho_\text{H})\,gV = m_\text{B}g$ \hfill (1)

Berechnung der Dichten ρ_L und ρ_H beim Druck in der Höhe h mit der barometrischen Höhenformel: $p = p_0 \cdot \exp\left(-\dfrac{\rho_0 gh}{p_0}\right)$.

Da der Ballon offen ist, wird $p_\text{H} = p_\text{L} = p_0 \cdot \exp\left(-\dfrac{\rho_{0,\text{L}} gh}{p_0}\right)$.

Für ideale Gase gilt: $\rho = \dfrac{p}{R_\text{s}T}$, also $\rho \sim p$ bei $T = $ konst. (isotherm); deshalb erhält man für Gl. (1):

$$V\left(\rho_{0,\text{L}} - \rho_{0,\text{H}}\right) \cdot \exp\left(-\frac{\rho_{0,\text{L}} gh}{p_0}\right) = m_\text{B}$$

Auflösen ergibt $h = \dfrac{p_0}{\rho_{0,\text{L}} g} \cdot \ln \dfrac{V(\rho_{0,\text{L}} - \rho_{0,\text{H}})}{m_\text{B}}$

$$h = \frac{10^5 \text{ N/m}^2}{1,29 \text{ kg/m}^3 \cdot 9,81 \text{ m/s}^2} \cdot \ln \frac{4\pi \cdot (1,5 \text{ m})^3 \cdot (1,29 - 0,09) \text{ kg/m}^3}{3 \cdot 2 \text{ kg}} =$$

$$= 16,9 \text{ km}$$

c) $h = 16,3 \text{ km}$

1.5.3 Oberflächenspannung

Aufgabe

Die Oberflächenspannung von Quecksilber beträgt bei 20 °C $\zeta = 0,465$ N/m, die Dichte $\rho = 13,55$ kg/dm^3.

a) 8000 Hg-Kugeln vom Radius $r_1 = 0,1$ mm werden zu einem einzigen Tropfen vereinigt, der als Kugel vom Radius r_2 behandelt werden soll. Wie groß ist die dabei freiwerdende Energie ΔW?

b) Welcher Überdruck p herrscht infolge der Oberflächenspannung in den kleinen und im großen Tropfen?

c) Das Hg wird in ein offenes U-Rohr eingefüllt, dessen einer Schenkel einen Innendurchmesser von 2 mm, dessen anderer einen von 0,5 mm hat. Wie groß ist die Höhendifferenz Δh zwischen beiden Flüssigkeitssäulen, wenn völlige Nichtbenetzung der Rohrwand angenommen wird? (Skizze!)

Lösung

a) $\Delta W = \zeta(A_1 - A_2) = \zeta(4\pi r_1^2 \cdot 8000 - 4\pi r_2^2)$

$8000 \cdot V_1 = V_2$, daraus

$r_2 = r_1 \cdot \sqrt[3]{8000} = 0,1 \text{ mm} \cdot 20 = 2 \text{ mm}$

$\Delta W = \zeta \cdot 4\pi(8000 r_1^2 - r_2^2) =$
$= 0,465 \text{ N/m} \cdot 4\pi \cdot \left[8000 \cdot (0,1 \cdot 10^{-3} \text{ m})^2 - (2 \cdot 10^{-3} \text{ m})^2 \right] =$
$= 0,444 \cdot 10^{-3} \text{ Nm}$

b) Arbeit, um den Radius einer Kugel um dr zu vergrößern:

$$dW = p \cdot dV = p \cdot 4\pi r^2 dr \tag{1}$$

bzw.: $dW = \zeta \cdot dA = \zeta \cdot \left[4\pi(r + dr)^2 - 4\pi r^2 \right] = 8\pi\zeta r \cdot dr \tag{2}$

Gl. (1) = Gl. (2): $p = 2\zeta/r$

$p_1 = 2\zeta/r_1 = 2 \cdot (0,465 \text{ N/m})/0,1 \cdot 10^{-3} \text{ m} = 9,30 \cdot 10^3 \text{ N/m}^2 \approx 0,1 \text{ bar}$

$p_2 = 2\zeta/r_2 = 465 \text{ N/m}^2$, also $< p_1$!

c) Bei Nichtbenetzung kann der Meniskus als Halbkugel behandelt werden. Kräftegleichgewicht bei der Kapillardepression um die Höhe h in einer Flüssigkeitssäule:

$$F = \zeta l = mg; \quad l = \text{Rohrumfang}$$

$$\zeta \cdot 2\pi r = \rho \pi r^2 h g; \quad h = \frac{2\zeta}{\rho r g}$$

$$h_1 = \frac{2 \cdot 0,465 \text{ N/m}}{13,55 \cdot 10^3 \text{ kg/m}^3 \cdot 10^{-3} \text{ m} \cdot 9,81 \text{ m/s}^2} = 7,0 \text{ mm}$$

$$h_2 = 28,0 \text{ mm}; \quad \Delta h = h_2 - h_1 = 21 \text{ mm}$$

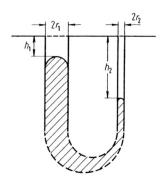

Abb. 1.5.3c. Zunächst taucht man die Röhren getrennt in einen Hg-Behälter und erhält die Depressionen h_1 und h_2. Anschließend verbindet man sie zu einem U-Rohr. Der Behälter ist dann überflüssig.

1.5.4 Festigkeit

Aufgabe

Die maximale Höhe von Gebäuden sei nur durch die Fließgrenze der Baustoffe begrenzt.

a) Man berechne am Beispiel eines Zylinders aus Stahl, welche Maximalhöhe er auf der Erde haben darf, wenn die Fließgrenze zu $\sigma = 0,2 \cdot 10^9$ N/m^2 angenommen wird und die Dichte $\rho = 7,9$ kg/dm^3 beträgt?

b) Welche Maximalhöhe könnte man auf dem Jupiter erreichen? Man verwende Ergebnisse der Aufgabe in Abschn. 1.3.1.

Lösung

a) Bedingung: Druck am Boden $p \leq \sigma$

$$p = F/A = \rho h g \leq \sigma; \quad h \leq \frac{\sigma}{\rho g}$$

$$h \leq \frac{0,2 \cdot 10^9 \text{ N/m}^2}{7,9 \cdot 10^3 \text{ kg/m}^2 \cdot 9,81 \text{ m/s}^2} = 2581 \text{ m}$$

b) $h \leq \dfrac{\sigma}{\rho a_{\text{J}}} = \dfrac{\sigma}{\rho \cdot 2,62 \cdot g} = \dfrac{2581 \text{ m}}{2,62} = 985 \text{ m}$

1.5.5 Dehnung und Torsion eines Hohldrahts

Aufgabe

Eine Stahlkugel mit dem Radius $R = 9$ cm und der Dichte $\rho = 7,88$ kg/dm^3 wird an einem Hohldraht aus Stahl aufgehängt. Dieser hat die Länge $l = 1$ m, den Radius $r = 1,5$ mm und die Wandstärke $d = 0,15$ mm. Letztere soll bei der Rechnung als klein gegen r betrachtet werden.

a) Welche Längenänderung verursacht die Kugel, wenn der Elastizitätsmodul von Stahl $E = 206000$ N/mm^2 beträgt?

b) Welches Drehmoment ist nötig, um den Hohldraht um $10°$ zu verdrillen, wenn der Schubmodul von Stahl $G = 80000$ N/mm^2 beträgt?

c) Wie groß ist die Schwingungsdauer T_0 der (ungedämpften) Drehschwingung, die entsteht, wenn man den verdrillten Draht sich selbst überläßt?

Lösung

a) $\dfrac{\Delta l_{\uparrow}}{l_{\uparrow}} = \dfrac{1}{E} \cdot \dfrac{F_{\text{g}}}{A}$; Gewichtskraft der Kugel F_{g}

Querschnittsfläche des Hohldrahts:

$$A = 2\pi r d = 2\pi \cdot 1,5 \cdot 10^{-3} \text{ m} \cdot 0,15 \cdot 10^{-3} \text{ m} = 1,414 \cdot 10^{-6} \text{ m}^2$$

$$F_g = mg = \rho \cdot \frac{4}{3}\pi R^3 g = 7,88 \cdot 10^3 \text{ kg/m}^3 \cdot \frac{4}{3}\pi \cdot (0,09 \text{ m})^3 \cdot 9,81 \text{ m/s}^2 =$$

$$= 236,1 \text{ N}$$

$$\frac{\Delta l}{l} = \frac{236,1 \text{ N}}{0,206 \cdot 10^{12} \text{ N/m}^2 \cdot 1,414 \cdot 10^{-6} \text{ m}^2} = 0,811 \cdot 10^{-3}$$

$$\Delta l = 0,811 \text{ mm}$$

b)

Abb. 1.5.5b. Querschnitt durch den Hohldraht, der um Δl verdrillt wird.

$$\frac{\Delta l_{\rightarrow}}{l_{\uparrow}} = \frac{1}{G} \cdot \frac{F}{A}; \quad \Delta l = r \cdot \Delta\varphi$$

$$F = G \cdot A \cdot \frac{\Delta l}{l} = 2\pi G d \frac{r^2}{l} \cdot \Delta\varphi$$

$$M = r \cdot F = 2\pi G d \frac{r^3}{l} \cdot \Delta\varphi = D^* \cdot \Delta\varphi$$

Winkelrichtgröße D^*:

$$D^* = 2\pi G d \frac{r^3}{l} = 2\pi \cdot 80 \cdot 10^9 \frac{\text{N}}{\text{m}^2} \cdot 0,15 \cdot 10^{-3} \text{ m} \cdot \frac{(1,5 \cdot 10^{-3} \text{ m})^3}{1 \text{ m}} =$$

$$= 0,255 \text{ Nm}$$

$$M = 44,4 \cdot 10^{-3} \text{ Nm}$$

c) Trägheitsmoment der Vollkugel:

$$J = \frac{2}{5} mR^2 = \frac{2}{5} \cdot \frac{236,1 \text{ N}}{9,81 \text{ m/s}^2} \cdot (0,09 \text{ m})^2 = 77,96 \cdot 10^{-3} \text{ m}^2\text{kg}$$

$$T_0 = 2\pi \cdot \sqrt{\frac{J}{D^*}} = 2\pi \cdot \sqrt{\frac{77,96 \cdot 10^{-3} \text{ m}^2\text{kg}}{0,255 \text{ Nm}}} = 3,48 \text{ s}$$

1.5.6 Messung der Viskosität

Aufgabe

Zwei Kreisscheiben vom Radius $R = 8$ cm stehen sich im Abstand $d = 3$ mm gegenüber. Die obere ist an einer Drillfeder, die untere an einer Motorachse befestigt.

a) Läßt man zunächst die obere Scheibe (Masse $m = 200$ g) freie (ungedämpfte) Drehschwingungen ausführen, so mißt man eine Schwingungsdauer $T_0 = 1,2$ s. Wie groß ist die Winkelrichtgröße D^* der Feder?

b) Dann füllt man den Zwischenraum zwischen den beiden Scheiben mit Transformatorenöl und läßt den Motor mit der Drehfrequenz $f = 0,9$ Hz laufen. Dabei beobachtet man im Gleichgewicht an der oberen Scheibe einen konstanten Winkelausschlag $\Delta\varphi = 7,6°$.
Wie groß ist die Viskosität des Öls?
Welche Leistung muß der Motor zur Überwindung dieser Reibung aufbringen?

c) Wird der Motor plötzlich abgeschaltet, so führt die obere Scheibe gedämpfte Drehschwingungen aus. Um wieviel Prozent nimmt die Amplitude pro Schwingung ab?

Zur Lösung sei auch auf Abschn. 3.1 hingewiesen.

Lösung

a) $T_0 = 2\pi\sqrt{J/D^*}$; $D^* = 4\pi^2 J/T_0^2$

Trägheitsmoment: $J = \frac{1}{2} mR^2 = \frac{1}{2} \cdot 0,2 \text{ kg} \cdot (0,08 \text{ m})^2 =$
$$= 0,64 \cdot 10^{-3} \text{ m}^2\text{kg}$$

Winkelrichtgröße: $D^* = 4\pi^2 \cdot 0,64 \cdot 10^{-3} \; \text{m}^2\text{kg}/(1,2 \; \text{s})^2 =$

$$= 17,55 \cdot 10^{-3} \; \text{Nm}$$

b) Im Gleichgewicht gilt:
Bremsdrehmoment M_R = rücktreibendes Drehmoment M der Feder

Berechnung von M_R:

Innere Reibungskraft: $F_R = A\eta \cdot \mathrm{d}v/\mathrm{d}x$
Kraft auf einen Kreisring der Dicke $\mathrm{d}r$ vom Radius r:
$\mathrm{d}F_R = 2\pi r\mathrm{d}r \cdot \eta v/d$, wobei $v = \omega r$.

Drehmoment: $\mathrm{d}M_R = r \cdot \mathrm{d}F_R = 2\pi\eta\dfrac{\omega}{d}r^3\mathrm{d}r$

$$M_R = \int_0^R \mathrm{d}M_R = \pi\eta\frac{\omega}{2d}R^4 = \frac{\pi^2\eta f R^4}{d}$$

Mit $M_R = M = D^* \cdot \Delta\varphi$ folgt $\eta = \dfrac{D^* \cdot \Delta\varphi \cdot d}{\pi^2 f R^4}$

$$\eta = \frac{17,55 \cdot 10^{-3} \; \text{Nm} \cdot \text{arc}(7,6°) \cdot 3 \cdot 10^{-3} \; \text{m}}{\pi^2 \cdot 0,9 \; \text{s}^{-1} \cdot (0,08 \; \text{m})^4} = 19,19 \cdot 10^{-3} \; \text{kg}/(\text{m} \cdot \text{s})$$

Leistung: $P = M \cdot \omega = D^* \cdot \Delta\varphi \cdot 2\pi f =$

$$= 17,55 \cdot 10^{-3} \; \text{Nm} \cdot \text{arc}(7,6°) \cdot 2\pi \cdot 0,9 \; \text{s}^{-1} = 13,16 \; \text{mW}$$

c) Geschwindigkeitsproportional gedämpfte Schwingung mit der Schwingungsdauer T_d:
Amplitudenabnahme: $\hat{\varphi}_{n+1}/\hat{\varphi}_n = \mathrm{e}^{-\delta T_d}$

Abklingkoeffizient $\delta = \dfrac{k^*}{2J}$, wobei gilt: $M_R = -k^* \cdot \dot{\varphi} = -k^*\omega$

Aus Aufg. b) entnimmt man: $k^* = \dfrac{M_R}{\omega} = \dfrac{\pi\eta R^4}{2d}$

$$k^* = \frac{\pi \cdot 19,19 \cdot 10^{-3} \; \text{kg}/(\text{m} \cdot \text{s}) \cdot (0,08 \; \text{m})^4}{2 \cdot 3 \cdot 10^{-3} \; \text{m}} = 0,412 \cdot 10^{-3} \; \text{m}^2\text{kg/s}$$

$$\delta = \frac{0,412 \cdot 10^{-3}\,\text{m}^2\text{kg/s}}{2 \cdot 0,64 \cdot 10^{-3}\,\text{m}^2\text{kg}} = 0,322\,\text{s}^{-1}$$

Schwingungsdauer der gedämpften Schwingung $\quad T_{\text{d}} = \dfrac{2\pi}{\sqrt{\omega_0^2 - \delta^2}} \approx T_0\,,$

weil $\quad \omega_0 = 2\pi/T_0 = 5,24\,\text{s}^{-1} \gg \delta$.

$$\hat{\varphi}_{n+1} / \hat{\varphi}_n = \exp(-0,322\,\text{s}^{-1} \cdot 1,2\,\text{s}) = 0,68$$

Die Amplitude nimmt also pro Schwingung um 32% ab.

1.5.7 Gesetze von Stokes und Hagen-Poiseuille

Aufgabe

Ein Faß mit dem Durchmesser 1 m ist mit Glyzerin (ρ_{fl} = 1,26 kg/dm^3) gefüllt. Bei h = 1,5 m unterhalb des Flüssigkeitsspiegels ist am Gefäß ein horizontal laufendes Rohr der Länge l = 2 m mit dem Innendurchmesser $2R$ = 10 mm angebracht.

a) Die Viskosität η der Flüssigkeit wird bei der Temperatur von 18°C zunächst dadurch bestimmt, daß man eine Stahlkugel mit $2r$ = 6 mm Durchmesser (ρ_0 = 7,8 kg/dm^3) im Glyzerin sinken lässt und die konstante Sinkgeschwindigkeit v = 9 cm/s misst. Wie groß ist η ?

b) Wie groß ist die mittlere Geschwindigkeit und die Durchflußrate (Volumenstrom) $Q = \dot{V}$ bei laminarer Strömung? Der Flüssigkeitsspiegel im Faß wird konstant gehalten.

Lösung

a) v = konst.: Gewicht der Kugel = Stokessche Reibungskraft + Auftriebskraft

$$m_0 g = 6\pi r\,\eta v + m_{\text{fl}} g$$

$$\eta = \frac{(\rho_0 - \rho_{\text{fl}})Vg}{6\pi r v} = \frac{2}{9}r^2 g\,\frac{\rho_0 - \rho_{\text{fl}}}{v} = 1,43\,\frac{\text{kg}}{\text{m}\cdot\text{s}}$$

b) Bernoulli-Gleichung für reale Strömungen:

$$p_1 + \rho g h_1 + \tfrac{1}{2} \rho \bar{v}_1^2 = p_2 + \rho g h_2 + \tfrac{1}{2} \rho \bar{v}_2^2 + \Delta p_R$$

$$p_1 = p_2 = p_{amb} \, ; \ \bar{v}_2 \gg \bar{v}_1 \approx 0 \, ; \ h_1 = 1.5 \, \text{m} \, ; \ h_2 = 0$$

$$\Delta p_R \approx \rho g h_1 - \tfrac{1}{2} \rho \bar{v}_2^2 \qquad\qquad (1)$$

Gesetz von Hagen-Poiseuille: $Q = \pi R^2 \bar{v}_2 = \dfrac{\pi R^4 \Delta p_R}{8 \eta l}$

$$\Delta p_R = \dfrac{8 \eta l}{R^2} \bar{v}_2 \qquad\qquad (2)$$

(1) = (2) ergibt eine quadratische Gleichung für $\bar{v}_2$. Als physikalisch sinn-volle der beiden Lösungen erhält man $\bar{v}_2 = 2{,}03$ cm/s; daraus $Q = 1{,}59$ cm^3/s. Der Lösungsweg vereinfacht sich, wenn man berücksichtigt, daß mit den vor-liegenden Zahlenangaben in Gl. (1) der Schweredruck $\rho g h_1 \gg$ dynamische

Druck $\tfrac{1}{2} \rho \bar{v}_2^2$ ist, so daß $\bar{v}_2 \approx \dfrac{R^2}{8 \eta l} \rho g h_1 = 2{,}03$ cm/s wird.

1.5.8 Bernoulli-Gleichung

Aufgabe

Ein Mann hält einen Gartenschlauch von $A_1 = 10$ cm^2 Innenquerschnitt mit einer Durchflußrate Q von 15 Liter Wasser pro Minute. Über der Düse ergibt sich ein Druckabfall $\Delta p = 2$ bar.

a) Mit welchen Geschwindigkeiten v_1 und v_2 strömt das Wasser im waagrecht gehaltenen Schlauch und in der Düse (reibungsfreie laminare Strömung wird angenommen)? Welchen Durchmesser d_2 hat die Austrittsöffnung der Düse?

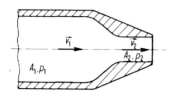

Abb. 1.5.8. Das Übergangsstück vom Schlauch zur Düse.

b) Welche Rückstoßkraft F erfährt der Mann vom Strahl?

c) Wie hoch steigt der Wasserstrahl, wenn die Düse senkrecht nach oben gerichtet ist? In welcher Entfernung x_e treffen die Wassertropfen auf den ebenen Boden auf, wenn die Düse unter einem Winkel $\alpha = 45°$ schräg nach oben spritzt? Der Luftwiderstand soll dabei vernachlässigt werden.

Lösung

a) Durchflußrate $Q = \Delta V / \Delta t = 0,25 \cdot 10^{-3}$ m³/s $= A v =$ konst.

Daraus folgt die Kontinuitätsgleichung: $A_1 v_1 = A_2 v_2$ (1)

Bernoulli-Gleichung: $p_1 + \dfrac{1}{2}\rho v_1^2 = p_2 + \dfrac{1}{2}\rho v_2^2$ (2)

Weil $A_1 > A_2$, folgt $v_2 > v_1$ und $p_2 < p_1$; $\Delta p = p_1 - p_2 = 2$ bar

Gl. (1): $v_1 = Q/A_1 = 0,25 \cdot 10^{-3}(\text{m}^3/\text{s})/10^{-3}$ m² $= 0,25$ m/s

Gl. (2): $v_2 = \sqrt{\dfrac{2 \cdot \Delta p}{\rho} + v_1^2} = \sqrt{\dfrac{2 \cdot 2 \cdot 10^5 \ \text{N/m}^2}{10^3 \ \text{kg/m}^3} + (0,25 \ \text{m/s})^2} =$

$= 20$ m/s $\gg v_1$!

Gl. (1): $A_2 = \pi(d_2/2)^2 = Q/v_2$

$$d_2 = 2 \cdot \sqrt{\dfrac{0,25 \cdot 10^{-3} \ \text{m}^3/\text{s}}{\pi \cdot 20 \ \text{m/s}}} = 4 \ \text{mm}$$

b) Rückstoßkraft $|\vec{F}| = \dfrac{|\Delta \vec{p}|}{\Delta t}$; $|\Delta \vec{p}| = \Delta m (v_2 - v_1)$

$|\vec{F}| = \dfrac{\Delta m}{\Delta t}(v_2 - v_1) = \dfrac{\rho \Delta V}{\Delta t}(v_2 - v_1) = \rho Q (v_2 - v_1)$

$|\vec{F}| = 10^3 \ \text{kg/m}^3 \cdot 0,25 \cdot 10^{-3} \ \text{m}^3/\text{s} \cdot (20 - 0,25) \ \text{m/s} = 4,94 \ \text{N}$

c)

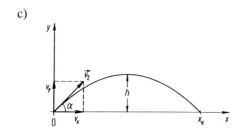

Abb. 1.5.8c. Die Wassertropfen würden ohne Berücksichtigung der Reibung eine Wurfparabel durchlaufen.

$\alpha = 90°$: Steighöhe $H = \dfrac{v_2^2}{2g} = \dfrac{(20 \text{ m/s})^2}{2 \cdot 9,81 \text{ m/s}^2} = 20,4 \text{ m}$

$\alpha = 45°$: Startgeschwindigkeit $v_x = v_y = v_2/\sqrt{2}$

Steigzeit: $t_h = 2h/v_y$

Zeit, bis die Tropfen auf dem Boden landen: $t_e = 2t_h = \dfrac{4h}{v_y}$

Auftreffstelle: $x_e = v_x t_e = v_x \cdot 4h/v_y = 4h$

$h = \dfrac{1}{2} v_y^2/g = \dfrac{1}{4} v_2^2/g$, daraus:

$x_e = 4 \cdot \dfrac{v_2^2}{4g} = \dfrac{v_2^2}{g}; \quad x_e = 2H = 40,8 \text{ m}$

1.5.9 Dynamischer Auftrieb

Aufgabe

In einem Windkanal wird ein Tragflächenmodell mit einer Masse $m = 500$ kg und einer Fläche $A = 10 \text{ m}^2$ von Luft (Dichte $\rho = 1,2 \text{ kg/m}^3$) mit der Geschwindigkeit $v_0 = 40$ m/s angeströmt. Die Tragflächenform sei so ausgebildet, daß die Luft wegen der Ausbildung einer Zirkulationsströmung oberhalb der Tragfläche die Geschwindigkeit $v_0 + \Delta v$, unterhalb $v_0 - \Delta v$ hat. Die Tragflächen sind durch Platten abgeschlossen, um Wirbelzöpfe an den Tragflächenenden zu vermeiden. Wir groß muß Δv sein, damit der Strömungsauftrieb gerade der Gewichtskraft der Tragfläche das Gleichgewicht hält?

Abb. 1.5.9. Die Strömung um das Tragflächenprofil (——) setzt sich aus der ursprünglich parallelen Strömung und einer Zirkulationsströmung (- - -) zusammen (schematisch).

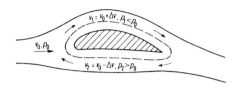

Lösung

Bernoulli-Gleichung: $p_1 + \dfrac{1}{2}\rho v_1^2 = p_2 + \dfrac{1}{2}\rho v_2^2$

$$\Delta p = p_2 - p_1 = \frac{1}{2}\rho\left[(v_0 + \Delta v)^2 - (v_0 - \Delta v)^2\right] = 2\rho v_0 \Delta v$$

Im Gleichgewicht: $\Delta p = \dfrac{mg}{A}; \ \Delta v = \dfrac{mg}{2\rho v_0 A}$

$$\Delta v = \frac{500 \text{ kg} \cdot 9,81 \text{ m/s}^2}{2 \cdot 1,2 \text{ kg/m}^3 \cdot 40 \text{ m/s} \cdot 10 \text{ m}^2} = 5,11 \text{ m/s}$$

bei einem Druckunterschied $\Delta p = 490,5 \text{ N/m}^2$.

2 Wärmelehre

2.1 Eigenschaften der Materie (Fortsetzung)

Zusätzlich zu den in Abschn. 1.5 behandelten Eigenschaften der Materie kommen hier physikalische Größen hinzu, die mit der Wärme zusammenhängen. Es sind dies: Wärmeausdehnung, Wärmeleitung, spezifische Wärmekapazität, spezifische Schmelz- und Verdampfungswärme.

2.1.1 Wärmeausdehnung und Elastizität fester Körper

Aufgabe

Ein runder Stahlstab mit der Länge $l_0 = 0,8$ m und dem Durchmesser $2r_0 = 12$ mm wird von $25\,°C$ auf $100\,°C$ erwärmt.

a) Um wieviel wird der Stab dabei länger (Δl) und dicker (Δd)? Wie groß ist seine Volumenänderung?

b) Welche Druckkraft ist nötig, um ihn an der Ausdehnung zu hindern?

c) Welche potentielle Energie steckt nun in dem erwärmten Stab? Wieviel Prozent der hineingesteckten Wärmemenge sind das?

d) Um wieviel wird der Stab dicker ($\Delta d'$), wenn man die Druckkraft von Aufg. b) bei konstanter Temperatur $25\,°C$ einwirken läßt?

Die folgenden Werte werden als temperaturunabhängig angenommen:

linearer Ausdehnungskoeffizient:	$\alpha =$	$16 \cdot 10^{-6}$ K^{-1}
Elastizitätsmodul:	$E =$	$206\,000$ N/mm^2
Koeffizient der Querkontraktion:	$\mu =$	$0,29$ (Poisson-Zahl)
spezifische Wärmekapazität:	$c =$	$0,46 \cdot 10^3$ J/(kgK)
Dichte:	$\rho =$	$7,8 \cdot 10^3$ kg/m^3

Lösung

a) Relative Längenänderung $\epsilon = \Delta l/l_0$:

$$\epsilon = \alpha \cdot \Delta T = 16 \cdot 10^{-6}\ \mathrm{K}^{-1} \cdot 75\ \mathrm{K} = 1,2 \cdot 10^{-3}$$

$$\Delta l = \epsilon l_0 = 0,96\ \mathrm{mm}$$

$$\Delta d = \epsilon \cdot 2r_0 = 1,2 \cdot 10^{-3} \cdot 12\ \mathrm{mm} = 14,4\ \mu\mathrm{m}$$

Relative Volumenänderung mit dem Volumenausdehnungskoeffizienten γ:

$$\Delta V/V_0 = \gamma \cdot \Delta T = 3\alpha \cdot \Delta T = 3\epsilon = 3,6 \cdot 10^{-3}$$

$$\Delta V = 3\epsilon \pi r_0^2 l_0 = 3,6 \cdot 10^{-3} \cdot \pi \cdot (6 \cdot 10^{-3}\ \mathrm{m})^2 \cdot 0,8\ \mathrm{m} =$$
$$= 0,326 \cdot 10^{-6}\ \mathrm{m}^3$$

b) Um eine Verkürzung um Δl auf den ursprünglichen Wert zu erreichen, muß man den Stab komprimieren:

$$F = E \cdot (\Delta l/l_0) \cdot A = E\epsilon \pi r_0^2$$

$$F = 206 \cdot 10^9\ \mathrm{N/m}^2 \cdot 1,2 \cdot 10^{-3} \cdot \pi \cdot (6 \cdot 10^{-3}\ \mathrm{m})^2 = 28,0 \cdot 10^3\ \mathrm{N}$$

c) Potentielle Energie bei elastischer Kompression:

$$W_{\mathrm{pot}} = \frac{1}{2}D \cdot (\Delta l)^2; \quad F = D\Delta l; \quad W_{\mathrm{pot}} = \frac{1}{2}F\Delta l$$

$$W_{\mathrm{pot}} = \frac{1}{2} \cdot 28,0 \cdot 10^3\ \mathrm{N} \cdot 0,96 \cdot 10^{-3}\ \mathrm{m} = 13,42\ \mathrm{J}$$

Hineingesteckte Wärmemenge: $\Delta Q = m \cdot c \cdot \Delta T$

$$m = \rho V = \rho \pi r_0^2 l_0 = 7,8 \cdot 10^3\ \mathrm{kg/m}^3 \cdot \pi \cdot (6 \cdot 10^{-3}\ \mathrm{m})^2 \cdot 0,8\ \mathrm{m} = 0,706\ \mathrm{kg}$$

$$\Delta Q = 0,706\ \mathrm{kg} \cdot 0,46 \cdot 10^3\ \mathrm{J/(kgK)} \cdot 75\ \mathrm{K} = 24,4 \cdot 10^3\ \mathrm{J}$$

$$W_{\mathrm{pot}}/\Delta Q = 0,55 \cdot 10^{-3} \approx 6\ {}^0\!/_{00}$$

d) Relative Verdickung: $\Delta d'/d_0 = \mu\epsilon = 0,29 \cdot 1,2 \cdot 10^{-3} = 0,348 \cdot 10^{-3}$

$$\Delta d' = 0,348 \cdot 10^{-3} \cdot 12\ \mathrm{mm} = 4,18\ \mu\mathrm{m}$$

Der Temperatureffekt ergab $\Delta d = 14,4\ \mu\mathrm{m} \approx 3,5 \cdot \Delta d'$.

2.1.2 Wärmeausdehnung fester Körper, physikalisches Pendel

Aufgabe

An einem Ort mit $g = 9,81$ m/s^2 hängt an einem Stahldraht der Länge $l = 50$ cm eine Bleikugel, deren Durchmesser wesentlich kleiner als die Drahtlänge ist.

a) Wie groß ist die Schwingungsdauer T der ungedämpften Schwingung dieses Pendels, und um wieviel Prozent ändert sie sich, wenn die Umgebungstemperatur von 20 °C auf 60 °C steigt?

b) Wie ändert sich dabei die Anzahl der Schwingungen pro Tag?

c) An einem Stahldraht von 45 cm Länge hängt jetzt eine Hohlkugel aus Stahl mit dem Durchmesser 10 cm. Welcher Korrekturfaktor k ist am Ergebnis der Aufg. a) anzubringen?

Linearer Ausdehnungskoeffizient der verwendeten Stahlsorte $\alpha = 11,9 \cdot 10^{-6}$ K^{-1}.

Lösung

a) Wir behandeln das Pendel zunächst als Fadenpendel F mit der Schwingungsdauer $T = 2\pi\sqrt{\dfrac{l}{g}} = 2\pi\sqrt{\dfrac{0,5 \text{ m}}{9,81 \text{ m/s}^2}} = 1,419$ s.

Berechnung der relativen Änderung $(\Delta T/T)_F$ aus

$$\frac{\mathrm{d}T}{\mathrm{d}l} = \frac{2\pi}{2\sqrt{gl}}; \quad \frac{\mathrm{d}T}{T} = \frac{\mathrm{d}l}{2 \cdot l}$$

Wegen $\dfrac{\Delta l}{l} = \alpha\Delta T$ wird

$$\left(\frac{\Delta T}{T}\right)_F = \frac{\Delta l}{2 \cdot l} = \frac{1}{2}\alpha\Delta T = \frac{1}{2} \cdot 11,9 \cdot 10^{-6} \text{ K}^{-1} \cdot 40 \text{ K} = 0,238 \text{ \textperthousand}$$

b) Zahl der Schwingungen pro Tag $n = \dfrac{t_d}{T}$; $t_d = 86\,400$ s

Bei Verlängerung des Pendels vergrößert sich n um

$$\Delta n = \frac{t_d}{T} - \frac{t_d}{T + \Delta T} = t_d \cdot \frac{\Delta T}{T(T + \Delta T)} \approx \frac{t_d}{T} \cdot \left(\frac{\Delta T}{T}\right)_F \text{, weil } \Delta T \ll T$$

$$\Delta n = \frac{86\,400 \text{ s}}{1,419 \text{ s}} \cdot 0,238 \cdot 10^{-3} = 14,5 \text{ Schwingungen}$$

c) Das Pendel muß als physikalisches Pendel P mit der Schwingungsdauer $T = 2\pi\sqrt{J_\text{A}/(mgs)}$ behandelt werden.

Satz von Steiner: $J_\text{A} = J_\text{S} + ms^2 = \dfrac{2}{3}mr^2 + ms^2$

$$T = 2\pi\sqrt{\left(\frac{2}{3}r^2 + s^2\right)/(gs)}$$

$$T = 2\pi\sqrt{\frac{0,667 \cdot (0,05 \text{ m})^2 + (0,5 \text{ m})^2}{9,81 \text{ m/s}^2 \cdot 0,5 \text{ m}}} = 1,423 \text{ s}$$

Da sich bei Erwärmung auch die Kugel ausdehnt, differenzieren wir zur Berechnung der relativen Änderung $(\Delta T/T)_\text{P}$ nach s:

$$\frac{dT}{ds} = \frac{2\pi}{2} \cdot \sqrt{\frac{gs}{\frac{2}{3}r^2 + s^2}} \cdot \frac{s^2 - \frac{2}{3}r^2}{gs^2}$$

$$\frac{dT}{T} = \frac{ds}{2 \cdot s} \cdot \frac{s^2 - \frac{2}{3}r^2}{s^2 + \frac{2}{3}r^2}$$

s hat denselben Wert wie die Pendellänge l in Aufg. a).

Daher ist $\left(\dfrac{\Delta T}{T}\right)_\text{P} = \dfrac{\Delta s}{2 \cdot s}k = \left(\dfrac{\Delta T}{T}\right)_\text{F} \cdot k$ mit dem Korrekturfaktor

$$k = \frac{s^2 - \dfrac{2}{3}r^2}{s^2 + \dfrac{2}{3}r^2} = \frac{(0,5 \text{ m})^2 - \dfrac{2}{3} \cdot (0,05 \text{ m})^2}{(0,5 \text{ m})^2 + \dfrac{2}{3} \cdot (0,05 \text{ m})^2} = 0,987, \text{ also } < 1.$$

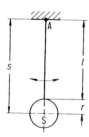

Abb. 2.1.2c. Abmessungen des physikalischen Pendels. $\overline{\text{AS}} = s$ ist der Abstand des Schwerpunktes vom Drehpunkt.

2.1.3 Wärmeleitung

Aufgabe

Zur Untersuchung der Wärmeleitfähigkeit von Isoliermaterial wird folgende Apparatur verwendet:
Zwischen zwei Eisenplatten mit der Fläche $A = 20$ cm $\cdot$ 20 cm und der Dicke von je $d_1 = 2$ cm wird eine Kunststoffplatte mit derselben Fläche A und der Dicke $d_2 = 3$ mm gepreßt. Die obere Platte wird mit einer elektrischen Heizung zunächst auf die Temperatur von 80 °C gebracht, die untere durch Kühlung auf 20 °C, und es werden stationäre Temperaturverhältnisse abgewartet.

a) Wie groß ist der Wärmeleitkoeffizient λ des Isoliermaterials, wenn nach Abschalten der Heizung die Temperatur der oberen Platte nach einer Minute um $\Delta T_1 = 2,7$ K gesunken ist? Wärmeverluste an die Umgebung werden durch Isolierung der Apparatur weitgehend vermieden.

b) Welche Entropieerhöhung pro Zeit erhält man für das System der drei Platten kurz nach dem Abschalten?

Eisen: Dichte $\rho = 7,9 \cdot 10^3$ kg/m^3, spezifische Wärmekapazität $c = 0,45 \cdot 10^3$ J/(kgK)

Lösung

a) Für die von der heißen zur kalten Platte übergehende Wärmeleistung gilt:

$$P = \frac{\Delta Q}{\Delta t} = \frac{\lambda A}{d_2} \Delta T$$

Berechnung von P:

Die obere Platte gibt $P = \dfrac{\Delta Q}{\Delta t} = mc\dfrac{\Delta T_1}{\Delta t}$ ab.

Deren Masse $m = \rho d_1 A = 7,9 \cdot 10^3 \, \dfrac{\text{kg}}{\text{m}^3} \cdot 0,02 \text{ m} \cdot 40 \cdot 10^{-3} \text{ m}^2 = 6,32$ kg

$$P = 6,32 \text{ kg} \cdot 0,45 \cdot 10^3 \, \frac{\text{J}}{\text{kgK}} \cdot \frac{2,7 \text{ K}}{60 \text{ s}} = 127,98 \text{ W}$$

$$\text{Wärmeleitkoeffizient } \lambda = \frac{Pd_2}{A\Delta T} = \frac{127,98 \text{ W} \cdot 3 \cdot 10^{-3} \text{ m}}{40 \cdot 10^{-3} \text{ m}^2 \cdot 58,65 \text{ K}} =$$

$$= 0,164 \text{ W/(m} \cdot \text{K)},$$

wobei wegen der Temperaturabnahme ΔT_1 für
$\Delta T = (80 - 2,7/2)\,°\text{C} - 20\,°\text{C} = 58,65\,°\text{C}$ gesetzt wurde.

b) Obere Platte: Entropieabgabe $\Delta Q/T_1$
   untere Platte: Entropieaufnahme $\Delta Q/T_2$
   Zunahme der gesamten Entropie $\Delta S = -\Delta Q/T_1 + \Delta Q/T_2$

$$\frac{\Delta S}{\Delta t} = \frac{\Delta Q}{\Delta t} \cdot \left(\frac{1}{T_2} - \frac{1}{T_1} \right) = 127,98 \text{ W} \cdot \left(\frac{1}{293 \text{ K}} - \frac{1}{353 \text{ K}} \right) =$$
$$= 74,24 \cdot 10^{-3} \text{ W/K}$$

2.1.4 Kalorimetrie

Aufgabe

Ein Kalorimeter ist mit $m_1 = 1$ kg Wasser von $\vartheta_1 = 20\,°C$ gefüllt. In dieses taucht der Propeller eines Rührwerks ein, das zunächst außer Betrieb ist. Gießt man $m_2 = 0,5$ kg Wasser von $\vartheta_2 = 90\,°C$ dazu, so steigt die Temperatur auf $\vartheta_3 = 41,5\,°C$.

a) Wie groß ist die Wärmekapazität C von Gefäß und Propeller?

b) Anschließend wird das Rührwerk in Betrieb gesetzt. Dazu wird eine Schnur, die auf der Welle des Rührwerks aufgewickelt ist, mit einer konstanten Kraft $F = 50$ N um $\Delta s = 100$ m ausgezogen. Wie groß ist die Temperaturerhöhung $\Delta\vartheta$ des Wassers?

c) Taucht man nach dem Mischversuch der Aufg. a) (bei ruhendem Propeller) einen Kupferklotz mit der Masse $m_K = 500$ g und der Temperatur $\vartheta_4 = 150\,°C$ in das Wasser, so erhöht sich die Temperatur auf $\vartheta_5 = 44,5\,°C$. Wie groß ist die spezifische Wärmekapazität c_K des Kupfers?
Welchen Wert gibt die Dulong-Petitsche Regel an?

Spezifische Wärmekapazität von Wasser: $c = 4187$ J/(kgK)
Relative Atommasse von Cu: $A_r = 63,55$

Lösung

a) Mischungsregel: Vom kalten Wasser und Apparatur aufgenommene =
   = vom heißen Wasser abgegebene Wärmemenge

$$(m_1 c + C)(\vartheta_3 - \vartheta_1) = m_2 c(\vartheta_2 - \vartheta_3)$$

$$C = \frac{m_2(\vartheta_2 - \vartheta_3) - m_1(\vartheta_3 - \vartheta_1)}{\vartheta_3 - \vartheta_1} \cdot c$$

$$C = \frac{0,5 \text{ kg} \cdot (90 - 41,5)\text{K} - 1 \text{ kg} \cdot (41,5 - 20)\text{K}}{(41,5 - 20)\text{K}} \cdot 4187 \frac{\text{J}}{\text{kgK}} = 535,6 \frac{\text{J}}{\text{K}}$$

b) Arbeit: $\Delta W = F \cdot \Delta s = (mc + C) \cdot \Delta\vartheta = \Delta Q$

Mit $m = m_1 + m_2 = 1,5$ kg wird $\Delta\vartheta = \dfrac{F \cdot \Delta s}{mc + C}$

$$\Delta\vartheta = \frac{50 \text{ N} \cdot 100 \text{ m}}{1,5 \text{ kg} \cdot 4187 \text{ J/(kgK)} + 535,6 \text{ J/K}} = 0,73 \text{ K}$$

c) Mischungsregel: $(mc + C)(\vartheta_5 - \vartheta_3) = m_K c_K (\vartheta_4 - \vartheta_5)$

$$c_K = \frac{(mc + C)(\vartheta_5 - \vartheta_3)}{m_K(\vartheta_4 - \vartheta_5)} =$$

$$= \frac{(1,5 \text{ kg} \cdot 4187 \text{ J/(kgK)} + 535,6 \text{ J/K}) \cdot (44,5 - 41,5)\text{K}}{0,5 \text{ kg} \cdot (150 - 44,5)\text{K}} = 387,6 \frac{\text{J}}{\text{kgK}}$$

Regel von Dulong-Petit: Molare Wärmekapazität von Metallen:

$$c_m = 3R = 3 \cdot 8314 \frac{\text{J}}{\text{kmol K}} = 24,94 \cdot 10^3 \frac{\text{J}}{\text{kmol K}}$$

Spezifische Wärmekapazität $c_K = \dfrac{c_m}{m_m} = \dfrac{c_m}{A_r \cdot 1 \text{ (kg/kmol)}}$

$$= \frac{24,94 \cdot 10^3 \text{ J/(kmol K)}}{63,55 \text{ (kg/kmol)}} = 392,5 \frac{\text{J}}{\text{kgK}}$$

Der Wert stimmt bei diesen Temperaturen gut mit dem des Experiments überein.

2.1.5 Aggregatzustände des Wassers

Aufgabe

Eisstückchen der Temperatur $-10\,°C$ und der Masse 1 kg werden durch eine elektrische Heizung mit der Leistung $P = 1$ kW Wärmeenergie bei einem konstanten Druck $p_0 = 1,013$ bar zugeführt. Wie lange dauert es, bis

a) sie auf $0\,°C$ erwärmt sind und zu schmelzen beginnen,

b) sie völlig geschmolzen sind,

c) das Wasser zu sieden beginnt,

d) es vollständig in Dampf überführt worden ist,

e) der Dampf in einem Zylinder mit beweglichem Kolben die Temperatur $110\,°C$ erreicht hat?

Skizzieren Sie die Abhängigkeit der Temperatur von der Zeit!

Die spezifischen Wärmekapazitäten werden als temperaturunabhängig angenommen:
Eis: $c_E = 2093$ J/(kgK); Wasser: $c_W = 4187$ J/(kgK)
Dampf: $c_p = 1840$ J/(kgK)
Spezifische Schmelzwärme: $q = 0,334 \cdot 10^6$ J/kg
spezifische Verdampfungswärme: $r = 2,26 \cdot 10^6$ J/kg (bei $100\,°C$)

Lösung

a) $P = \Delta Q/\Delta t$; $\Delta t_1 = \dfrac{\Delta Q}{P} = \dfrac{m c_E \Delta T}{P}$; $\Delta T = 10$ K

$$\Delta t_1 = \frac{1\text{ kg} \cdot 2093\text{ J/(kgK)} \cdot 10\text{ K}}{10^3\text{ W}} = 20,9\text{ s}$$

b) $q = \dfrac{\Delta Q_s}{m} = \dfrac{P\Delta t}{m}$; $\Delta t_2 = \dfrac{mq}{P} = \dfrac{1\text{ kg} \cdot 0,334 \cdot 10^6\text{ J/kg}}{10^3\text{ W}} = 334\text{ s}$

c) $\Delta T = 100$ K; $\Delta t_3 = \dfrac{\Delta Q}{P} = \dfrac{m c_W \Delta T}{P} = 418,7\text{ s}$

d) $r = \dfrac{\Delta Q_v}{m} = \dfrac{P\Delta t}{m}$; $\Delta t_4 = \dfrac{mr}{P} = 2260\text{ s}$

e) $\Delta T = 10$ K; $\Delta t_5 = \dfrac{m c_p \Delta T}{P} = 18,4\text{ s}$

Abb. 2.1.5. Temperatur $\vartheta = f(t)$; die Steigung der Geraden e) ist größer als die der Geraden a), und Steigung a) > c).

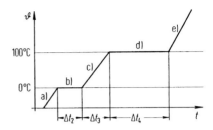

2.1.6 Gleichung von Clausius-Clapeyron

Aufgabe

In einem abgeschlossenen Gefäß befindet sich Wasser, das im Gleichgewicht mit seinem gesättigten Dampf ist. Bei der Temperatur $\vartheta_1 = 18\,°\text{C}$ wird ein Dampfdruck $p_1 = 2063\ \text{N/m}^2$, bei $\vartheta_2 = 22\,°\text{C}$ ein Druck $p_2 = 2643\ \text{N/m}^2$ gemessen. Wie groß ist nach diesen Meßergebnissen die spezifische Verdampfungswärme r des Wassers bei $\vartheta = 20\,°\text{C}$?

Lösung

Gleichung von Clausius-Clapeyron: $\dfrac{\Delta T}{T} = \dfrac{V_g - V_{fl}}{Q_v} \cdot \Delta p$,

wobei die Verdampfungswärme $Q_v = mr$, das Dampfvolumen V_g und das Flüssigkeitsvolumen V_{fl} ist.

Wir verwenden zur Berechnung von V_g näherungsweise die Zustandsgleichung idealer Gase: $V_g = mR_sT/p$ und bemerken, daß $V_g \gg V_{fl}$. Die spezifische Gaskonstante ist $R_s = R/m_m$ (vgl. Abschn. 2.2). Dann gilt:

$$\frac{\Delta T}{T} = \frac{R_s T \Delta p}{pr}; \quad r = \frac{R_s T^2 \Delta p}{p \Delta T} = \frac{R T^2 (p_2 - p_1)}{m_m p (T_2 - T_1)}$$

Wir verwenden bei der Rechnung die Mittelwerte $T = 293$ K und $p = \frac{1}{2}(p_1 + p_2) = 2353\ \text{N/m}^2$:

$$r = \frac{8314,5\ \text{J/(kmol} \cdot \text{K)} \cdot (293\ \text{K})^2 \cdot (2643 - 2063)\ \text{N/m}^2}{18\ \text{kg/kmol} \cdot 2353\ \text{N/m}^2 \cdot 4\ \text{K}} = 2,44 \cdot 10^6\ \text{J/kg}$$

2.2 1. Hauptsatz, Zustandsänderungen idealer Gase, kinetische Gastheorie

Abschn. 2.2 und 2.3 befassen sich hauptsächlich mit Zustandsänderungen von Gasen. Wenn es nicht ausdrücklich angegeben ist, können die Gase als ideal betrachtet werden.

Der Schwerpunkt von Abschn. 2.2 liegt in der Anwendung des 1. Hauptsatzes und der Zustandsgleichung idealer Gase, der Behandlung der verschiedenen Arten von Zustandsänderungen und der kinetischen Gastheorie.

In Abschn. 2.3 wird der 2. Hauptsatz benötigt und damit die Zustandsgröße Entropie S. Wichtige Anwendungen sind Kreisprozesse technischer Maschinen.

Die folgenden Formeln sind in beiden Abschnitten notwendig. Der Index m bezeichnet dabei molare Größen. $R_s = R/m_m$ bedeutet spezifische Gaskonstante.

Adiabatengleichung

$$pV^\kappa = \text{konst. bzw. } TV^{\kappa-1} = \text{konst. bzw. } T^\kappa p^{1-\kappa} = \text{konst.}$$

Arbeit bei der adiabatischen Zustandsänderung idealer Gase

$$W = \frac{mR_s}{1-\kappa}(T_2 - T_1) = \frac{p_1V_1 - p_2V_2}{\kappa - 1}; \quad \text{Anfangszustand 1, Endzustand 2}$$

Ein adiabatischer Vorgang ist technisch nicht exakt zu realisieren, weil eine ideale Wärmeisolation nicht möglich ist. Eine Zustandsänderung mit nicht vollkommener Wärmeisolation heißt polytrop. Der Adiabatenexponent κ muß dann in obigen Gleichungen durch den experimentell zu bestimmenden Polytropenexponent n^* ersetzt werden, wobei $1 < n^* < \kappa$ ist.

Nutzungsgrad ϵ einer Wärmepumpe (technisch Leistungsziffer genannt)
Definition: dem Behälter mit $T_1 > T_2$ zugeführte Wärmemenge, dividiert durch die zum Betrieb der Pumpe nötige Energie.

Ideale, thermodynamische Leistungsziffer: $\epsilon_{rev} = \dfrac{T_1}{T_1 - T_2} = \dfrac{1}{\eta_{rev}}$, wobei η_{rev} der Wirkungsgrad einer idealen Wärmekraftmaschine ist.

Entropieänderung eines idealen Gases

$$\Delta S = mc_V \cdot \ln \frac{T_2}{T_1} + mR_s \cdot \ln \frac{V_2}{V_1} =$$

$$= mc_p \cdot \ln \frac{T_2}{T_1} - mR_s \cdot \ln \frac{p_2}{p_1}$$

Entropieänderung bei Mischung von k idealen Gasen

$$\Delta S = \sum_{i=1}^{k} n_i c_{m,V,i} \cdot \ln \frac{T}{T_i} + \sum_{i=1}^{k} n_i R \cdot \ln \frac{V}{V_i} =$$

$$= \sum_{i=1}^{k} \left(n_i c_{m,p,i} \cdot \ln \frac{T}{T_i} - n_i R \cdot \ln \frac{p}{p_i} \right) + \sum_{i=1}^{k} n_i R \cdot \ln \frac{n}{n_i},$$

wobei die Größen p, V, T, n für das Gemisch gelten.

2.2.1 Isochore, isobare Zustandsänderung idealer Gase

Aufgabe

In einem vertikal stehenden Zylinder von $2r = 40$ cm Innendurchmesser wird Stickstoffgas bei der Temperatur von $20\,°C$ aufbewahrt. Er wird von einem Kolben mit der Masse $M = 60$ kg in der Höhe $l_1 = 80$ cm abgeschlossen. Der Gasdruck des idealen Gases wird mit einem seitlich angebrachten U-Rohr gemessen, das mit Quecksilber gefüllt ist und zur umgebenden Luft hin (Druck $p_0 = 1$ bar) offen ist. Die Höhendifferenz der Quecksilberspiegel werde mit h bezeichnet.

a) Zunächst wird der Kolben nach Einstellung des Kräftegleichgewichts festgehalten. Welche Wärmemenge ΔQ_V muß dem Gas zugeführt werden, damit die Quecksilberoberflächen im U-Rohr eine Höhendifferenz von 100 mm anzeigen? Welchen Druck und welche Temperatur hat dann das Gas?

b) Der Kolben sei nun frei beweglich. Wir gehen wieder vom Anfangszustand aus. Welche Wärmemenge ΔQ_p muß dem Gas jetzt zugeführt werden, damit der Kolben auf die Höhe $l_2 = 1$ m steigt? Welchen Druck und welche Temperatur hat nun das Gas?

c) Wie groß ist die eingeschlossene Gasmasse m?

Quecksilberdichte $\rho = 13,55 \cdot 10^3$ kg/m^3; $m_m(N_2) = 28$ kg/kmol

Lösung

a) Isochorer Vorgang: $V = $ konst.

$$\Delta Q_V = n c_{m,V} \cdot \Delta T = n \frac{5}{2} R \cdot \Delta T,$$

weil für zweiatomige Moleküle gilt: $c_{m,V} = \frac{f}{2} R$; Zahl der Freiheitsgrade $f =$

Mit $pV = nRT$, also $\Delta pV = nR\Delta T$ wird $\Delta Q_V = \frac{5}{2} \cdot \Delta pV$

Das U-Rohr zeigt vor der Wärmezufuhr wegen des Kolbengewichts schon ein
Überdruck an:

$$\Delta p_1 = \rho g h_1 = \frac{Mg}{A} = \frac{60 \text{ kg} \cdot 9,81 \text{ m/s}^2}{0,1257 \text{ m}^2} = 4684 \ \frac{\text{N}}{\text{m}^2},$$

$$h_1 = \frac{M}{\rho A} = \frac{60 \text{ kg}}{13,55 \cdot 10^3 \text{ kg/m}^3 \cdot 0,1257 \text{ m}^2} = 35,24 \text{ mm},$$

wobei die Kolbenfläche $A = \pi r^2 = \pi \cdot (0,2 \text{ m})^2 = 0,1257 \text{ m}^2$ ist.
Wird die Wärmemenge ΔQ_V zugeführt, so soll $h_2 = 100$ mm werden, d.h.

$$\Delta h = h_2 - h_1 = (100 - 35,24) \text{ mm} = 64,76 \text{ mm}$$

$$\Delta p_2 = \rho g \Delta h = 13,55 \cdot 10^3 \text{ kg/m}^3 \cdot 9,81 \text{ m/s}^2 \cdot 64,76 \cdot 10^{-3} \text{ m} = 8608 \text{ N/m}$$

$$\Delta Q_V = \frac{5}{2} \cdot \Delta p_2 A l_1 = \frac{5}{2} \cdot 8608 \text{ N/m}^2 \cdot 0,1257 \text{ m}^2 \cdot 0,8 \text{ m} = 2164 \text{ J}$$

Gesamtdruck des Gases: $p_2 = p_0 + \Delta p_1 + \Delta p_2 =$
$$= (10^5 + 4684 + 8608) \text{ N/m}^2 = 1,133 \text{ bar}$$

Bei der Temperatur $T_1 = 293$ K ist $p_1 = p_0 + \Delta p_1 = 1,047$ bar

$$\frac{p_1}{T_1} = \frac{p_2}{T_2}; \quad T_2 = \frac{p_2}{p_1} T_1 = \frac{1,133 \text{ bar}}{1,047 \text{ bar}} \cdot 293 \text{ K} = 317 \text{ K}; \quad \vartheta_2 = 44 \,^{\circ}\text{C}$$

b) Isobarer Vorgang: $p_1 = p_2 = 1,047$ bar

$$\Delta Q_p = n \cdot c_{m,p} \cdot \Delta T = n \cdot \frac{7}{2} R \cdot \Delta T = \frac{7}{2} p_1 \cdot \Delta V$$

$$\Delta V = A(l_2 - l_1) = 0,1257 \text{ m}^2 \cdot (1,0 - 0,8) \text{ m} = 25,14 \cdot 10^{-3} \text{ m}^3$$

$$\Delta Q_{p_*} = \frac{7}{2} \cdot 1,047 \cdot 10^5 \text{ N/m}^2 \cdot 25,14 \cdot 10^{-3} \text{ m}^3 = 9213 \text{ J}$$

$$\frac{V_1}{T_1} = \frac{V_2}{T_2}; \quad T_2 = T_1 \frac{V_2}{V_1} = T_1 \frac{l_2}{l_1} = 293 \text{ K} \cdot \frac{1,0 \text{ m}}{0,8 \text{ m}} = 366,3 \text{ K}; \quad \vartheta_2 = 93,3 \,^\circ\text{C}$$

c) $n = \dfrac{p_1 V_1}{R T_1} = \dfrac{1,047 \cdot 10^5 \text{ N/m}^2 \cdot 0,1257 \text{ m}^2 \cdot 0,8 \text{ m}}{8314,5 \text{ J/(kmol} \cdot \text{K)} \cdot 293 \text{ K}} = 4,322 \cdot 10^{-3} \text{ kmol}$

$$m = n m_\text{m} = 4,322 \cdot 10^{-3} \text{ kmol} \cdot 28 \text{ kg/kmol} = 121,0 \text{ g}$$

2.2.2 Polytrope Zustandsänderung

Aufgabe

In einem Zylinder vom Volumen $V_1 = 1 \text{ dm}^3$ mit beweglichem Kolben steht Luft bei 27 °C unter einem Druck $p_1 = 1$ bar.

a) Durch Verschieben des Kolbens wird das Gas zunächst polytrop auf den Druck $p_2 = 3$ bar komprimiert (Polytropenexponent $n^* = 1,2$). Berechnen Sie Volumen V_2, Temperatur T_2 und Kompressionsarbeit ΔW_1.

b) Nun wird das Zylindervolumen weiter auf $V_3 = 0,2 \text{ dm}^3$ verkleinert, während durch ein Ventil Gas so ausströmt, daß der Druck auf 3 bar konstant gehalten wird. Am Ende beträgt die Gastemperatur im Zylinder 123 °C. Wie groß ist die aufzuwendende Arbeit ΔW_2?
Wieviel Prozent der ursprünglichen Gasmasse entweicht?

Lösung

a) Polytropengleichung: $p_1 V_1^{n^*} = p_2 V_2^{n^*}$

$$V_2 = \left(\frac{p_1}{p_2} \right)^{1/n^*} \cdot V_1 = \left(\frac{1 \text{ bar}}{3 \text{ bar}} \right)^{1/1,2} \cdot 1 \text{ dm}^3 = 0,40 \text{ dm}^3$$

$$\frac{p_1 V_1}{T_1} = \frac{p_2 V_2}{T_2}; \quad T_2 = \frac{p_2 V_2}{p_1 V_1} T_1 = \frac{3 \text{ bar} \cdot 0,4 \text{ dm}^3}{1 \text{ bar} \cdot 1 \text{ dm}^3} \cdot 300 \text{ K} = 360 \text{ K}$$

$$\Delta W_1 = \frac{p_1 V_1 - p_2 V_2}{n^* - 1} = \frac{10^5 \text{ N/m}^2 \cdot 10^{-3} \text{ m}^3 - 3 \cdot 10^5 \text{ N/m}^2 \cdot 0,4 \cdot 10^{-3} \text{ m}^3}{1,2 - 1} =$$
$$= -100 \text{ J},$$

also zugeführte Arbeit.

b) $p_2 = p_3 = 3$ bar = konst.

$$\Delta W_2 = p_2 \cdot (V_3 - V_2) = 3 \cdot 10^5 \text{ N/m}^2 \cdot (0,2 - 0,4) \cdot 10^{-3} \text{ m}^3 = -60 \text{ J}$$

Vor dem Öffnen des Ventils enthält der Zylinder die Gasmasse:

$$m_2 = \frac{p_2 V_2}{R_s T_2}, \text{ danach } m_3 = \frac{p_2 V_3}{R_s T_3}$$

$$\frac{m_3}{m_2} = \frac{V_3 T_2}{V_2 T_3} = \frac{0,2 \text{ dm}^3 \cdot 360 \text{ K}}{0,4 \text{ dm}^3 \cdot 396 \text{ K}} = 45,5\%$$

Damit entweichen 54,5% der ursprünglich enthaltenen Gasmasse.

2.2.3 1. Hauptsatz, adiabatische und isochore Vorgänge

Aufgabe

In einem großen Preßluftbehälter befindet sich Sauerstoff ($\kappa = 1,4$) bei Zimmertemperatur $T_0 = 293$ K unter einem Druck von $p_1 = 150$ bar. Aus ihm wird eine Stahlflasche gefüllt, die anfangs ebenfalls Sauerstoff bei $p_0 = 1$ bar und $T_0 = 293$ K enthält. Druck und Temperatur des Gases im Behälter werden wegen dessen Größe dabei nicht verändert; der Flascheninhalt hat unmittelbar danach die Temperatur T_1. Die Füllung erfolgt so rasch, daß kein Wärmeaustausch mit der Umgebung stattfindet.

a) Berechnen Sie mit Hilfe des 1. Hauptsatzes das Verhältnis der zugeführten Gasmenge Δn zur ursprünglich in der Flasche vorhandenen Stoffmenge n in Abhängigkeit von T_0, T_1 und κ.

b) Wie lauten die Zustandsgleichungen des Gases in der Flasche vor und unmittelbar nach der Füllung? Berechnen Sie daraus ebenfalls $\Delta n/n$.

c) Welcher Druck p_2 herrscht in der Flasche nach Abkühlung auf T_0?

d) Wie groß sind T_1 und $\Delta n/n$?

Lösung

a) 1. Hauptsatz, adiabatischer Vorgang:
Die Expansionsarbeit des eingeströmten Gases ist gleich der Erhöhung der inneren Energie des Flascheninhaltes, also

$$p_1 \cdot \Delta V = (n + \Delta n)c_{m,V}(T_1 - T_0)$$

Zustandsgleichung für die abgegebene Gasmenge:

$$p_1 \cdot \Delta V = \Delta n \cdot RT_0$$

Aus $c_{m,p} - c_{m,V} = R$ folgt $R/c_{m,V} = \kappa - 1$.

Man erhält $\dfrac{n + \Delta n}{\Delta n} = (\kappa - 1)\dfrac{T_0}{T_1 - T_0}$ und

$$\frac{\Delta n}{n} = \frac{T_1 - T_0}{\kappa T_0 - T_1} \qquad (1)$$

b) Vor der Füllung gilt für die Flasche: $p_0 V_0 = nRT_0$
unmittelbar nachher: $\qquad\qquad p_1 V_0 = (n + \Delta n)RT_1$

Division ergibt: $\dfrac{\Delta n}{n} = \dfrac{p_1}{p_0} \cdot \dfrac{T_0}{T_1} - 1 \qquad (2)$

c) Gleichsetzen von Gl. (1) mit Gl. (2) unter Berücksichtigung der isochoren Zustandsänderung

$$\frac{T_1}{T_0} = \frac{p_1}{p_2} \qquad (3)$$

ergibt $p_2 = \dfrac{\kappa - 1}{\kappa}p_0 + \dfrac{1}{\kappa}p_1$

$$p_2 = \frac{1,4 - 1}{1,4} \cdot 1\ \text{bar} + \frac{150\ \text{bar}}{1,4} = 107,43\ \text{bar}$$

d) Gl. (3): $T_1 = T_0\dfrac{p_1}{p_2} = 293\ \text{K} \cdot \dfrac{150\ \text{bar}}{107,43\ \text{bar}} = 409,1\ \text{K}$

Aus Gl. (2) und (3):

$$\frac{\Delta n}{n} = \frac{p_2}{p_0} - 1 = \frac{107,43\ \text{bar}}{1\ \text{bar}} - 1 = 106,43$$

2.2.4 Mischung idealer Gase

Aufgabe

Zwei wärmeisolierte Gasbehälter können durch einen Schieber zum Druckausgleich miteinander verbunden werden. Der eine Behälter enthält $V_1 = 1$ dm^3 Stickstoff bei der Temperatur $T_1 = 300$ K, der andere $V_2 = 2$ dm^3 Sauerstoff bei $T_2 = 400$ K. Die Drücke seien in beiden Behältern $p_0 = 1$ bar; die molaren Wärmekapazitäten c_m der Gase seien temperaturunabhängig und gleich.

a) Welche Stoffmengen n_1, n_2 enthalten die beiden Behälter?

b) Welcher Enddruck p und welche Endtemperatur T stellen sich ein, wenn der Schieber geöffnet wird und die Gase sich gemischt haben?

c) Berechnen Sie die Entropieerhöhung ΔS bei der Mischung.

Lösung

a) $n_1 = \dfrac{p_0 V_1}{R T_1} = \dfrac{10^5 \text{ N/m}^2 \cdot 10^{-3} \text{ m}^3}{8314,5 \text{ J/(kmol} \cdot \text{K)} \cdot 300 \text{ K}} = 40,1 \cdot 10^{-6} \text{ kmol}$

$n_2 = \dfrac{p_0 V_2}{R T_2} = 60,1 \cdot 10^{-6} \text{ kmol}$

b) Vorher: $p_0 V_1 = n_1 R T_1$; $p_0 V_2 = n_2 R T_2$ (1)

Nachher: $p(V_1 + V_2) = (n_1 + n_2) R T$ (2)

Da weder Arbeit noch Wärme nach außen abgegeben oder von außen aufgenommen wird, bleibt die gesamte innere Energie konstant:

$\Delta U_1 + \Delta U_2 = 0$ oder $n_1 c_{m,V,1}(T - T_1) + n_2 c_{m,V,2}(T - T_2) = 0$.

Da $c_{m,V,1} = c_{m,V,2}$, folgt:

$(n_1 + n_2)T = n_1 T_1 + n_2 T_2$ (3)

Mit Gl. (3) und Gln. (1) folgt aus Gl. (2):

$p = \dfrac{(n_1 + n_2)RT}{V_1 + V_2} = \dfrac{(n_1 T_1 + n_2 T_2)R}{V_1 + V_2} = \dfrac{p_0 V_1 + p_0 V_2}{V_1 + V_2} = p_0 = 1 \text{ bar}$

Mischungstemperatur:

Aus Gl. (2) folgt bei Anwendung der Gln. (1):

$$T = \frac{pV_1 + pV_2}{n_1 R + n_2 R} = \frac{p_0(V_1 + V_2)}{p_0 V_1/T_1 + p_0 V_2/T_2} = \frac{(V_1 + V_2)}{V_1/T_1 + V_2/T_2}$$

$$T = \frac{(1+2)\ \text{dm}^3}{1\ \text{dm}^3/300\ \text{K} + 2\ \text{dm}^3/400\ \text{K}} = 360\ \text{K}$$

c) Für zweiatomige Gase gilt: $c_{\text{m},V} = \dfrac{5}{2}R$

$$\Delta S = n_1 c_{\text{m},V} \cdot \ln\frac{T}{T_1} + n_2 c_{\text{m},V} \cdot \ln\frac{T}{T_2} + n_1 R \cdot \ln\frac{V}{V_1} + n_2 R \cdot \ln\frac{V}{V_2} =$$

$$= n_1 R \cdot \left(\frac{5}{2} \cdot \ln\frac{T}{T_1} + \ln\frac{V}{V_1}\right) + n_2 R \cdot \left(\frac{5}{2} \cdot \ln\frac{T}{T_2} + \ln\frac{V}{V_2}\right)$$

$$\Delta S = 40,1 \cdot 10^{-6}\ \text{kmol} \cdot 8314,5\ \frac{\text{J}}{\text{kmol} \cdot \text{K}} \cdot \left(\frac{5}{2} \cdot \ln\frac{360\ \text{K}}{300\ \text{K}} + \ln\frac{3\ \text{dm}^3}{1\ \text{dm}^3}\right) +$$

$$+ 60,1 \cdot 10^{-6}\ \text{kmol} \cdot 8314,5\ \frac{\text{J}}{\text{kmol} \cdot \text{K}} \cdot \left(\frac{5}{2} \cdot \ln\frac{360\ \text{K}}{400\ \text{K}} + \ln\frac{3\ \text{dm}^3}{2\ \text{dm}^3}\right) =$$

$$= 0,518\ \frac{\text{J}}{\text{K}} + 0,071\ \frac{\text{J}}{\text{K}} = 0,589\ \frac{\text{J}}{\text{K}}$$

2.2.5 Modell des idealen Gases

Aufgabe

$N = 400$ Plexiglas-Kugeln mit einer Masse von je $m_0 = 5$ mg sind in einem rechteckigen Kasten vom Volumen $V = 50\ \text{cm}^3$ eingesperrt. Sie werden durch eine vibrierende Wand zu statistischen Bewegungen angeregt. Diese Anordnung soll als Modell für ein ideales Gas betrachtet werden.

a) Wann nennt man ein Gas ein ideales Gas?

b) Wie groß ist die mittlere Geschwindigkeit v_m der Moleküle, wenn an einer der Wände mit der Fläche $A = 10\ \text{cm}^2$ eine Druckkraft $F = 0,08$ N gemessen wird?

c) Wie groß ist die mittlere freie Weglänge λ der Kugeln im Kasten? Dichte $\backslash$ Plexiglas $\rho_p = 1,2$ kg/dm^3.

Lösung

a) Kein Eigenvolumen, keine Anziehungskräfte zwischen den Molekülen, nur ϵ stische Stöße.

b) Grundgleichung der kinetischen Gastheorie:

$$pV = \frac{1}{3}m\overline{v^2}; \quad p = \frac{F}{A}; \quad \rho = \frac{m}{V} = \frac{m_0 N}{V} = m_0 N_V; \quad \text{Teilchendichte } N_V$$

Mittlere Geschwindigkeit $v_m = \sqrt{\overline{v^2}} = \sqrt{\dfrac{3FV}{Am_0 N}}$

$$v_m = \sqrt{\frac{3 \cdot 0,08 \text{ N} \cdot 50 \cdot 10^{-6} \text{ m}^3}{10^{-3} \text{ m}^2 \cdot 5 \cdot 10^{-6} \text{ kg} \cdot 400}} = 2,45 \text{ m/s}$$

c) Mittlere freie Weglänge $\lambda = \left(\sqrt{2} \cdot 4\pi r^2 \cdot N_V\right)^{-1}$

$$\rho_p = \frac{m_0}{V_0}; \quad r = \sqrt[3]{\frac{3}{4\pi} \cdot \frac{m_0}{\rho_p}} = \sqrt[3]{\frac{3}{4\pi} \cdot \frac{5 \cdot 10^{-6} \text{ kg}}{1,2 \cdot 10^3 \text{ kg/m}^3}} = 10^{-3} \text{ m}$$

$$\lambda = \left(\sqrt{2} \cdot 4\pi \cdot 10^{-6} \text{ m}^2 \cdot \frac{400}{50 \cdot 10^{-6} \text{ m}^3}\right)^{-1} = 7,03 \cdot 10^{-3} \text{ m} \approx 7 \text{ mm}$$

2.2.6 Thermische Bewegung von Neutronen

Aufgabe

Neutronen aus einem Reaktor werden durch flüssiges Helium der Tempe $T = 4,2$ K abgekühlt. Durch Blenden wird ein waagrechter Neutronenstrah zeugt. Dieser durchläuft anschließend einen 200 m langen evakuierten Behälter

a) Wie groß ist die mittlere Geschwindigkeit v_m der Neutronen? Berechnen daraus deren Fallzeit und Fallhöhe unter dem Einfluß der Erdanziehung.

b) Wieviel Prozent der Neutronen zerfallen (unabhängig von der Rohrlä während des Durchfallens der berechneten Höhe?

Halbwertszeit des Neutrons $t_h = 10,1$ min

Lösung

a) $\frac{1}{2}m_n\overline{v^2} = \frac{3}{2}kT$

Mittlere Geschwindigkeit:

$$v_m = \sqrt{\overline{v^2}} = \sqrt{\frac{3kT}{m_n}} = \sqrt{\frac{3 \cdot 1,381 \cdot 10^{-23} \text{ J/K} \cdot 4,2 \text{ K}}{1,675 \cdot 10^{-27} \text{ kg}}} = 322,3 \frac{\text{m}}{\text{s}}$$

Horizontaler Wurf:

Fallzeit $\quad t_1 = \frac{x_1}{v_m} = \frac{200 \text{ m}}{322,3 \text{ m/s}} = 0,621 \text{ s}$

Fallhöhe $\quad y_1 = \frac{1}{2}gt_1^2 = \frac{1}{2} \cdot 9,81 \frac{\text{m}}{\text{s}^2} \cdot (0,621 \text{ s})^2 = 1,89 \text{ m}$

b) Zerfallsgesetz: $N/N_0 = e^{-\lambda t}$; Halbwertszeit: $t_h = \ln 2/\lambda$

$$\frac{N}{N_0} = \exp\left(-\frac{\ln 2 \cdot t_1}{t_h}\right) = \exp\left(-\frac{\ln 2 \cdot 0,621 \text{ s}}{10,1 \cdot 60 \text{ s}}\right) = 0,99929$$

Es zerfallen also $100\% - 99,93\% = 0,07\%$.

2.2.7 Das reale Gas NH_3

Aufgabe

5 Gramm Ammoniak-Gas werden bei 135 °C in einem Behälter mit dem Volumen 2 cm³ aufbewahrt. Für das Gas soll die van-der-Waals-Gleichung gelten.

a) Welches Molvolumen V_m nimmt das Gas ein, und wieviel Prozent davon entfallen auf dessen molares Eigenvolumen?
Welchen Druck und welchen Binnendruck (prozentualer Anteil am Druck) hat das Gas im Behälter?
Wie groß ist der Druck, wenn man das Gas näherungsweise als ideal betrachtet?

b) Auf welche Temperatur muß das Gas mindestens abgekühlt werden, damit man es verflüssigen kann?

Wie groß ist dann der kritische Druck, das kritische Molvolumen und die kritische Dichte?

c) Welchen Durchmesser hat das Ammoniak-Molekül NH_3, wenn man es als kugelförmig betrachtet?

$$\text{Van-der-Waals-Konstanten: } a = 0,422 \cdot 10^6 \text{ (Jm}^3)/(\text{kmol})^2$$
$$b = 37,2 \cdot 10^{-3} \text{ m}^3/\text{kmol}$$

Relative Molekülmasse: $M_r(NH_3) = 17,03$

Lösung

a) Molvolumen: $V_m = \dfrac{V}{n} = \dfrac{V m_m}{m} = \dfrac{2 \cdot 10^{-3} \text{ m}^3 \cdot 17,03 \text{ kg/kmol}}{5 \cdot 10^{-3} \text{ kg}}$

$$= 6,812 \, \frac{\text{m}^3}{\text{kmol}}$$

Molares Eigenvolumen des Gases: $b = 37,2 \cdot 10^{-3} \, \dfrac{\text{m}^3}{\text{kmol}}$

Relativer Anteil: $b/V_m = 5,5\%_0$

Druckberechnung mit der van-der-Waalsschen Zustandsgleichung

$$\left(p + \frac{a}{V_m^2}\right) \cdot (V_m - b) = RT; \quad p = \frac{RT}{V_m - b} - \frac{a}{V_m^2}$$

$$p = \frac{8314,5 \text{ J/(kmol} \cdot \text{K)} \cdot 408 \text{ K}}{(6,812 - 37,2 \cdot 10^{-3}) \text{ m}^3/\text{kmol}} - \frac{0,422 \cdot 10^6 \text{ Jm}^3/\text{kmol}^2}{(6,812 \text{ m}^3/\text{kmol})^2} =$$

$$= 50,07 \cdot 10^6 \, \frac{\text{J}}{\text{m}^3} - 9,094 \cdot 10^3 \, \frac{\text{J}}{\text{m}^3} = 4,916 \text{ bar}$$

Binnendruck $p_i = a/V_m^2 = 9,094 \cdot 10^3 \text{ N/m}^2$

Relativer Anteil $p_i/p = 1,85\%$

Druckberechnung mit der Zustandsgleichung für ideale Gase

$$p = \frac{nRT}{V} = \frac{RT}{V_m} = \frac{8314,5 \text{ J/(kmol} \cdot \text{K)} \cdot 408 \text{ K}}{6,812 \text{ m}^3/\text{kmol}} = 4,980 \text{ bar}$$

b) Das Gas muß mindestens auf die kritische Temperatur abgekühlt werden:

$$T_{kr} = \frac{8a}{27bR} = \frac{8 \cdot 0,422 \cdot 10^6 \; Jm^3/kmol^2}{27 \cdot 37,2 \cdot 10^{-3} \; m^3/kmol \cdot 8314,5 \; J/(kmol \cdot K)} =$$

$$= 404,3 \; K; \quad \vartheta_{Kr} = 131,3 °C$$

$$p_{kr} = \frac{a}{27b^2} = \frac{0,422 \cdot 10^6 \; Jm^3/kmol^2}{27 \cdot (37,2 \cdot 10^{-3} \; m^3/kmol)^2} = 112,9 \; bar$$

$$V_{m,kr} = 3b = 3 \cdot 37,2 \cdot 10^{-3} \; \frac{m^3}{kmol} = 0,1116 \; \frac{m^3}{kmol}$$

$$\rho_{kr} = \frac{m_m}{V_{m,kr}} = \frac{17,03 \; kg/kmol}{0,1116 \; m^3/kmol} = 152,6 \; \frac{kg}{m^3}$$

c) $b \approx 4V_0$, wobei das molare Eigenvolumen der Moleküle $V_0 = \frac{4\pi}{3} r^3 N_A$ ist.

$$b = \frac{16\pi}{3} r^3 N_A$$

$$r = \sqrt[3]{\frac{3b}{16\pi \cdot N_A}} = \sqrt[3]{\frac{3 \cdot 37,2 \cdot 10^{-3} \; m^3/kmol}{16\pi \cdot 6,022 \cdot 10^{26} \; kmol^{-1}}} = 0,1545 \cdot 10^{-9} \; m$$

Moleküldurchmesser $d = 2r = 0,309 \; nm$

2.3 Anwendungen des 2. Hauptsatzes

(Anmerkungen und Formeln s. Abschn. 2.2.)

2.3.1 Wirkungsgrad einer Dampfturbine

Aufgabe

Eine Dampfturbine wird mit Dampf der Temperatur $\vartheta_1 = 600 °C$ betrieben; die Temperatur im Kondensator beträgt $\vartheta_2 = 35 °C$. Sie gibt eine elektrische Leistung $P = 3500 \; kW$ ab.

a) Wie groß ist der thermodynamische Wirkungsgrad η_{rev} der Maschine? Wieviel Masse an Kohle würde sie dann pro Tag verbrauchen, wenn deren Energie vollständig ausgenützt werden könnte?

b) Wieviel Masse an Kohle wird pro Tag verbraucht, wenn der effektive Wirkungsgrad $\eta_{eff} = 25\%$ beträgt?

Heizwert der Kohle $H = 25 \cdot 10^6$ J/kg.

Lösung

a) $\eta_{rev} = \dfrac{T_1 - T_2}{T_1} = \dfrac{873 \text{ K} - 308 \text{ K}}{873 \text{ K}} = 64,72\%$

Allgemein gilt: $\eta = \dfrac{\Delta W}{\Delta Q}$; $\quad \dfrac{\Delta Q}{\Delta t} = \dfrac{1}{\eta} \cdot \dfrac{\Delta W}{\Delta T}$; $\quad H \cdot \dfrac{\Delta m}{\Delta t} = \dfrac{P}{\eta}$

$m_t = \dfrac{\Delta m}{\Delta t} = \dfrac{P}{\eta_{rev} H} = \dfrac{3,5 \cdot 10^6 \text{ W}}{0,6472 \cdot 25 \cdot 10^6 \text{ J/kg}} = 0,216 \dfrac{\text{kg}}{\text{s}} = 18,69 \dfrac{\text{t}}{\text{d}}$

b) $\dfrac{m_t(\text{real})}{m_t(\text{ideal})} = \dfrac{\eta_{rev}}{\eta_{eff}}$

$m_t(\text{real}) = \dfrac{64,72\%}{25\%} \cdot 18,69 \dfrac{\text{t}}{\text{d}} = 48,38 \dfrac{\text{t}}{\text{d}}$

2.3.2 Wärmepumpe

Aufgabe

Eine Wohnung wird mit einer elektrischen Heizung beheizt, die eine Leistung $P_{el} = 10$ kW hat. Um Energie zu sparen, soll dieselbe Wohnung mit einer Wärmepumpe beheizt werden. Diese habe 60% des Nutzungsgrads ϵ_{rev} einer idealen Wärmepumpe. Die Wärme soll im Winter einem Fluß der Temperatur $\vartheta_2 = 0°C$ entnommen werden, die Heizkörper sollen die konstante Temperatur $\vartheta_1 = 50°C$ haben.

a) Wie groß ist der ideale Nutzungsgrad (technisch: Leistungsziffer ϵ_{rev} genannt)? Welche Leistung P_W ist zum Betrieb der Wärmepumpe nötig?

Wie groß ist der ideale Wirkungsgrad η_{rev} einer Wärmekraftmaschine, die zwischen zwei Wärmebehältern mit den angegebenen Temperaturen arbeitet?

b) Der Fluß wird durch ein nahe gelegenes Kraftwerk auf $\vartheta_2 = 10°\text{C}$ aufgeheizt. Wie groß sind jetzt der ideale Nutzungsgrad ϵ_{rev} und die Leistung P_W der Wärmepumpe?

Lösung

a)

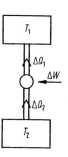

Abb. 2.3.2a. Schematische Darstellung der Wärmepumpe: ΔQ_1 wird der Wohnung bei der Temperatur T_1 zugeführt. Die Wärmepumpe benötigt die Energie ΔW.

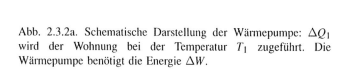

Direkte Heizung: $P_{\text{el}} = \dfrac{\Delta Q_1}{\Delta t}$; Wärmepumpe: $P_W = \dfrac{\Delta W}{\Delta t}$

Leistungsziffer: $\epsilon = \dfrac{\Delta Q_1}{\Delta W} = \dfrac{P_{\text{el}}}{P_W}$;

$$\epsilon_{\text{rev}} = \frac{T_1}{T_1 - T_2} = \frac{323\ \text{K}}{(323 - 273)\text{K}} = 6,46$$

hier: $\epsilon = 0,6 \cdot \epsilon_{\text{rev}} = 3,88$

$$P_W = \frac{1}{0,6 \cdot \epsilon_{\text{rev}}} \cdot P_{\text{el}} = \frac{10\ \text{kW}}{0,6 \cdot 6,46} = 2,58\ \text{kW}$$

$\eta_{\text{rev}} = 1/\epsilon_{\text{rev}} = 0,155$

b) $\eta_{\text{rev}} = 0,124$; $\epsilon_{\text{rev}} = 8,075$; $P_W = 0,206 \cdot P_{\text{el}} = 2,06\ \text{kW}$, also kleiner als bei Lösung a)!

2.3.3 Der Otto-Motor

Aufgabe

Der Kreisprozeß im Otto-Motor soll durch folgenden idealisierten Kreisprozeß angenähert werden:

I. Adiabatische Kompression des idealen Arbeitsgases vom Volumen V_1, der Temperatur T_1 und dem Druck p_1 zum Volumen V_2,

II. isochore Druckerhöhung, wobei das Gas mit einem Wärmebad der konstanten Temperatur T_3 in Berührung gebracht und Temperaturausgleich abgewartet wird,

III. adiabatische Expansion bis zum Anfangsvolumen V_1,

IV. isochore Druckerniedrigung bis zum Anfangsdruck p_1, wobei das Gas mit einem zweiten Wärmebad der konstanten Temperatur T_1 in Berührung gebracht und Temperaturausgleich abgewartet wird.

a) Wie sieht das $p - V$-Diagramm des Kreisprozesses aus?
   Berechnen Sie Drücke, Volumina und Temperaturen für die Anfangspunkte der vier Teilprozesse und fassen Sie diese in einer Tabelle zusammen. Dabei seien gegeben:
   Volumen aller Zylinder $V_1 = 1,5$ dm^3, Kompressionsverhältnis $\epsilon = V_1/V_2 = 8$; $T_1 = 303$ K und $p_1 = 1$ bar für das angesaugte Gasgemisch; Höchsttemperatur des gezündeten Gemisches $T_3 = 1973$ K; $\kappa = 1,40$.

b) Wie groß ist die pro Umlauf im $p - V$-Diagramm gewonnene Arbeit?
   Welche Leistung gibt ein Viertakt-Motor bei der Drehfrequenz $f = 4500$ min^{-1} ab? c_V soll bei der Rechnung als konstant angenommen werden.

c) Wie groß ist der Wirkungsgrad η_{rev} einer Carnot-Maschine, die mit den beiden Wärmebädern arbeitet?
   Wie groß ist der effektive Wirkungsgrad η des Motors?
   Zeigen Sie, daß dieser nur vom Kompressionsverhältnis ϵ abhängt.

d) Wieviel Entropie wird pro Umlauf im $p - V$-Diagramm erzeugt?
   Welche Teilprozesse sind dafür verantwortlich?

e) Wie groß sind die Entropieänderungen des Arbeitsgases bei den einzelnen Zustandsänderungen I–IV? Skizzieren Sie das $S(T)$-Diagramm des Gases.

Lösung

a)

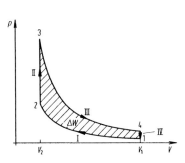

Abb. 2.3.3a. p–V-Diagramm: Die Ziffern 1–4 bezeichnen die Anfangszustände der vier Teilprozesse.

	1	2	3	4
$V/1$ dm^3	1,5	0,1875	0,1875	1,5
$p/1$ bar	1,0	18,38	52,10	2,84
$T/1$ K	303	696,1	1973	858,9

Prozeß I: $p_1 V_1^\kappa = p_2 V_2^\kappa$; $p_2 = p_1 \cdot \epsilon^\kappa = 1 \text{ bar} \cdot 8^{1,4} = 18,38 \text{ bar}$

$$T_2 = T_1 \left(\frac{V_1}{V_2} \right)^{\kappa-1} = T_1 \epsilon^{\kappa-1} = 303 \text{ K} \cdot 8^{0,4} = 696,1 \text{ K}$$

II: $p_3 = p_2 \dfrac{T_3}{T_2} = 18,38 \text{ bar} \cdot \dfrac{1973 \text{ K}}{696,1 \text{ K}} = 52,10 \text{ bar}$

III: $p_4 = p_3 \left(\dfrac{V_3}{V_4} \right)^\kappa = \dfrac{p_3}{\epsilon^\kappa} = \dfrac{52,10 \text{ bar}}{8^{1,4}} = 2,84 \text{ bar}$

IV: $T_4 = T_1 \dfrac{p_4}{p_1} = 303 \text{ K} \cdot \dfrac{2,84 \text{ bar}}{1 \text{ bar}} = 858,9 \text{ K}$

b) Arbeit $\Delta W = \Delta Q_{23} + \Delta Q_{41}$

Aufgenommene Wärmemenge: $\Delta Q_{23} = m c_V (T_3 - T_2) > 0$

Abgegebene Wärmemenge: $\Delta Q_{41} = m c_V (T_1 - T_4) < 0$

Wärmekapazität des Arbeitsgases: $C_V = m c_V$

$$m = \frac{p_1 V_1}{R_s T_1}; \quad C_V = \frac{p_1 V_1}{T_1} \cdot \frac{c_V}{R_s} = \frac{p_1 V_1}{T_1} \cdot \frac{c_V}{c_p - c_V} = \frac{p_1 V_1}{T_1} \cdot \frac{1}{\kappa - 1}$$

$$C_V = \frac{10^5 \text{ N/m}^2 \cdot 1,5 \cdot 10^{-3} \text{ m}^3}{303 \text{ K} \cdot (1,4 - 1)} = 1,238 \text{ Nm/K}$$

$$\Delta Q_{23} = 1,238 \text{ Nm/K} \cdot (1973 - 696,1)\text{K} = 1580,3 \text{ J}$$

$$\Delta Q_{41} = 1,238 \text{ Nm/K} \cdot (303 - 858,9)\text{K} = -688,0 \text{ J}$$

$$\Delta W = 1580,3 \text{ J} - 688,0 \text{ J} = 892,3 \text{ J}$$

Leistung $P = \Delta W \cdot f/2 = 892,3 \text{ J} \cdot \dfrac{4500}{60 \cdot 2 \text{ s}} = 33,5 \text{ kW}$

denn ΔW wird während zweier Umdrehungen des Motors erzeugt!

c) Thermodynamischer Wirkungsgrad $\eta_{\text{rev}} = \dfrac{T_3 - T_1}{T_3} = \dfrac{(1973 - 303) \text{ K}}{1973 \text{ K}} = 84,6\%$

Effektiver Wirkungsgrad $\eta = \dfrac{\Delta W}{\Delta Q_{23}} = 1 + \dfrac{\Delta Q_{41}}{\Delta Q_{23}} = 1 + \dfrac{T_1 - T_4}{T_3 - T_2}$

$$\eta = \frac{892,3 \text{ J}}{1580,3 \text{ J}} = 56,5\%$$

Umformung: (I) $T_1 = T_2 \cdot (V_2/V_1)^{\kappa - 1}$; (III) $T_4 = T_3 \cdot (V_2/V_1)^{\kappa - 1}$

I–III: $\dfrac{T_1 - T_4}{T_2 - T_3} = \left(\dfrac{V_2}{V_1}\right)^{\kappa - 1} = \dfrac{1}{\epsilon^{\kappa - 1}}$; $\eta = 1 - \dfrac{1}{\epsilon^{\kappa - 1}} = 1 - \dfrac{1}{8^{0,4}} = 56,5\%$

d) Wir müssen das abgeschlossene System betrachten, das aus dem Arbeitsgas und den beiden Wärmebehältern besteht. Die Entropie des Gases ändert sich bei einem Umlauf im $p - V$-Diagramm nicht, weil S eine Zustandsgröße ist.

Die Wärmebehälter:

Abgabe bei $T_3 = \text{konst.}$: $\Delta S_3 = -\dfrac{\Delta Q_{23}}{T_3} = -\dfrac{1580,3 \text{ J}}{1973 \text{ K}} = -0,801 \dfrac{\text{J}}{\text{K}}$

Aufnahme bei $T_1 = \text{konst.}$: $\Delta S_1 = -\dfrac{\Delta Q_{41}}{T_1} = \dfrac{688,0 \text{ J}}{303 \text{ K}} = 2,271 \dfrac{\text{J}}{\text{K}}$

Resultierende Entropie-Erzeugung:

$$\Delta S = \Delta S_1 + \Delta S_3 = (2,27 - 0,80) \frac{\text{J}}{\text{K}} = 1,47 \frac{\text{J}}{\text{K}}$$

$\Delta S > 0$, weil die Prozesse II und IV irreversibel sind.

e) Adiabatische Prozesse I und III: $\Delta S = 0$

Isochore Prozesse:

$$\Delta S_{II} = C_V \cdot \ln \frac{T_3}{T_2}; \quad \Delta S_{IV} = C_V \cdot \ln \frac{T_1}{T_4} = -\Delta S_{II},$$

weil man durch Division von Gl. (I) mit Gl. (III) in Aufg. c) $T_1/T_4 = T_2/T_3$ erhält.

$$\Delta S_{II} = 1,238 \ \frac{J}{K} \cdot \ln \left(\frac{1973 \ K}{696,1 \ K} \right) = 1,29 \ \frac{J}{K}$$

Abb. 2.3.3e. $S(T)$-Diagramm: Der Wert von $S(T_1)$ braucht nicht bekannt zu sein. Die Kurven II und IV laufen proportional zu $\ln T$. Es ist zweckmäßig, T als Abszisse zu wählen, anders als in vielen Lehrbüchern.

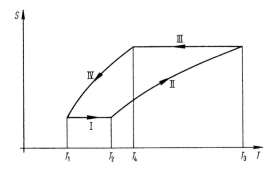

2.3.4 Irreversible Zustandsänderung, Maxwellsche Geschwindigkeitsverteilung

Aufgabe

1 dm³ des idealen Gases N_2 mit der Temperatur $T_1 = 293$ K und dem Druck $p_1 = 1$ bar wird bei festem Volumen auf die Temperatur $T_2 = 523$ K gebracht, indem man das Gas mit einem Kupferblock der festen Temperatur T_2 in Berührung bringt (Wärmeaustausch ohne Verluste).

a) Berechnen Sie unter Anwendung der Ergebnisse der kinetischen Wärmetheorie die Wärmemenge ΔQ, die das Gas dabei aufnimmt und den Enddruck p_2. In welche Energieformen wird ΔQ nach dem 1. Hauptsatz umgewandelt?

b) Berechnen Sie die gesamte Entropieänderung bei diesem Vorgang. Warum nimmt diese hier zu?

c) Wie groß sind die mittleren Geschwindigkeiten $\sqrt{\overline{v_1^2}}$ und $\sqrt{\overline{v_2^2}}$ der Moleküle bei den Temperaturen T_1 und T_2?

d) Welcher Prozentsatz der Moleküle hat bei T_1 eine Geschwindigkeit, die größer oder gleich deren mittlerer Geschwindigkeit $\sqrt{\overline{v_1^2}}$ ist?

Wieviel Prozent der Moleküle überschreiten dieselbe Geschwindigkeit $\sqrt{\overline{v_1^2}}$, nachdem das Gas auf die Temperatur T_2 erhitzt wurde? Qualitative Beantwortung mit der graphischen Darstellung der Maxwell-Verteilung!

Molmasse: $m_\mathrm{m}(N_2) = 28$ kg/kmol

Lösung

a) Isochorer Vorgang: $\Delta Q = n c_{\mathrm{m},V} \cdot \Delta T$

Zweiatomiges Gas: molare Wärmekapazität: $c_{\mathrm{m},V} = \dfrac{f}{2}R = \dfrac{5}{2}R$

Stoffmenge: $n = \dfrac{p_1 V_1}{R T_1}$

$$\Delta Q = \frac{5}{2} \cdot \frac{p_1 V_1}{T_1}(T_2 - T_1) = \frac{5 \cdot 10^5 \text{ N/m}^2 \cdot 10^{-3}\text{m}^3 \cdot (523 - 293)\text{ K}}{2 \cdot 293 \text{ K}} = 196,3 \text{ J}$$

Enddruck: $p_2 = p_1 \dfrac{T_2}{T_1} = 10^5 \dfrac{\text{N}}{\text{m}^2} \cdot \dfrac{523 \text{ K}}{293 \text{ K}} = 1,79$ bar

1. Hauptsatz: $\Delta Q = \Delta U + \Delta W$; weil $\Delta W = 0$, wird die zugeführte Wärme ΔQ vollständig zur Erhöhung der inneren Energie ΔU verwendet.

b) Entropie-Abgabe des Kupferblocks: $\Delta S_\mathrm{C} = -\dfrac{\Delta Q}{T_2} = -\dfrac{196,3 \text{ J}}{523 \text{ K}} = -0,375 \dfrac{\text{J}}{\text{K}}$

Entropie-Aufnahme des Gases, wenn $V = $ konst.:

$$\Delta S_\mathrm{G} = n c_{\mathrm{m},V} \cdot \ln\frac{T_2}{T_1} = \frac{5}{2} \cdot \frac{p_1 V_1}{T_1} \cdot \ln\frac{T_2}{T_1} =$$

$$= \frac{5 \cdot 10^5 \text{ N/m}^2 \cdot 10^{-3} \text{ m}^3}{2 \cdot 293 \text{ K}} \cdot \ln\left(\frac{523 \text{ K}}{293 \text{ K}}\right) = 0,494 \dfrac{\text{J}}{\text{K}}$$

Gesamte Änderung: $\Delta S = \Delta S_\mathrm{C} + \Delta S_\mathrm{G} = 0,119 \dfrac{\text{J}}{\text{K}}$ wird erzeugt.

$\Delta S > 0$, weil die Angleichung der Gastemperatur an die Temperatur des Kupfers ein irreversibler Vorgang ist.

c) $\dfrac{1}{2}m_0\overline{v_1^2} = \dfrac{3}{2}kT_1;\ \sqrt{\overline{v_1^2}} = \sqrt{\dfrac{3kT_1}{m_0}} = \sqrt{\dfrac{3RT_1}{m_m}}$

$\sqrt{\overline{v_1^2}} = 1\ \dfrac{m}{s} \cdot \sqrt{\dfrac{3 \cdot 8314,5 \cdot 293}{28}} = 510,9$ m/s, wobei

$[v] = 1\sqrt{\dfrac{Nm}{kmol \cdot K} \cdot \dfrac{kmol}{kg} \cdot K} = 1\sqrt{\dfrac{Nm}{kg}} = 1\sqrt{\dfrac{m^2kg}{s^2kg}} = 1\ \dfrac{m}{s}$

Bei $T_2 = 523$ K: $\sqrt{\overline{v_2^2}} = 682,6$ m/s

d) Maxwellsche Geschwindigkeitsverteilungen für T_1 und T_2:

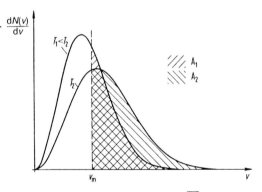

Abb. 2.3.4 d. Maxwellsche Geschwindigkeitsverteilungen für die Temperaturen T_1 und T_2. Die linksschraffierte Fläche A_2 ist größer als die rechtsschraffierte Fläche A_1.

N = konstante Gesamtzahl der Moleküle im Volumen V; $v_m = \sqrt{\overline{v_1^2}}$

$A_1 = \dfrac{1}{N} \cdot \displaystyle\int_{v_m}^{\infty} \dfrac{dN_1(v)}{dv}\ dv = \dfrac{1}{N} \cdot \displaystyle\int_{v_m}^{\infty} dN_1$ Prozentsatz bei T_1

$A_2 = \dfrac{1}{N} \cdot \displaystyle\int_{v_m}^{\infty} \dfrac{dN_2(v)}{dv}\ dv = \dfrac{1}{N} \cdot \displaystyle\int_{v_m}^{\infty} dN_2$ Prozentsatz bei T_2, wobei $A_2 > A_1$ wird.

3 Schwingungen und deren Ausbreitung

3.1 Schwingungsarten

Die hier behandelten Schwingungsarten sind: ungedämpfte harmonische Schwingungen, durch innere Reibung gedämpfte Schwingungen, erzwungene und gekoppelte Schwingungen[*]). Diese Typen können bei linear schwingenden Pendeln, Drehpendeln und auch bei elektrischen Schwingungen auftreten. Letztere lassen sich analog zu den mechanischen Schwingungen behandeln. (Aufgaben zu Drehschwingungen sind auch in Abschn. 1.5 und 2.1 zu finden.)

Formeln zu den linearen und Drehschwingungen

Ungedämpft: rücktreibende Kraft $F_r = -Dx$, dann $\omega_0^2 = \dfrac{D}{m}$

rücktreibendes Drehmoment $M_r = -D^*\varphi$, dann $\omega_0^2 = \dfrac{D^*}{J}$

Geschwindigkeitsproportional gedämpft:

Reibungskraft $F_R = -k\dot{x}$ bzw. Reibungsdrehmoment $M_R = -k^*\dot{\varphi}$

Abklingkoeffizient: $\delta = \dfrac{k}{2m}$ bzw. $\delta = \dfrac{k^*}{2J}$

Kreisfrequenz: $\omega_d = \sqrt{\omega_0^2 - \delta^2}$

logarithmisches Dekrement: $\Lambda = \delta T_d = \ln(\hat{x}_n / \hat{x}_{n+1})$
(Amplituden werden durch ˆ über dem Formelzeichen gekennzeichnet.)

Aperiodischer Grenzfall: $\delta = \omega_0$

Erzwungene Schwingungen:

Anregender Ausschlag: $x_a(t) = \hat{x}_a \cdot \sin \omega_a t$
Reaktion des Pendels: $x(t) = \hat{x} \cdot \sin(\omega_a t - \eta)$, wobei gilt:

---

*) W. Walcher: Praktikum der Physik. Teubner Studienbücher Physik, Stuttgart 1971, S. 305ff.

$$\frac{\hat{x}}{\hat{x}_a} = \frac{\omega_0^2}{\sqrt{(\omega_0^2 - \omega_a^2)^2 + 4\delta^2\omega_a^2}}; \quad \tan\eta = \frac{2\delta\omega_a}{\omega_0^2 - \omega_a^2}$$

Resonanzkreisfrequenz: $\omega_{res} = \sqrt{\omega_0^2 - 2\delta^2}$

Formale Analogien zwischen mechanischen und elektrischen Größen

lineare Größen	x	v	a	F	m	D	k
Drehgrößen	φ	$\omega = \dot{\varphi}$	$\alpha = \ddot{\varphi}$	M	J	D^*	k^*
elektrische Größen	Q	i	di/dt	U	L	$1/C$	R

3.1.1 Lineare, harmonische, ungedämpfte Schwingungen

Aufgabe

Eine mit Sand gefüllte Waagschale mit der Masse $M = 100$ g hängt an einer Schraubenfeder mit der Richtgröße $D = 5$ N/m. Eine Kugel mit der Masse $m = 50$ g fällt aus der Höhe $h = 10$ cm in die Schale und bleibt nach dem Aufschlag dort liegen.

a) Wie groß ist die Geschwindigkeit von Waagschale und Kugel unmittelbar nach dem Aufschlag und die Schwingungsdauer der entstandenen (ungedämpften) harmonischen Schwingungen?
   Wie weit liegen alte und neue Ruhelage voneinander entfernt?

b) Wie lauten die Gleichungen für die Abhängigkeit des Ortes und der Geschwindigkeit der Waagschale von der Zeit, wenn der Zeitnullpunkt beim Aufschlag der Kugel liegen soll?

c) Die Kugel liege frei auf der Waagschale. Bleibt sie während der Schwingung liegen oder hebt sie ab?

Lösung

a) Geschwindigkeit der Kugel vor dem inelastischen Stoß:
   $v_1 = -\sqrt{2gh} < 0$ wegen der Wahl der x-Richtung
   Nachher: Impulserhaltung: $(M + m)v_0 = mv_1$

$$v_0 = \frac{m}{m + M} \cdot v_1 = -\frac{50 \text{ g}}{150 \text{ g}} \cdot \sqrt{2 \cdot 9,81 \text{ m/s}^2 \cdot 0,1 \text{ m}} = -0,467 \text{ m/s}$$

$$\omega_0 = \sqrt{D/(m+M)} = \sqrt{(5 \text{ N/m})/0,15 \text{ kg}} = 5,77 \text{ s}^{-1}$$

$$T_0 = 2\pi/\omega_0 = 1,09 \text{ s}$$

Neue Ruhelage: $mg = Dx_0$

$$x_0 = mg/D = 0,05 \text{ kg} \cdot (9,81 \text{ m/s}^2)/(5 \text{ N/m}) = 9,8 \text{ cm}$$

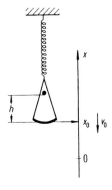

Abb. 3.1.1a. Die Gewichtskraft der Kugel dehnt die Feder um $|x_0| = 9,8$ cm, so daß die neue Ruhelage bei 0 liegt.

b) Harmonische Schwingung:

$$x(t) = \hat{x} \cdot \cos(\omega_0 t + \psi_0); \quad \dot{x}(t) = -\omega_0 \hat{x} \cdot \sin(\omega_0 t + \psi_0)$$

Für $t = 0$ erhält man Gl. (1): $x_0 = \hat{x} \cdot \cos\psi_0$

Gl. (2): $-v_0/\omega_0 = \hat{x} \cdot \sin\psi_0$

$\dfrac{\text{Gl. (2)}}{\text{Gl. (1)}}$ ergibt $\dfrac{\sin\psi_0}{\cos\psi_0} = \tan\psi_0 = -\dfrac{v_0}{x_0\omega_0}$

(Gl. (1))^2 + (Gl. (2))^2 : $\hat{x}^2(\sin^2\psi_0 + \cos^2\psi_0) = x_0^2 + \dfrac{v_0^2}{\omega_0^2}$

$$\hat{x} = \sqrt{x_0^2 + \left(\frac{v_0}{\omega_0}\right)^2}$$

$$\tan\psi_0 = -\frac{(-0,467 \text{ m/s})}{0,098 \text{ m} \cdot 5,77 \text{ s}^{-1}} = 0,826; \quad \psi_0 = 39,6°$$

$$\hat{x} = \sqrt{(0,098 \text{ m})^2 + \left(\frac{-0,467 \text{ m/s}}{5,77 \text{ s}^{-1}}\right)^2} = 12,7 \text{ cm}$$

$$x(t) = 12,7 \text{ cm} \cdot \cos(5,77 \text{ s}^{-1} \cdot t + 39,6°)$$

$$v(t) = -0,733 \text{ m/s} \cdot \sin(5,77 \text{ s}^{-1} + 39,6°)$$

c) Grenzfall: Die maximale Beschleunigung der Waagschale darf höchstens gleich der Erdbeschleunigung werden. Wir betrachten das Pendel in den Umkehrpunkten:

$$\ddot{x}(t) = -\omega_0^2 \hat{x} \cdot \cos(\omega_0 t + \psi_0)$$

$$\hat{a} = \hat{\ddot{x}} = \omega_0^2 \hat{x} = (5,77 \text{ s}^{-1})^2 \cdot 0,127 \text{ m} = 4,23 \text{ m/s}^2 < g$$

Die Kugel hebt also nicht ab!

3.1.2 Lineare und progressive Federn

Aufgabe

Zwei Federn sind so konstruiert, daß bei der ersten die Dehnungskraft proportional zur Auslenkung, bei der zweiten "progressiven" Feder die Kraft proportional zum Quadrat der Auslenkung ist. Jede der Federn wird durch eine Kraft $F = 10$ N um $x_0 = 15$ cm gedehnt.

a) Berechnen Sie für beide Federn die Spannarbeiten, um sie um $x_1 = 25$ cm aus der Ruhelage auszulenken.

b) Um welche Strecke x_2 müssen die Federn gedehnt werden, damit in beiden Fällen gleiche Arbeiten aufgewendet werden? Wie groß sind diese? Veranschaulichen Sie die Ergebnisse von a) und b) anhand einer Skizze $F = f(x)$!

c) An die unbelasteten Federn (Ausgangslage) wird jeweils ein Klotz der Masse 1 kg gehängt und losgelassen. Um welche Strecken x_3 werden die Federn bei der entstehenden Schwingung maximal gedehnt?
Welche Geschwindigkeiten hat der Klotz jeweils bei einer Auslenkung von $x_0 = 15$ cm von der Ausgangslage?

Lösung

a) Feder A: $F = -Dx$; $D = \dfrac{|F|}{x_0} = \dfrac{10\ \text{N}}{0,15\ \text{m}} = 66,67\ \text{N/m}$

  Feder B: $F = -cx^2$; $c = \dfrac{|F|}{x_0^2} = \dfrac{10\ \text{N}}{(0,15\ \text{m})^2} = 444,4\ \text{N/m}^2$

$$W_A = \int_0^{x_1} Dx\,dx = \frac{1}{2}Dx_1^2 = \frac{1}{2}\cdot 66,67\frac{\text{N}}{\text{m}}\cdot(0,25\ \text{m})^2 = 2,08\ \text{J}$$

$$W_B = \int_0^{x_1} cx^2\,dx = \frac{1}{3}cx_1^3 = \frac{1}{3}\cdot 444,4\frac{\text{N}}{\text{m}^2}\cdot(0,25\ \text{m})^3 = 2,32\ \text{J}$$

b) Es muß gelten: $W_A = W_B$, also $\dfrac{1}{2}Dx_2^2 = \dfrac{1}{3}cx_2^3$

$$x_2 = \frac{3}{2}\cdot\frac{D}{c} = \frac{3}{2}\cdot\frac{|F|}{x_0}\cdot\frac{x_0^2}{|F|} = \frac{3}{2}x_0 = \frac{3}{2}\cdot 0,15\ \text{m} = 0,225\ \text{m}$$

$$W_A(x_2) = \frac{1}{2}Dx_2^2 = \frac{1}{2}\cdot 66,67\frac{\text{N}}{\text{m}}\cdot(0,225\ \text{m})^2 = 1,69\ \text{J} = W_B(x_2)$$

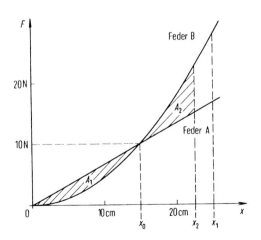

Abb. 3.1.2b. Arbeit = Flächeninhalt unter den Kurven; bei x_2 gilt: Fläche $A_1 = A_2$.

c) Energieerhaltung:

$$\text{Feder A: } mgx_3 = \frac{1}{2}Dx_3^2; \quad x_3 = \frac{2mg}{D} = \frac{2 \cdot 1 \text{ kg} \cdot 9,81 \text{ m/s}^2}{66,67 \text{ N/m}} = 0,294 \text{ m}$$

$$mgx_0 = \frac{1}{2}mv^2 + \frac{1}{2}Dx_0^2; \quad v = \sqrt{2gx_0 - \frac{D}{m}x_0^2}$$

$$v = \sqrt{2 \cdot 9,81 \frac{\text{m}}{\text{s}^2} \cdot 0,15 \text{ m} - \frac{66,67 \text{ N/m}}{1 \text{ kg}} \cdot (0,15 \text{ m})^2} = 1,20 \text{ m/s}$$

$$\text{Feder B: } mgx_3 = \frac{1}{3}cx_3^3; \quad x_3 = \sqrt{\frac{3mg}{c}} = \sqrt{\frac{3 \cdot 1 \text{ kg} \cdot 9,81 \text{ m/s}^2}{444,4 \text{ N/m}^2}} = 0,257 \text{ m}$$

$$mgx_0 = \frac{1}{2}mv^2 + \frac{1}{3}cx_0^3; \quad v = \sqrt{2gx_0 - \frac{2c}{3m}x_0^3}$$

$$v = \sqrt{2 \cdot 9,81 \frac{\text{m}}{\text{s}^2} \cdot 0,15 \text{ m} - \frac{2 \cdot 444,4 \text{ N/m}^2}{3 \cdot 1 \text{ kg}} \cdot (0,15 \text{ m})^3} = 1,39 \text{ m/s}$$

Feder B führt im Gegensatz zu Feder A eine nichtharmonische Schwingung aus.

3.1.3 Gekoppelte Schwingungen

Aufgabe

Ein Federpendel (Richtgröße $D = 20$ N/m) mit scheibenförmigem Pendelkörper (Masse $m = 400$ g, Radius $r = 5$ cm) führt gekoppelte Längs- und Torsionsschwingungen aus.

a) Wie groß ist die Frequenz f_0 der Längsschwingung, wenn die Scheibe am Drehen gehindert wird?
Wie groß ist die Winkelrichtgröße D^* der Feder, wenn die Scheibe nur Torsionsschwingungen mit derselben Frequenz f_0 ausführen kann?
Welches Drehmoment muß an der Scheibe wirken, um sie um 90° aus der Ruhelage zu drehen?

b) Die Scheibe wird um 5 cm aus der Ruhelage ausgelenkt und losgelassen, wobei in diesem Moment für die Drehschwingung Winkelausschlag und Winkelgeschwindigkeit null sein sollen. Wie sieht der Energieerhaltungssatz für die Koppelschwingung aus?
Wie groß können danach die Maximalgeschwindigkeit $\hat{v}$, die maximale Winkelgeschwindigkeit $\hat{\dot{\varphi}}$ und die Winkelamplitude $\hat{\varphi}$ werden?

Lösung

a) $\omega_0 = \sqrt{D/m} = \sqrt{(20 \text{ N/m})/0,4 \text{ kg}} = 7,07 \text{ s}^{-1}; f_0 = 1,13 \text{ Hz}$

$\omega_0 = \sqrt{D^*/J}; \quad J = \frac{1}{2}mr^2 = 0,5 \cdot 10^{-3} \text{ m}^2\text{kg}$

$D^* = \omega_0^2 J = 50 \text{ s}^{-2} \cdot 0,5 \cdot 10^{-3} \text{ m}^2\text{kg} = 0,025 \text{ Nm}$

$M = D^*\varphi = 0,025 \text{ Nm} \cdot \pi/2 = 0,0393 \text{ Nm}$

b) Energieerhaltung: $\frac{1}{2}D\hat{x}^2 = \frac{1}{2}Dx^2 + \frac{1}{2}mv^2 + \frac{1}{2}D^*\varphi^2 + \frac{1}{2}J\dot{\varphi}^2$

$x = 0; \; \varphi = 0; \; \dot{\varphi} = 0: \frac{1}{2}D\hat{x}^2 = \frac{1}{2}m\hat{v}^2; \; \hat{v} = \hat{x}\sqrt{D/m} = \hat{x}\omega_0$

$\hat{v} = 0,05 \text{ m} \cdot 7,07 \text{ s}^{-1} = 0,354 \text{ m/s}$

$x = 0; \; v = 0; \; \varphi = 0: \frac{1}{2}D\hat{x}^2 = \frac{1}{2}J\hat{\dot{\varphi}}^2; \; \hat{\dot{\varphi}} = \hat{x}\sqrt{D/J}$

$\hat{\dot{\varphi}} = 0,05 \text{ m} \cdot \sqrt{\dfrac{20 \text{ N/m}}{0,5 \cdot 10^{-3} \text{ m}^2\text{kg}}} = 10 \text{ s}^{-1}$

$x = 0; \; v = 0; \; \dot{\varphi} = 0: \frac{1}{2}D\hat{x}^2 = \frac{1}{2}D^*\hat{\varphi}^2; \; \hat{\varphi} = \hat{x}\sqrt{D/D^*}$

$\hat{\varphi} = 0,05 \text{ m} \cdot \sqrt{\dfrac{20 \text{ N/m}}{0,025 \text{ Nm}}} = \sqrt{2} = 1,414 \mathrel{\hat{=}} 81°$

3.1.4 Gedämpfte lineare Eigenschwingungen

Aufgabe

Ein Eisenwürfel ($\rho = 7,8$ kg/dm^3) mit der Kantenlänge $l = 5$ cm ist an zwei Schraubenfedern aufgehängt. Diese haben entgegengesetzten Windungssinn, um die Anregung einer Drehschwingung zu verhindern (vgl. Aufgabe in Abschn. 3.1.3). Die Federn haben zusammen die Richtgröße $D = 40$ N/m. Die beiden Seitenflächen des Würfels gleiten im Abstand $d = 1$ mm zwischen zwei Wänden. Die Zwischenräume sind mit Schmieröl der Viskosität $\eta = 0,9$ kg/(m $\cdot$ s) bedeckt. Für die Reibungskraft kann die Beziehung $F = \eta A v / d$ benutzt werden.

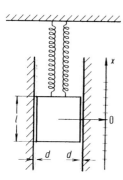

Abb. 3.1.4. Nur die Wände sind mit Schmieröl bedeckt.

a) Berechnen Sie den Abklingkoeffizienten δ und die Schwingungsdauern T_0 und T_d der ungedämpften und gedämpften freien Schwingung.

b) Wie groß ist das logarithmische Dekrement Λ?
   Wieviel Prozent der Amplitude ist nach zwei Schwingungen noch vorhanden?
   Wieviel mechanische Energie wird demnach in Wärmeenergie überführt, wenn die Federn zu Beginn der Schwingung um $x_0 = 20$ cm aus der Ruhelage ausgelenkt und dann losgelassen werden?

c) Bei welcher Viskosität η tritt der aperiodische Grenzfall ein?

Lösung

a) Reibungskraft: $F = \eta \cdot 2l^2 \cdot v/d = -kv$

Würfelmasse: $m = \rho V = \rho l^3 = 7{,}8 \cdot 10^3 \ \dfrac{\mathrm{kg}}{\mathrm{m}^3} \cdot (0{,}05 \ \mathrm{m})^3 = 0{,}975 \ \mathrm{kg}$

Abklingkoeffizient: $\delta = \dfrac{k}{2m} = \eta \dfrac{2l^2}{d \cdot 2\rho l^3} = \dfrac{\eta}{d\rho l}$

$\delta = \dfrac{0{,}9 \ \mathrm{kg/(m \cdot s)}}{10^{-3} \ \mathrm{m} \cdot 7{,}8 \cdot 10^3 \ \mathrm{kg/m^3} \cdot 0{,}05 \ \mathrm{m}} = 2{,}31 \ \mathrm{s}^{-1}$

$\omega_0 = \sqrt{\dfrac{D}{m}} = \sqrt{\dfrac{40 \ \mathrm{N/m}}{0{,}975 \ \mathrm{kg}}} = 6{,}41 \ \mathrm{s}^{-1}; \quad T_0 = 0{,}98 \ \mathrm{s}$

$\omega_\mathrm{d} = \sqrt{\omega_0^2 - \delta^2} = \sqrt{41{,}03 \ \mathrm{s}^{-2} - 5{,}33 \ \mathrm{s}^{-2}} = 5{,}98 \ \mathrm{s}^{-1}; \quad T_\mathrm{d} = 1{,}05 \ \mathrm{s}$

b) Logarithmisches Dekrement: $\Lambda = \delta T_\mathrm{d} = 2{,}31 \ \mathrm{s}^{-1} \cdot 1{,}05 \ \mathrm{s} = 2{,}43$

Amplitudenverhältnis: $\hat{x}_{n+1}/\hat{x}_n = e^{-\Lambda}$

Nach zwei Schwingungen: $\hat{x}_{n+2}/\hat{x}_n = (e^{-\Lambda})^2 = e^{-2{,}43 \cdot 2} = 7{,}8 \cdot 10^{-3} = 0{,}78\%$

Erzeugte Wärmemenge: $\Delta W = W_{\mathrm{pot},0} - W_{\mathrm{pot},2} = \dfrac{1}{2}D(\hat{x}_0^2 - \hat{x}_2^2) =$

$= \dfrac{1}{2}D\hat{x}_0^2 \cdot (1 - (7{,}8 \cdot 10^{-3})^2) \approx \dfrac{1}{2}D x_0^2 = \dfrac{1}{2} \cdot 40 \ \dfrac{\mathrm{N}}{\mathrm{m}} \cdot (0{,}2 \ \mathrm{m})^2 = 0{,}8 \ \mathrm{J}$

c) Bedingung für aperiodischen Grenzfall: $\omega_0 = \delta = \dfrac{\eta}{d\rho l}$

Viskosität $\eta = \omega_0 d\rho l = 6{,}41 \ \mathrm{s}^{-1} \cdot 10^{-3} \ \mathrm{m} \cdot 7{,}8 \cdot 10^3 \ \dfrac{\mathrm{kg}}{\mathrm{m}^3} \cdot 0{,}05 \ \mathrm{m} = 2{,}50 \ \dfrac{\mathrm{kg}}{\mathrm{m \cdot s}}$

3.1.5 Das gedämpfte Drehpendel

Die Überlegungen der Aufgabe 3.1.4b zu den gedämpften Linearschwingungen werden auf Drehschwingungen übertragen.

Das physikalische Pendel aus Aufgabe 2.1.2c wird geschwindigkeitsproportional gedämpft. Die Masse der Hohlkugel beträgt $m = 200 \ \mathrm{g}$, die errechnete Periodendauer des ungedämpften Pendels $T_0 = 1{,}423 \ \mathrm{s}$; der Abklingkoeffizient $\delta = 0{,}2 \ \mathrm{s}^{-1}$. Das Pendel wird mit der Anfangswinkelgeschwindigkeit $\dot{\varphi}_0 = 1{,}5 \ \mathrm{s}^{-1}$ aus der Ruhelage gestoßen.

a) Wie lautet die Gleichung $\varphi(t)$ für den Bewegungsablauf dieser Drehschwingung?

b) Wie groß ist die maximal mögliche Winkelamplitude $\hat{\varphi}_0$?

c) Wieviele Periodendauern T_d der gedämpften Schwingung muß man abwarten, bis die Winkelamplitude das erste Mal kleiner oder gleich 1% von $\hat{\varphi}_0$ wird?

d) Wie groß muß die Energiezufuhr pro Periodendauer T_d sein, damit der Energieverlust durch Dämpfung kompensiert wird, und die maximale Winkelgeschwindigkeit immer $\dot{\hat{\varphi}} = 1,5 \ \mathrm{s}^{-1}$ bleibt?

Lösung

a) $\varphi(t) = \hat{\varphi}e^{-\delta t}\sin\omega_d t$ (1)

$\dot{\varphi}(t) = -\hat{\varphi}\delta e^{-\delta t}\sin\omega_d t + \hat{\varphi}e^{-\delta t}\omega_d\cos\omega_d t$ (2)

$\dot{\varphi}(0) = \hat{\varphi}\omega_d$

Die Anfangswinkelgeschwindigkeit $\dot{\varphi}(0) = \dot{\varphi}_0$ ist gleichzeitig die maximal mögliche Winkelgeschwindigkeit $\dot{\hat{\varphi}}_0$ des Pendels.

Mit $\omega_d = \sqrt{\omega_0^2 - \delta^2}$ wird $\varphi(t) = \dfrac{\dot{\varphi}_0}{\omega_d}e^{-\delta t}\sin\omega_d t$,

wobei sich folgende Zahlenwerte ergeben:

$\omega_0 = 2\pi/T_0 = 2\pi/1,423 \ \mathrm{s} = 4,415 \ \mathrm{s}^{-1};$

$\omega_d = \sqrt{(4,415 \ \mathrm{s}^{-1})^2 - (0,2 \ \mathrm{s}^{-1})^2} = 4,411 \ \mathrm{s}^{-1}; \quad T_d = 1,425 \ \mathrm{s}^{-1};$

der Faktor der Exponentialfunktion ist

$\hat{\varphi} = 1,5 \ \mathrm{s}^{-1}/4,411 \ \mathrm{s}^{-1} = 0,340 \ \hat{=} \ 19,48°.$

b) $\varphi(t)$ wird extremal, wenn $\dot{\varphi}(t) = 0$. Mit Gl. (2) erhält man die zugehörige Zeit t_m aus

$\delta \cdot \sin(\omega_d t_m) = \omega_d \cdot \cos(\omega_d t_m)$

$\tan(\omega_d t_m) = \omega_d/\delta = 4,411 \ \mathrm{s}^{-1}/0,2 \ \mathrm{s}^{-1} = 22,055$

$$\omega_d t_m = 1,526; \quad t_m = 1,526/4,411 \text{ s}^{-1} = 0,346 \text{ s}$$

Man beachte, daß $t_m < T_d/4 = 0,356$ s ist.

Einsetzen in Gl. (1) ergibt

$$\hat{\varphi}_0 = 19,48° \cdot e^{-0,2 \text{ s}^{-1} \cdot 0,346 \text{ s}} \cdot \sin(4,411 \text{ s}^{-1} \cdot 0,346 \text{ s}) = 18,16°$$

c) $\hat{\varphi}_{k+1}/\hat{\varphi}_k = e^{-\delta T_d} = e^{-\Lambda}; \; k = 0, 1, 2, \ldots$

$$\hat{\varphi}_k/\hat{\varphi}_0 = e^{-k\Lambda}$$

$$k = -\frac{1}{\Lambda} \ln \frac{\hat{\varphi}_k}{\hat{\varphi}_0} = -\frac{1}{0,2 \text{ s}^{-1} \cdot 1,425 \text{ s}} \cdot \ln 0,01 = 16,16$$

Man muß also mindestens 17 Periodendauern abwarten.

d) Energieverlust nach einer Periodendauer T_d:

$$\Delta W = \hat{W}_{\text{kin},0} - \hat{W}_{\text{kin},1} = \frac{1}{2} J \hat{\varphi}_0^2 - \frac{1}{2} J \hat{\varphi}_1^2 =$$

$$= \frac{1}{2} J \hat{\varphi}_0^2 \left(1 - \hat{\varphi}_1^2/\hat{\varphi}_0^2 \right) = \frac{1}{2} J \hat{\varphi}_0^2 (1 - e^{-2\Lambda}),$$

weil wegen Gl. (2) gilt: $\hat{\varphi}_1(T_d)/\hat{\varphi}_0 = e^{-\delta T_d}$.

Nach Aufgabe 2.1.2c) ist das Trägheitsmoment des Pendels

$$J = \frac{2}{3} mr^2 + ms^2 = \frac{2}{3} 0,2 \text{ kg } (0,05 \text{ m})^2 + 0,2 \text{ kg } (0,5 \text{ m})^2 =$$

$$= 50,33 \cdot 10^{-3} \text{ m}^2\text{kg}$$

$$\Delta W = \frac{1}{2} \cdot 50,33 \cdot 10^{-3} \text{ m}^2\text{kg} \cdot (1,5 \text{ s}^{-1})^2 \cdot (1 - e^{-2 \cdot 0,2 \text{ s}^{-1} \cdot 1,425 \text{ s}}) =$$

$$= 56,62 \cdot 10^{-3} \text{ J} \cdot 434,5 \cdot 10^{-3} = 24,60 \cdot 10^{-3} \text{ J}$$

$$\frac{\Delta W}{T_d} = \frac{24,60 \cdot 10^{-3} \text{ J}}{1,425 \text{ s}} = 17,26 \text{ mW}$$

3.1.6 Erzwungene Schwingungen

Aufgabe

Der Aufbau, der in der Aufgabe in Abschn. 3.1.4 beschrieben ist, wird zur Erzeugung erzwungener Schwingungen verwendet. Dazu wird der Aufhängepunkt der Federn in harmonische Schwingungen versetzt.

a) Wie groß ist die Resonanzfrequenz ω_{res} des Pendels? Man verwende dazu die Lösung a) in Abschn. 3.1.4.

b) Welche Amplitude $\hat{x}_a$ darf die harmonische Bewegung des Aufhängepunktes des Pendels im Resonanzfall haben, damit dieses im eingeschwungenen Zustand nicht mehr als $\hat{x} = 20$ cm aus der gezeichneten Ruhelage ausgelenkt wird?

c) Wie groß ist dann die Phasendifferenz zwischen anregender und erzwungener Schwingung?

Lösung

a) $\omega_{res} = \sqrt{\omega_0^2 - 2\delta^2} = \sqrt{6,41^2 - 2 \cdot 2,31^2}$ s^{-1} = 5,52 s^{-1}

b) Gegeben: $\hat{x} = 20$ cm; gesucht: $\hat{x}_a$ bei $\omega_a = \omega_{res}$

$$\left(\frac{\hat{x}}{\hat{x}_a}\right)_{res} = \frac{\omega_0^2}{\sqrt{\left(\omega_0^2 - \omega_{res}^2\right)^2 + 4\delta^2\omega_{res}^2}} = \frac{\omega_0^2}{2\delta\sqrt{\omega_0^2 - \delta^2}} = \frac{\omega_0^2}{2\delta\omega_d}$$

$$\hat{x}_a = \frac{2\delta\omega_d}{\omega_0^2} \cdot \hat{x} = \frac{2 \cdot 2,31 \text{ s}^{-1} \cdot 5,98 \text{ s}^{-1}}{(6,41 \text{ s}^{-1})^2} \cdot 20 \text{ cm} = 13,5 \text{ cm}$$

c) $\tan\eta = \frac{2\delta\omega_{res}}{\omega_0^2 - \omega_{res}^2} = \frac{\omega_{res}}{\delta} = \frac{5,52 \text{ s}^{-1}}{2,31 \text{ s}^{-1}} = 2,39; \quad \eta = 67,3°$

3.1.7 Gedämpfter elektrischer Schwingkreis

Aufgabe

Ein elektrischer Schwingkreis besteht aus einem Kondensator mit der Kapazität $C = 200$ nF und einer Spule mit der Induktivität L. Die Luftspule hat die Länge

$l = 10$ cm und den Durchmesser $D = 5$ mm und ist einlagig dicht mit Kupferdraht bewickelt. Dieser hat den Durchmesser $d = 0,1$ mm und den spezifischen elektrischen Widerstand $\rho = 17,5 \cdot 10^{-9}$ Ωm. Der Ohmsche Widerstand der Verbindungsdrähte zwischen Kondensator und Spule kann vernachlässigt werden. Berechnen Sie in Analogie zur Aufgabe in Abschn. 3.1.4:

a) den Abklingkoeffizienten δ und die Schwingungsdauer der ungedämpften und gedämpften freien Schwingung des Kreises,

b) das logarithmische Dekrement Λ. Wieviel Prozent der Spannungsamplitude am Kondensator sind nach zwei vollen Schwingungen noch vorhanden?
Wieviel Energie ΔW ist dann in Wärmeenergie überführt worden, wenn am Kondensator zu Beginn des Schwingungsvorgangs eine Spannung $\hat{U}_0 = 10$ V gemessen wird?

c) Wie groß muß der Ohmsche Widerstand R des Kreises sein, damit man den aperiodischen Grenzfall erhält?

Lösung

a) Abklingkoeffizient: $\delta = \dfrac{R}{2L}$

Kreisfrequenz der ungedämpften Schwingung: $\omega_0 = \sqrt{\frac{1}{LC}}$

Kreisfrequenz der gedämpften Schwingung: $\omega_\mathrm{d} = \sqrt{\omega_0^2 - \delta^2}$

Widerstand der Spule: $R = \rho \dfrac{l_\mathrm{D}}{\pi r^2}$

Drahtlänge: $l_\mathrm{D} = n\pi D$; Windungszahl: $n = \dfrac{l}{d} = \dfrac{100 \text{ mm}}{0,1 \text{ mm}} = 1000$

$$R = \frac{17,5 \cdot 10^{-9}\ \Omega\text{m} \cdot 1000 \cdot \pi \cdot 5 \cdot 10^{-3}\ \text{m}}{\pi \cdot (0,05 \cdot 10^{-3}\ \text{m})^2} = 35,0\ \Omega$$

Induktivität der Spule: $L = \mu_0 \cdot \left(\dfrac{n}{\gamma_0}\right)^2 \cdot \dfrac{A}{l}$

$$L = 1,257 \cdot 10^{-6}\ \frac{\text{Wb} \cdot \text{Wb}}{\text{J} \cdot \text{m}} \cdot \left(\frac{1000}{1\ \text{Wb/Vs}}\right)^2 \cdot \frac{\pi \cdot (2,5 \cdot 10^{-3}\ \text{m})^2}{0,1\ \text{m}} =$$
$$= 0,247 \cdot 10^{-3}\ \text{H}$$

$$\delta = \frac{35,0\ \Omega}{2 \cdot 0,247 \cdot 10^{-3}\ \text{H}} = 70,9 \cdot 10^3\ \text{s}^{-1}$$

$$\omega_0 = \sqrt{\frac{1}{0,247 \cdot 10^{-3}\ \text{H} \cdot 200 \cdot 10^{-9}\ \text{F}}} = 0,142 \cdot 10^6\ \text{s}^{-1}$$

$$T_0 = 44,2 \cdot 10^{-6}\ \text{s}$$

$$\omega_d = \sqrt{(0,142 \cdot 10^6)^2 - (0,0709 \cdot 10^6)^2}\ \text{s}^{-1} = 0,123 \cdot 10^6\ \text{s}^{-1}$$

$$T_d = 51,1 \cdot 10^{-6}\ \text{s}$$

b) $\Lambda = \delta T_d = 70,9 \cdot 10^3\ \text{s}^{-1} \cdot 51,1 \cdot 10^{-6}\ \text{s} = 3,61$

$$\frac{\hat{U}_{n+1}}{\hat{U}_n} = \text{e}^{-\Lambda}; \quad \frac{\hat{U}_2}{\hat{U}_0} = \text{e}^{-2\Lambda} = \text{e}^{-2 \cdot 3,61} = 0,732 \cdot 10^{-3} = 0,07\%$$

$$\Delta W = W_{\text{el},0} - W_{\text{el},2} = \frac{1}{2}C(\hat{U}_0^2 - \hat{U}_2^2) \approx \frac{1}{2}C\hat{U}_0^2$$

$$\Delta W = \frac{1}{2} \cdot 200 \cdot 10^{-9}\ \text{F} \cdot (10\ \text{V})^2 = 10^{-5}\ \text{Ws}$$

c) $\omega_0 = \delta = \frac{R}{2L}$

$$R = 2L\omega_0 = 2 \cdot 0,247 \cdot 10^{-3}\ \text{H} \cdot 0,142 \cdot 10^6\ \text{s}^{-1} = 70,3\ \Omega$$

3.2 Akustik

Die Aufgaben in diesem Abschnitt behandeln akustische Wellen, deren Überlagerung und Wechselwirkung mit Hindernissen. Dazu gehören stehende Wellen, Dopplereffekt, Schwebungen und Beugung.
Diese Erscheinungen treten auch bei Wasserwellen und elektromagnetischen Wellen auf und können analog behandelt werden.

Intensität (Schallstärke) einer harmonischen Schallwelle:

$$S = \frac{P}{A} = \frac{1}{2}\rho\omega^2\hat{y}^2 c = \frac{1}{2} \cdot \frac{\hat{p}^2}{\rho c}, \quad \text{dabei ist:}$$

Amplitude $\hat{y}$ der Welle an der Stelle, an der S gemessen wird, Amplitude $\hat{p}$ der Druckdifferenz zum Ruhedruck, Schallgeschwindigkeit c.

Es gilt: $\hat{p} = \hat{y}\rho\omega c$

Meßbarer Effektivdruck: $p_{\text{eff}} = \dfrac{\hat{p}}{\sqrt{2}}$

Schallpegel: $L = 10 \cdot \log_{10}\dfrac{S}{S_0} = 10 \cdot \lg\dfrac{S}{S_0}$ mit der Mindestschallstärke (Bezugs-schallstärke) $S_0 = 10^{-12}$ W/m^2.

Winkelverteilung der Intensität bei der Beugung einer ebenen Welle der Wellenlänge λ, die senkrecht zur Spaltebene auf einen Spalt der Breite b fällt:

$$\frac{S}{S_z} = \left(\frac{\sin x}{x}\right)^2 \text{ mit } x = \frac{b}{\lambda}\pi \cdot \sin\varphi \text{ und}$$

Intensität im zentralen Maximum S_z, Ablenkwinkel φ zur Spaltnormalen. Die Lage der Minima k-ter Ordnung erhält man exakt aus $\sin\varphi = k\dfrac{\lambda}{b}$, wobei $k = 1, 2, 3, \ldots$ ist, die Lage der Maxima k-ter Ordnung exakt aus der Bedingung $\tan x = x$; angenähert gilt $\sin\varphi = \dfrac{2k+1}{2} \cdot \dfrac{\lambda}{b}$.

3.2.1 Stehende Longitudinalwellen

Aufgabe

Ein Quarzkristall für eine Quarzuhr soll mit der Frequenz $f = 1$ MHz schwingen. Wie lang muß der Kristall sein, damit er Longitudinalschwingungen in der 3. Oberschwingung (4. Eigenschwingung) ausführt?
Elastizitätsmodul: $E = 75 \cdot 10^9$ N/m^2; Dichte: $\rho = 2{,}65 \cdot 10^3$ kg/m^3.

Lösung

Schallgeschwindigkeit: $c = \sqrt{\dfrac{E}{\rho}} = \sqrt{\dfrac{75 \cdot 10^9 \text{ N/m}^2}{2{,}65 \cdot 10^3 \text{ kg/m}^3}} = 5320$ m/s

Zwei freie Enden: $l = k\dfrac{\lambda}{2}$; $k = 4$

$l = k\dfrac{c}{2f} = 4 \cdot \dfrac{5320 \text{ m/s}}{2 \cdot 10^6 \text{ s}^{-1}} = 10{,}64$ mm

3.2.2 Stehende Wellen in einer Feder und einer Luftsäule

Aufgabe

Eine Schraubenfeder der Länge $l = 0,2$ m, der Eigenmasse $m_0 = 30$ g und der Richtgröße $D = 10$ N/m ist am oberen Ende aufgehängt und schwingt frei.

a) Berechnen Sie aus der Analogie zu der Grundschwingung einer einseitig offenen Pfeife die Eigenfrequenz f_0 der Feder.

b) Welche Effektivmasse m_{eff} kann man der Feder zuschreiben? Dabei soll ein Körper der Masse m_{eff} am unteren Ende der als masselos gedachten Feder hängen und mit der Frequenz f_0 schwingen.

c) Wie groß ist die Ausbreitungsgeschwindigkeit c für Longitudinalwellen in der Feder?

d) Welche Dichte und Temperatur hat die Luft in der Luftsäule (Aufg. a), wenn deren Schallgeschwindigkeit c_L 100mal größer als die Geschwindigkeit c in Aufg. c) ist?
$p = 1$ bar; bei $T_0 = 273$ K: $\rho_0 = 1,293$ kg/m^3; $\kappa = 1,4$

Lösung

a) Grundschwingung: $l = \lambda/4$; $\lambda = 0,8$ m

Für elastische Medien gilt: $c = \sqrt{E/\rho}$, wobei $\dfrac{\Delta l}{l} = \dfrac{1}{E} \cdot \dfrac{F}{A}$

Bei Schwingungen idealer Gase ist $E = \kappa p$ zu setzen.

$$F = \frac{AE}{l}\Delta l = D\Delta l; \text{ Richtgröße } D = \frac{AE}{l} \text{ und } E = \frac{Dl}{A}$$

Es folgt: $c = \sqrt{\dfrac{Dl}{A\rho}}$

$$f_0 = \frac{c}{\lambda} = \frac{c}{4l} = \frac{1}{4}\sqrt{\frac{D}{lA\rho}} = \frac{1}{4}\sqrt{\frac{D}{m_0}}, \text{ wobei } m_0 \text{ die Masse der schwingenden}$$

Luftsäule ist, analog dazu die Federmasse.

$$f_0 = \frac{1}{4}\sqrt{\frac{10 \text{ N/m}}{0,03 \text{ kg}}} = 4,56 \text{ Hz}$$

b) $f_0 = \dfrac{1}{2\pi} \sqrt{\dfrac{D}{m_{\text{eff}}}} = \dfrac{1}{4} \sqrt{\dfrac{D}{m_0}}$; $m_{\text{eff}} = \dfrac{4}{\pi^2} \cdot m_0 = 12,16$ g

c) $c = \lambda f_0 = 0,8$ m $\cdot 4,56$ Hz $= 3,648$ m/s

d) $c_{\text{L}} = 364,8$ m/s; $c_{\text{L}} = \sqrt{\dfrac{\kappa p}{\rho}}$

Luftdichte: $\rho = \dfrac{\kappa p}{c_{\text{L}}^2} = \dfrac{1,4 \cdot 10^5 \text{ N/m}^2}{(364,8 \text{ m/s})^2} = 1,052$ kg/m^3

$p = $ konst.:

$$T_1 = T_0 \dfrac{\rho_0}{\rho_1} = 273 \text{ K} \cdot \dfrac{1,293 \text{ kg/m}^3}{1,052 \text{ kg/m}^3} = 336 \text{ K} \mathbin{\widehat{=}} 63\,^\circ\text{C}$$

3.2.3 Dopplereffekt

Aufgabe

Eine Rangierlokomotive fährt senkrecht von einer Mauerfront geradlinig mit der Geschwindigkeit $v = 10$ km/h weg. Sie fährt auf einen Mann zu, der auf den Schienen steht.

a) Die Signalhupe sendet einen Ton der Frequenz $f_0 = 500$ Hz aus. Welche Schwebungsfrequenz hört der Beobachter?

b) Auf der Lok ist ein Laser montiert, der über einen Strahlteiler sowohl zur Wand als auch zum Beobachter einen Lichtstrahl mit der Wellenlänge $\lambda_0 = 632,8$ nm sendet. Der an einem Spiegel an der Wand reflektierte Strahl wird mit dem direkt beim Beobachter ankommenden Strahl überlagert. Die entstehende Schwebungsfrequenz wird über eine geeignete Elektronik gemessen. Welche Frequenz wird registriert? Wie langsam müßte die Lok fahren, damit dieselbe Schwebungsfrequenz wie in Aufg. a) angezeigt wird?

Lösung

a) Direkt von der Lok: $f_{\text{L}} = \dfrac{f_0}{1 - v/c}$; $c = $ Schallgeschwindigkeit

Die Wand empfängt und reflektiert: $f_{\text{W}} = \dfrac{f_0}{1 + v/c}$

Schwebungsfrequenz: $f_S = f_L - f_W = f_0 \left(\dfrac{1}{1 - v/c} - \dfrac{1}{1 + v/c} \right) = \dfrac{2(v/c)f_0}{1 - (v/c)^2}$

$v \ll c : f_S \approx 2\dfrac{v}{c}f_0 = \dfrac{2 \cdot 10 \text{ m/s} \cdot 500 \text{ Hz}}{3,6 \cdot 340 \text{ m/s}} = 8,17 \text{ Hz}$

b) Direkt vom Laser: $f_L = \dfrac{f_0(1 + v/c)}{\sqrt{1 - (v/c)^2}}$

von der Wand: $f_W = \dfrac{f_0(1 - v/c)}{\sqrt{1 - (v/c)^2}}$

$f_S = f_L - f_W = \dfrac{2(v/c)f}{\sqrt{1 - (v/c)^2}}$; $c = $ Lichtgeschwindigkeit

$v \ll c :$ $f_S \approx 2\dfrac{v}{c}f_0 = \dfrac{2v}{\lambda_0} = \dfrac{2 \cdot 10 \text{ m/s}}{3,6 \cdot 632,8 \cdot 10^{-9} \text{ m}} = 8,78 \text{ MHz}$

Wenn $f_S = 8,17$ Hz, dann erhält man

$v = \dfrac{1}{2}f_S \lambda_0 = \dfrac{1}{2} \cdot 8,17 \text{ s}^{-1} \cdot 632,8 \cdot 10^{-9} \text{ m} = 2,59 \text{ μm/s}$

3.2.4 Sonar-Ortung von U-Booten

Aufgabe

Ein Schiff ruht auf der Meeresoberfläche. Es sendet kurze sinusförmige Ultra-schallwellenzüge der Frequenz $f_0 = 50$ kHz unter $\sphericalangle \, \beta = 30°$ zur Vertikalen zu einem U-Boot (Sonar-Prinzip).

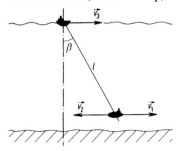

Abb. 3.2.4. Die Geschwindigkeitsvektoren $\vec{v}_1$, $\vec{v}_2$ $\vec{v}_3$ werden in Aufg. a), b), c) benötigt.

a) Der am Boot reflektierte Wellenzug trifft nach 3,2 s wieder beim Schiff ein. Wie weit ist das Boot von diesem entfernt?

b) Das U-Boot empfängt die Wellenzüge mit einer um $\Delta f_1 = 150$ Hz tieferen Frequenz. Welche Horizontalgeschwindigkeit $|\vec{v}_1|$ hat es?

c) Welche Horizontalgeschwindigkeit $|\vec{v}_2|$ hat das Boot, wenn das Schiff vom Boot reflektierte Wellenzüge registriert, deren Frequenz um $\Delta f_2 = 200$ Hz höher als f_0 liegt (Näherung für $|\vec{v}_2| \ll c$)?

d) Welche Horizontalgeschwindigkeit $|\vec{v}_2|$ hat das Boot, wenn sich außerdem das Schiff mit $|\vec{v}_3| = 30$ km/h parallel zum Boot bewegt und die Frequenz der reflektierten Wellenzüge um $\Delta f_3 = 500$ Hz über f_0 liegt (Näherung für $|\vec{v}_3| \ll c$)?

e) Wie hängt die relative Frequenzänderung von den Geschwindigkeiten ab?

Kompressibilität von Wasser $\alpha = 46 \cdot 10^{-6}$ bar^{-1}.

Lösung

a) Schallgeschwindigkeit in Wasser:

$$c = \sqrt{\frac{1}{\alpha\rho}} = \sqrt{\frac{1}{0,46 \cdot 10^{-9} \text{ m}^2/\text{N} \cdot 10^3 \text{ kg/m}^3}} = 1474,4 \text{ m/s}$$

Entfernung: $l = \frac{1}{2}c\Delta t = \frac{1}{2} \cdot 1474,4 \frac{\text{m}}{\text{s}} \cdot 3,2 \text{ s} = 2359$ m

b)

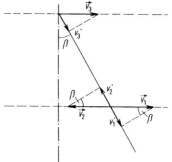

Abb. 3.2.4b. Projektionen v_i' der Geschwindigkeitsvektoren $\vec{v}_i$ auf die Verbindungslinie Schiff–U-Boot zur Ermittlung der wirksamen Komponente.
$v_i' = |\vec{v}_i| \cdot \sin 30° = \frac{1}{2}v_i;\ i = 1, 2, 3$

Das U-Boot empfängt $f = f_0 \cdot \left(1 - \dfrac{v_1'}{c}\right)$

$$v_1' = c\frac{\Delta f_1}{f_0} = 1474,4\ \frac{\text{m}}{\text{s}} \cdot \frac{150\ \text{Hz}}{50\,000\ \text{Hz}} = 4,423\ \text{m/s}$$

$$v_1 = \frac{v_1'}{\sin 30°} = 8,85\ \text{m/s} = 31,9\ \text{km/h}$$

c) Das Boot empfängt $f_1 = f_0 \cdot \left(1 + \dfrac{v_2'}{c}\right)$

das Schiff empfängt

$$f_2 = f_1 \cdot \frac{1}{1 - v_2'/c} = f_0 \cdot \frac{1 + v_2'/c}{1 - v_2'/c} \tag{1}$$

Auflösung nach v_2':

$$v_2' = c\frac{f_2 - f_0}{f_2 + f_0} \approx c\frac{\Delta f_2}{2f_0} = 1474,4\ \frac{\text{m}}{\text{s}} \cdot \frac{200\ \text{Hz}}{2 \cdot 50\,000\ \text{Hz}} = 2,95\ \text{m/s}$$

$$v_2 = 5,90\ \text{m/s} = 21,2\ \text{km/h}$$

d) Die in c) bei (1) verwendeten Gleichungen sind hier entsprechend auch auf das Schiff als bewegter Sender und Empfänger anzuwenden. Es empfängt:

$$f_3 = f_0\frac{(1 + v_2'/c)(1 + v_3'/c)}{(1 - v_2'/c)(1 - v_3'/c)}$$

Auflösung nach v_2':

$$v_2' = c\frac{\Delta f_3 - (2f_0 + \Delta f_3) \cdot v_3'/c}{2f_0 + \Delta f_3 - \Delta f_3 \cdot v_3'/c} \approx c\frac{\Delta f_3 - 2f_0 \cdot v_3'/c}{2f_0} \tag{2}$$

Mit $v_3'/c = v_3/c \cdot \sin 30° = 2,826 \cdot 10^{-3}$ wird

$$v_2' \approx 1474,4\ \text{m/s} \cdot \frac{500\ \text{Hz} - 2 \cdot 50\,000\ \text{Hz} \cdot 2,826 \cdot 10^{-3}}{2 \cdot 50\,000\ \text{Hz}} =$$

$$= 3,21\ \text{m/s}$$

$$v_2 = 6,41\ \text{m/s} = 23,1\ \text{km/h}$$

e) Auflösung von Gl. (2):
$\Delta f_3/f_0 \approx 2(v_2' + v_3')/c$ (Faktor 2 wegen Reflexion!)

3.2.5 Überschallgeschwindigkeit

Aufgabe

Ein Flugzeug fliegt mit doppelter Schallgeschwindigkeit in der Höhe $h = 3000$ m über ein Haus hinweg. Wie weit ist das Flugzeug vom Haus entfernt, wenn der Überschallknall die Fenster zum Klirren bringt?
Aus welcher Richtung $\sphericalangle\,\vartheta$ zur Horizontalen kommt der Knall auf das Haus zu?
Skizze!
(Vergleichen Sie dazu auch die Aufgabe in Abschn. 6.7.)

Lösung

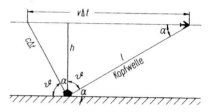

Abb. 3.2.5. Die Kopfwelle hat die Form eines Kegelmantels um die Flugrichtung. Der Überschallknall entsteht, wenn diese über das Haus zieht.

$$\sin\alpha = \frac{c}{v} = \frac{h}{l} = \cos\vartheta$$

$$l = h\frac{v}{c} = 2h = 6000 \text{ m}$$

$$\cos\vartheta = \tfrac{1}{2}; \quad \sphericalangle\,\vartheta = 60° \text{ zur Horizontalen}$$

3.2.6 Überlagerung von Schallwellen

Aufgabe

Zwei Lautsprechergruppen, die auf Sportplätzen verwendet werden, stehen im Abstand $a = 200$ m voneinander und senden harmonische Kugelwellen aus. Der erste Sender A mit einer mittleren Leistung $P_1 = 50$ W sendet mit der Frequenz $f_1 = 1000$ Hz, der zweite Sender B mit der mittleren Leistung $P_2 = 80$ W sendet mit der Frequenz $f_2 = 1002$ Hz.

a) Berechnen Sie die Amplitude $\hat{y}$ der Schallwellen als Funktion des Abstands r vom Sender für jede der beiden Lautsprechergruppen.

b) An welcher Stelle C zwischen beiden Sendern hört man die ausgeprägte Schwebung, deren Schallstärke periodisch zwischen null und ihrem Maximalwert schwankt?
Wie groß ist die Schwingungsdauer T_s der Schwebung?

c) Wie groß sind an dieser Stelle die Amplitude des Ausschlags, die Amplitude der Schwankung des Schalldrucks und der Effektivdruck für jeden der Sender?
Wie groß sind jeweils Schallstärke S und Schallpegel L der Einzelsender?

d) Wie groß können bei der Überlagerung die Amplitude des Ausschlags, die Schallstärke und der Schallpegel werden?

Luft bei $\vartheta = 20\,^\circ\mathrm{C}$ und $p = 1013$ mbar: $\rho = 1,205$ kg/m^3; $\kappa = 1,4$

Lösung

a) Kugelwellen um A und B: Fläche $A = 4\pi r^2$

$$P = SA = \frac{1}{2}\rho\omega^2\hat{y}^2 c \cdot 4\pi r^2; \quad \hat{y} = \frac{1}{2\pi f r}\sqrt{\frac{P}{2\pi\rho c}}$$

$$c = \sqrt{\frac{\kappa p}{\rho}} = \sqrt{\frac{1,4 \cdot 1,013 \cdot 10^5 \text{ N/m}^2}{1,205 \text{ kg/m}^3}} = 343 \text{ m/s}$$

$$\hat{y}_A = \frac{1}{2\pi \cdot 1000 \text{ s}^{-1} \cdot r}\sqrt{\frac{50 \text{ W}}{2\pi \cdot 1,205 \text{ kg/m}^3 \cdot 343 \text{ m/s}}} =$$

$$= \frac{1}{r} \cdot 22,08 \cdot 10^{-6} \text{ m}^2$$

$$\hat{y}_B = \frac{1}{2\pi \cdot 1002 \text{ s}^{-1} \cdot r}\sqrt{\frac{80 \text{ W}}{2\pi \cdot 1,205 \text{ kg/m}^3 \cdot 343 \text{ m/s}}} =$$

$$= \frac{1}{r} \cdot 27,88 \cdot 10^{-6} \text{ m}^2$$

b) Schwebung an der Stelle C, bei der (1) $\hat{y}_A = \hat{y}_B$, wobei (2) $r_1 + r_2 = a$.

Gl. (1): $\dfrac{22,08 \cdot 10^{-6} \text{ m}^2}{r_1} = \dfrac{27,88 \cdot 10^{-6} \text{ m}^2}{r_2}$; $r_1 = 0,792 \cdot r_2$

Gl. (2): $r_2 = 200$ m $- 0,792 \cdot r_2$; $r_2 = 111,6$ m; $r_1 = 88,4$ m

Schwebungsschwingungsdauer: $T_s = \dfrac{1}{f_s} = \dfrac{1}{f_2 - f_1} = 0,5$ s

c) In C: $\hat{y}_1 = \dfrac{22,08 \cdot 10^{-6}\ \text{m}^2}{88,4\ \text{m}} = 249,8 \cdot 10^{-9}$ m $= \hat{y}_2$

Maximaldrücke: $\hat{p}_i = \hat{y}_i \rho \omega_i c$; $i = 1,2$

$\hat{p}_1 = 249,8 \cdot 10^{-9}$ m $\cdot 1,205$ kg/m$^3 \cdot 2\pi \cdot 1000$ s$^{-1} \cdot 343$ m/s $=$
$\qquad = 0,6487$ N/m^2

$p_{1,\text{eff}} = \hat{p}_1/\sqrt{2} = 0,4587$ N/m^2

$\hat{p}_2 = 249,8 \cdot 10^{-9}$ m $\cdot 1,205$ kg/m$^3 \cdot 2\pi \cdot 1002$ s$^{-1} \cdot 343$ m/s $=$
$\qquad = 0,6500$ N/m^2

$p_{2,\text{eff}} = \hat{p}_2/\sqrt{2} = 0,4596$ N/m$^2 \approx p_{1,\text{eff}}$

Schallstärke $=$ Intensität $S = p_{\text{eff}}^2/(\rho c)$

$S_1 = \dfrac{(0,4587\ \text{N/m}^2)^2}{1,205\ \text{kg/m}^3 \cdot 343\ \text{m/s}} = 0,509 \cdot 10^{-3}$ W/m^2

$S_2 = \dfrac{(0,4596\ \text{N/m}^2)^2}{1,205\ \text{kg/m}^3 \cdot 343\ \text{m/s}} = 0,511 \cdot 10^{-3}$ W/m$^2 \approx S_1$

Schallpegel $L = 10 \cdot \lg(S/S_0)$; $S_0 = 10^{-12}$ W/m^2

$L_1 = 10 \cdot \lg(0,509 \cdot 10^{-3}/10^{-12}) = 87,06$ dB

$L_2 = 10 \cdot \lg(0,511 \cdot 10^{-3}/10^{-12}) = 87,08$ dB $\approx L_1$

d) Überlagerung: Schwebung mit der Mittenfrequenz

$f_m = \dfrac{1}{2}(f_1 + f_2) = 1001$ Hz

Möglich ist eine gleichphasige Addition der Amplituden:

$\hat{y}_s = 2\hat{y}_1 = 499,6 \cdot 10^{-9}$ m

$S_s = \dfrac{1}{2}\rho c \omega_m^2 \hat{y}_s^2 = \dfrac{1}{2} \cdot 1,205$ kg/m$^3 \cdot 343$ m/s $\cdot (2\pi \cdot 1001$ s$^{-1} \cdot 499,6 \cdot 10^{-9}$ m$)^2 =$
$\qquad = 2,0404 \cdot 10^{-3}$ W/m$^2 \approx 4 \cdot S_1$

$L_s = 10 \cdot \lg(2,0404 \cdot 10^{-3}/10^{-12}) = 93,1$ dB

3.2.7 Beugung von Schallwellen

Aufgabe

Aus einer offenen Türe der Breite $b = 1$ m dringt Lärm aus einem Maschinenraum. Man unterscheidet zwei Anteile:
Einen Pfeifton der Frequenz $f_1 = 1$ kHz und ein Zischen mit Frequenzen ab $f_2 = 9$ kHz aufwärts. Wir rechnen im folgenden mit der Grenzfrequenz f_2, weil die Empfindlichkeit des Ohres für Frequenzen $f > f_2$ abnimmt.
Ein Mann steht in großem Abstand im geometrischen Schatten hinter der Tür, im Winkel von 30° zur Durchgangsrichtung. Er hört im wesentlichen den tieferen Ton und erklärt dies durch die starke Intensitätsabnahme der Beugungsmaxima höherer Ordnung. Es wird angenommen, daß die Schallwellen als ebene Wellen senkrecht auf die Türfläche auftreffen.

a) In welcher Ordnung hört er den Pfeifton bzw. den Grenzton (f_2)?

b) Wie weit muß die Tür mindestens geschlossen werden, damit der Pfeifton im ganzen Raum hörbar wird?
   In welcher Ordnung hört er dann den Grenzton?

Schallgeschwindigkeit $c = 340$ m/s

Lösung

a) Beugungsmaxima bei $\sin \varphi = \dfrac{2k+1}{2} \cdot \dfrac{\lambda}{b}$; $k = 1, 2, 3, \ldots$

$$k = \frac{b}{\lambda} \sin \varphi - \frac{1}{2}$$

$$\lambda_1 = \frac{340 \text{ m/s}}{1000 \text{ s}^{-1}} = 34 \text{ cm},$$

daraus: $k = \dfrac{100 \text{ cm}}{34 \text{ cm}} \cdot \sin 30° - \dfrac{1}{2} = 0,97 \approx 1$. Ordnung

$\lambda_2 = 3,8$ cm, daraus $k = 12,7 \approx 13$. Ordnung; diese ist nur sehr schwach hörbar (vgl. Aufgabe in Abschn. 3.2.8).

b) Minimum 1. Ordnung bei $\varphi = 90°$ ergibt $b = \lambda_1 = 34$ cm

daraus folgt: $k_2 = \dfrac{34 \text{ cm}}{3,8 \text{ cm}} \cdot \sin 30° - \dfrac{1}{2} = 3,97 \approx 4$. Ordnung

Diese hat eine höhere Intensität als das Maximum bei $k = 13$ und ist somit besser hörbar.

Bei a) und b) werde vorausgesetzt, daß Reflexionen keine Rolle spielen.

3.2.8 Intensitätsverteilung bei der Beugung

Aufgabe

Zur quantitativen Behandlung der Aufgabe in Abschn. 3.2.7 wird das Schallfeld hinter einem Spalt, auf den eine ebene harmonische Welle senkrecht zur Spaltfläche fällt, mit einem Schallpegelmesser abgetastet. Im zentralen Maximum mißt man einen Schallpegel von $L_z = 80$ dB.

a) Zeigen Sie, daß die Intensität (Schallstärke) S_k im Maximum der k-ten Ordnung nur von k abhängt. Verwenden Sie die Näherungsformel für die Lage der Maxima.

b) Berechnen Sie für die Maxima der Ordnung $k = 1$ bis 5 und $k = 13$ die Schallstärken und Schallpegel.

Lösung

a) Lage des k-ten Maximums: $\sin \varphi_k = \dfrac{2k+1}{2} \cdot \dfrac{\lambda}{b}$; $k = 1, 2, 3, \ldots$

Relative Schallstärke im k-ten Maximum:

$$\frac{S_k}{S_z} = \left(\frac{\sin x_k}{x_k} \right)^2 = \frac{1}{x_k^2},$$

weil $x_k = \dfrac{b}{\lambda} \pi \cdot \sin \varphi_k = \dfrac{2k+1}{2} \cdot \pi$ und $\sin x_k = \pm 1$

b) Schallpegel im zentralen Maximum: $L_z = 10 \cdot \lg \dfrac{S_z}{S_0} = 80$ dB

Schallstärke: $S_z = S_0 \cdot 10^{L_z/10} = 10^{-12} \dfrac{\text{W}}{\text{m}^2} \cdot 10^8 = 10^{-4} \dfrac{\text{W}}{\text{m}^2}$

Schallstärke im k-ten Maximum: $S_k = S_z/x_k^2 = 10^{-4} \dfrac{\text{W}}{\text{m}^2} \cdot \left(\dfrac{2}{(2k+1)\pi} \right)^2$

Schallpegel im k-ten Maximum: $L_k = 10 \cdot \lg\dfrac{S_k}{S_0} = 10 \cdot \lg\dfrac{S_z}{S_0 x_k^2} = 10 \cdot \lg\dfrac{10^8}{x_k^2}$

k	$S_k/(1 \ \mathrm{W/m}^2)$	$L_k/1 \ \mathrm{dB}$	
Zentr.	$100 \ \cdot 10^{-6}$	80,0	„lauter Straßenlärm"
1	$4,503 \cdot 10^{-6}$	66,5	
2	$1,621 \cdot 10^{-6}$	62,1	
3	$0,827 \cdot 10^{-6}$	59,2	
4	$0,500 \cdot 10^{-6}$	57,0	
5	$0,335 \cdot 10^{-6}$	55,3	
13	$0,056 \cdot 10^{-6}$	47,5	„Zimmerlautstärke"

3.3 Geometrische Optik

Dieser Abschnitt erscheint deshalb in Kap. 3, weil die geometrische Optik als Grenzfall der Wellenoptik für kleine Wellenlängen betrachtet werden kann. Dann können Beugungserscheinungen vernachlässigt werden. Somit kann die Ausbreitung des Lichts „mit dem Lineal" behandelt werden.
Die Bezeichnung der physikalischen Größen, die Vorzeichenregelung und Schreibweise der Gleichungen erfolgt nach DIN 1335. Wir beschränken uns in den Aufgaben auf dünne Linsen in Luft. Objektseitige und bildseitige Hauptebenen H und H' fallen dann zusammen. Trotz dieser Vereinfachung wird damit die Arbeitsweise von optischen Geräten gut beschrieben. Ein Teil der Aufgaben ist auch für jeden ernsthaften Fotoamateur von praktischem Nutzen.
Die Bedeutung der Strecken und Punkte wird aus Abb. 3.3 ersichtlich.

Abbildungsgleichung: $\dfrac{1}{f'} = \dfrac{1}{a'} - \dfrac{1}{a}$

Brennweite aus den Radien der Linsenoberflächen und der Brechzahl des Glases:

$$f' = \frac{1}{n-1} \cdot \frac{r_1 r_2}{r_2 - r_1}$$

Abb. 3.3. Die Vorzeichen der eingezeichneten Strecken wurden an deren Bezeichnungen angefügt. Für dünne Linsen in Luft gilt $f' = -f$. Der Winkel σ eines Strahls gegen die optische Achse im Objektraum wird positiv gerechnet, wenn der Strahl die Achse von oben kommend trifft, im anderen Fall negativ. Dasselbe gilt im Bildraum für einen Winkel σ' (nicht eingezeichnet). Die ungestrichenen Größen gehören zum Objektraum, die gestrichenen zum Bildraum.

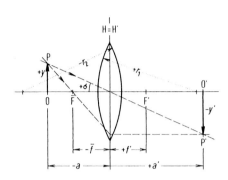

Brennweite einer Linsenkombination aus zwei Linsen im Abstand $e > 0$:

$$f' = \frac{f_1' f_2'}{f_1' + f_2' - e}$$

Abbildungsmaßstab: $\beta' = \dfrac{y'}{y} = \dfrac{a'}{a}$

Vergrößerung optischer Instrumente: $\varGamma' = \dfrac{\tan \sigma'}{\tan \sigma}$

σ Sehwinkel ohne; σ' Sehwinkel mit Instrument

Es ist wichtig, β' und $\varGamma'$ begrifflich auseinanderzuhalten.

Lupe: $\varGamma_{\mathrm{L}}' = -\dfrac{a_s}{f'}$; Bezugssehweite (deutliche Sehweite) $a_s = -250$ mm; das Auge muß auf ∞ akkommodiert sein.

Fernrohr bei afokaler Einstellung: $\varGamma_{\mathrm{F}}' = \dfrac{f_{\mathrm{Ob}}'}{f_{\mathrm{Ok}}'}$

Standardvergrößerung des *Mikroskops:*

$$\varGamma_{\mathrm{M}}' = \beta_{\mathrm{Ob}}' \cdot \varGamma_{\mathrm{Ok}}' = \frac{t a_s}{f_{\mathrm{Ob}}' \cdot f_{\mathrm{Ok}}'}; \quad \text{optische Tubuslänge } t > 0;$$

das Auge muß auf ∞ akkommodiert sein. β_{Ob}' ist der Abbildungsmaßstab des Objektivs, $\varGamma_{\mathrm{Ok}}'$ die Vergrößerung des Okulars.

Blendenzahl k (reziprokes Öffnungsverhältnis) eines fotografischen Objektivs:

$$k = \frac{f'}{D_{\mathrm{EP}}}$$

mit dem Durchmesser der Eintrittspupille D_{EP} ($\approx$ Linsendurchmesser D).

3.3.1 Brechung von Schall und Licht

Aufgabe

Ein Wanderer steht an einem flachen Gebirgsbach und macht sich Gedanken über zwei Erscheinungen:

a) Vom Grund des Baches dringt das Mahlgeräusch der Steine nach außen. Nähert man sich dem Ufer, so nimmt man das Geräusch erst wahr, wenn man nahe genug herankommt. Wie groß ist der Winkel ϵ_2, von dem ab man Geräusche wahrnimmt?

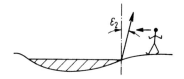

Abb. 3.3.1. Der gesuchte Grenzwinkel wird bezüglich der Vertikalen gemessen.

b) Am Grund des Baches sitzt ein Frosch. Dieser sieht den Mond unter einem Winkel von 45° zur Vertikalen, dann taucht er auf. Unter welchem Winkel sieht er jetzt den Mond?

Schallgeschwindigkeit in Wasser: $c_1 = 1500 \frac{m}{s}$; in Luft: $c_2 = 340 \frac{m}{s}$
Brechzahl von Wasser: $n = 1,33$

Lösung

a) Bei Schall: Der größte Winkel ϵ_2, unter dem man im Medium 2 Geräusche hört, ist der Grenzwinkel der Totalreflexion $\epsilon_{2,g}$. Hier ist $\epsilon_1 = 90°$.

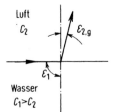

Abb. 3.3.1a. Kehrt man die Laufrichtung des Schalls um, so ist $\epsilon_{2,g}$ der größte Winkel, unter dem der Schall ins Wasser eindringen kann.

Brechungsgesetz: $\dfrac{\sin \epsilon_1}{\sin \epsilon_2} = \dfrac{c_1}{c_2}$

$$\sin \epsilon_{2,g} = \frac{c_2}{c_1} \sin 90° = \frac{340 \text{ m/s}}{1500 \text{ m/s}}; \quad \epsilon_{2,g} = 13,1°$$

b) Bei Licht: $\dfrac{\sin \epsilon_1}{\sin \epsilon_2} = \dfrac{n_2}{n_1} = \dfrac{1}{n}$

$\sin \epsilon_2 = n \cdot \sin \epsilon_1 = 1,33 \cdot \sin 45°$

$\epsilon_2 = 70,1°$

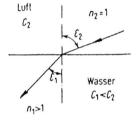

Abb. 3.3.1b. Um die Bezeichnungen einheitlich zu halten, wurde auch hier für die Luft der Index 2 verwendet, obwohl der Lichtstrahl von Luft ins Wasser verläuft.

3.3.2 Streifenleiter für die Integrierte Optik

Für die Integrierte Optik können streifenförmige Lichtwellenleiter aus Glas mit rechteckigen Querschnitten verwendet werden. Die Brechzahl soll bei einer Wellenlänge $\lambda = 850$ nm $n_1 = 1,460$ betragen. Der Leiter wird auf ein Glassubstrat aufgebracht, das gegenüber dem Streifenleiter eine um 1% kleinere Brechzahl hat.

a) Zunächst soll ein Lichtstrahl von Luft ($n_0 = 1$) kommend unter einem beliebigen Winkel ϵ_0 auf die Stirnfläche des Streifenleiters treffen (siehe Abb. 3.3.2). Unter welchen Winkeln ϵ_0' dringen Lichtstrahlen in den Streifenleiter ein? Unter welchen Winkeln ϵ_1 werden sie reflektiert?

b) Berechnen Sie die Grenzwinkel $\epsilon_{1,g}$ der Totalreflexion an den Punkten A und B. Welcher der beiden Grenzwinkel ist für die Fortleitung des Lichts im Streifenleiter maßgebend?

c) Unter welchen Winkeln ϵ_0 muß Licht die Stirnfläche treffen, damit es im Leiter fortgeleitet wird?

d) Berechnen Sie die Laufzeitdifferenz τ pro Streifenlänge L zwischen zwei Licht-impulsen, wenn der eine unter dem Grenzwinkel der Totalreflexion fortgeleitet wird und der andere mit $\epsilon_0 = 0°$ den Leiter geradlinig durchläuft.

e) Wie groß ist dann die relative Laufzeitdifferenz $\tau/\Delta t$ zweier Lichtimpulse, wenn Δt die Laufzeit des ohne Reflexion hindurchgehenden Impulses ist?

f) Was folgt aus den Ergebnissen von Teil d) und e) für die Wahl der Brechzahlen n_1 und n_2 beim praktischen Einsatz?

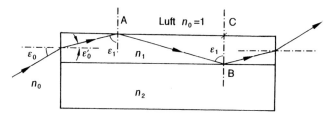

Abb. 3.3.2. Strahlengang durch den Lichtwellenleiter (Streifenleiter) für einen total reflek-tierten Lichtstrahl; qualitativ.

Lösung

a) Brechungsgesetz an der Stirnfläche: $\dfrac{\sin \epsilon_0'}{\sin \epsilon_0} = \dfrac{n_0}{n_1}$

Für $\epsilon_0 = 90°$: $\sin \epsilon_0' = \dfrac{n_0}{n_1} = \dfrac{1}{1,460} = 0,685$; $\epsilon_0' = 43,23°$

Im Streifenleiter sind möglich: $0° \leq \epsilon_0' \leq 43,23°$

Mögliche Reflexionswinkel: $\epsilon_1 = 90° - \epsilon_0'$; $46,77° \leq \epsilon_1 \leq 90°$

b) In A: $\sin \epsilon_{1,g} = n_0/n_1 = 1/1,460 = 0,685$; $\epsilon_{1,g} = 43,23°$

In B: $\sin \epsilon_{1,g} = n_2/n_1 = 0,99$; $\epsilon_{1,g} = 81,89°$

Maßgebend ist der größere der beiden Winkel. Lichtstrahlen mit $\epsilon_1 \leq 81,89°$ werden in B nicht total reflektiert. Außerdem ist aus der Lösung der Aufgabe a) ersichtlich, daß es für $\epsilon_1 < 46,77°$ keine Lichtstrahlen im Leiter gibt.

c) Für $\epsilon_{1,g} = 81,89°$ ist $\epsilon_0' = 90° - 81,89° = 8,11°$

$\sin \epsilon_0 = n_1/n_0 \cdot \sin \epsilon_0' = 1,460 \cdot \sin 8,11° = 0,206$; $\epsilon_0 = 11,89°$

Mögliche Auftreffwinkel: $0 \leq \epsilon_0 < 11,89°$

d) Wir setzen $L = \text{AC}$ und $s = \text{AB}$.

$sin\epsilon_{1,\text{g}} = L/s$; $\sin\epsilon_{1,\text{g}} = n_2/n_1$; $s = L \cdot n_1/n_2$

Laufwegunterschied: $\Delta s = s - L = L(n_1/n_2 - 1) = L \cdot \frac{n_1 - n_2}{n_2} \approx L \cdot \frac{\Delta n}{n}$

mit $n \approx n_1 \approx n_2$, weil $\Delta n \ll n$ ist.

Laufzeitdifferenz: $\tau = \dfrac{\Delta s}{c_1} = \dfrac{n_1}{c_0} \cdot \dfrac{\Delta n}{n} \cdot L \approx L \cdot \Delta n/c_0$

$\tau/L = \Delta n/c_0 = 0,01 \cdot 1,460/2,998 \cdot 10^8 \text{ m/s} = 48,70 \text{ ps/m} =$

$\qquad = 48,70 \text{ ns/km}$

e) $\Delta t = L/c_1 = L \cdot n_1/c_0$

$\dfrac{\tau}{\Delta t} = \dfrac{\Delta n}{c_0} \cdot L \cdot \dfrac{c_0}{L \cdot n_1} \approx \dfrac{\Delta n}{n}$,

also gleich dem relativen Brechzahlunterschied von 1%.

f) Einzelne Energieanteile eines optischen Impulses laufen auf verschiedenen Wegen durch den Leiter. Ihre zeitlichen Verzögerungen ergeben eine Verbreiterung des Impulses. Diese ist umso geringer, je kleiner der Brechzahlunterschied zwischen Kern und Mantel ist.

3.3.3 Dämpfung eines Lichtwellenleiters (LWL)

Informationen werden heute vielfach über Glasfasern mit optischen Impulsen über eine Lichtwellenleiter-Übertragungsstrecke weitergegeben. Wir betrachten eine LWL-Strecke mit einer Länge $L = 20$ km. Das längenbezogene Dämpfungsmaß der Faser beträgt $a/L = 2$ dB/km. Die Strecke enthält außerdem vier Steckverbindungen mit einem Dämpfungsmaß von 0,5 dB pro Verbindung. Verluste durch Ein- und Auskoppeln der optischen Impulse am Anfang und Ende der Strecke sollen hier nicht berücksichtigt werden.

a) Wie groß ist der Extinktionskoeffizient κ der Glasfaser ohne Berücksichtigung der Steckverbindungen?

b) Wie groß ist das Verhältnis Φ_1/Φ_0 der ausgekoppelten zur eingekoppelten Strahlungsleistung unter Berücksichtigung der Steckverbindungen?

c) Welche Ausgangsleistung Φ_1 steht unter Berücksichtigung der Steckverbindungen noch für einen Detektor zur Verfügung, wenn die eingekoppelte Strahlungsleistung $\Phi_0 = 2$ mW beträgt?

Lösung

a) Strahlungsleistung nach Durchlaufen der Strecke L:

$$\Phi_1 = \Phi_0 e^{-\kappa L}$$

Dämpfungsmaß $a = 10 \cdot \lg(\Phi_0/\Phi_1) \cdot 1\mathrm{dB} = 10 \cdot \lg(e^{\kappa L}) \cdot 1 \; \mathrm{dB}$

Zur Definition von a vgl. die Definition des Schallpegels in Abschn. 3.2 und Aufg. 3.2.8b.

$$a = 10 \cdot \kappa L \cdot \lg \; e \cdot 1 \; \mathrm{dB} = 10 \cdot \kappa L \cdot 0,4343 \cdot 1 \; \mathrm{dB} = 4,343 \cdot \kappa L \cdot 1 \; \mathrm{dB}$$

$$a/L = \kappa \cdot 4,343 \; \mathrm{dB}$$

$$\kappa = \frac{a}{L} \cdot \frac{1}{4,343 \; \mathrm{dB}} = 2 \; \frac{\mathrm{dB}}{\mathrm{km}} \cdot \frac{1}{4,343 \; \mathrm{dB}} =$$
$$= 0,461 \; \mathrm{km}^{-1} = 0,461 \cdot 10^{-3} \; \mathrm{m}^{-1}$$

b) Gesamtes Dämpfungsmaß

$$a = a_{\mathrm{LWL}} + 4a_{\mathrm{St}} = 20 \; \mathrm{km} \cdot 2 \; \mathrm{dB/km} + 4 \cdot 0,5 \; \mathrm{dB} = 42 \; \mathrm{dB}$$

$$\lg(\Phi_0/\Phi_1) = a/10 \; \mathrm{dB} = 42 \; \mathrm{dB}/10 \; \mathrm{dB} = 4,2$$

$$\Phi_1/\Phi_0 = 10^{-4,2} = 63,10 \cdot 10^{-6}$$

c) $\Phi_1 = 63,10 \cdot 10^{-6} \cdot 2 \cdot 10^{-3} \; \mathrm{W} = 126,2 \; \mathrm{nW}$

3.3.4 Fotoapparat mit Wechselobjektiven

Aufgabe

Eine Kleinbild-Spiegelreflex-Kamera hat drei Wechselobjektive: Ein Normalobjektiv mit der Brennweite $f_1' = 50$ mm, ein Weitwinkelobjektiv mit $f_2' = 28$ mm und ein Teleobjektiv mit $f_3' = 135$ mm.

a) Wie groß ist ein 2,5 m vom Objektiv entfernter Gegenstand, der mit dem Normalobjektiv auf dem Film 15 mm groß abgebildet wird?
Welchen Abbildungsmaßstab β_1' erhält man?

b) Welche Abbildungsmaßstäbe β_2' und β_3' erhält man, wenn derselbe Gegenstand bei gleicher Entfernung mit dem Weitwinkel- und dem Teleobjektiv aufgenommen wird? Berechnen Sie die zugehörigen Bildgrößen y_2' und y_3'.

c) Welche Objektweiten a_2 und a_3 sind erforderlich, damit bei Aufnahmen mit dem Weitwinkel- und dem Teleobjektiv die Bildgröße y' dieselbe wie bei Aufg. a) bleibt?

Lösung

a) $\beta' = \dfrac{y'}{y} = \dfrac{a'}{a}$; $\dfrac{1}{f'} = \dfrac{1}{a'} - \dfrac{1}{a}$; $\dfrac{a}{f'} = \dfrac{a}{a'} - 1$; $\beta' = \dfrac{f'}{a + f'}$

$a_1 = -2,5$ m; $\quad y_1' = -15$ mm

$$\beta_1' = \frac{f_1'}{a_1 + f_1'} = \frac{50 \cdot 10^{-3} \text{ m}}{-2,5 \text{ m} + 50 \cdot 10^{-3} \text{ m}} = -20,41 \cdot 10^{-3}$$

$$y_1 = \frac{y_1'}{\beta_1'} = \frac{-15 \cdot 10^{-3} \text{ m}}{-20,41 \cdot 10^{-3}} = 0,735 \text{ m}$$

b) $$\beta_2' = \frac{f_2'}{a_1 + f_2'} = \frac{28 \cdot 10^{-3} \text{ m}}{-2,5 \text{ m} + 28 \cdot 10^{-3} \text{ m}} = -11,33 \cdot 10^{-3}$$

$$y_2' = \beta_2' y_1 = -11,33 \cdot 10^{-3} \cdot 0,735 \text{ m} = -8,33 \text{ mm}$$

$$\beta_3' = -57,08 \cdot 10^{-3}; \quad y_3' = -41,96 \text{ mm}$$

Da das Filmformat bei Kleinbild-Kameras 24 mm·36 mm ist, kann der Gegenstand hier nur in der Diagonale vollständig auf dem Film abgebildet werden.

c) Der Abbildungsmaßstab soll konstant β_1' sein:
Man löst die Formel für β' aus Aufg. a) nach der Objektweite auf:

$$a = f' \left(\frac{1}{\beta_1'} - 1 \right)$$

$$a_2 = f_2' \left(\frac{1}{\beta_1'} - 1 \right) = 28 \cdot 10^{-3} \text{ m} \cdot \left(\frac{1}{-20,41 \cdot 10^{-3}} - 1 \right) =$$

$$= 28 \cdot 10^{-3} \text{ m} \cdot (-50) = -1,40 \text{ m}$$

$$a_3 = 135 \cdot 10^{-3} \text{ m} \cdot (-50) = -6,75 \text{ m}$$

3.3.5 Bewegungsunschärfe beim Fotoapparat

Aufgabe

Der Fotoapparat der Aufgabe in Abschn. 3.3.4 wird auf ein Stativ geschraubt. Mit den drei Objektiven werden Bilder eines Autos aufgenommen, das im Abstand von 40 m mit der Geschwindigkeit $v = 100$ km/h senkrecht zur optischen Achse des Apparates vorbeifährt. Damit ein scharfes Bild erzielt wird, muß die Belichtungszeit so kurz sein, daß die Bildverschiebung auf dem Film maximal 0,05 mm beträgt.

a) Mit welchen Geschwindigkeiten v_1', v_2' und v_3' bewegt sich das Bild des Autos über den Film, wenn die drei Objektive verwendet werden?

b) Welche Belichtungszeiten Δt_i sind noch erlaubt?

c) Welche Zeiten T_i stellt man demnach am Apparat ein?

Lösung

a)

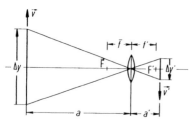

Abb. 3.3.5a. Das Auto legt während der Zeit Δt den Weg $\Delta y > 0$ zurück, dessen Bild den Weg $\Delta y' < 0$.

$$\beta' = \frac{\Delta y'}{\Delta y}; \quad \frac{\Delta y'}{\Delta t} = \beta' \frac{\Delta y}{\Delta t}; \quad v' = \beta' v$$

$$\beta' = \frac{a'}{a} \approx \frac{f'}{a}, \text{ weil } a \ll \bar{f} = -f'; \; v' \approx \frac{f'}{a} v$$

Normalobjektiv: $v'_1 = \frac{f'_1}{a} v = \dfrac{50 \cdot 10^{-3} \text{ m} \cdot 100 \text{ m/s}}{-40 \text{ m} \cdot 3,6} = -34,72 \; \dfrac{\text{mm}}{\text{s}}$

Weitwinkelobjektiv: $v'_2 = \frac{f'_2}{a} v = -19,44 \; \dfrac{\text{mm}}{\text{s}}$

Teleobjektiv: $v'_3 = \frac{f'_3}{a} v = -93,75 \; \dfrac{\text{mm}}{\text{s}}$

b) Belichtungszeiten: $\Delta t = \dfrac{\Delta y'}{v'}$

$$\Delta t_1 = \frac{\Delta y'}{v'_1} = \frac{-0,05 \text{ mm}}{-34,72 \text{ mm/s}} = 1,440 \cdot 10^{-3} \text{ s} = \frac{1}{694,4} \text{ s}$$

$$\Delta t_2 = \frac{\Delta y'}{v'_2} = 2,572 \cdot 10^{-3} \text{ s} = \frac{1}{388,8} \text{ s}$$

$$\Delta t_3 = \frac{\Delta y'}{v'_3} = 5,333 \cdot 10^{-4} \text{ s} = \frac{1}{1875} \text{ s}$$

c) Am Apparat stellt man die nächstkleinere Belichtungszeit ein, also $T_1 = 1/1000 \text{s}$, $T_2 = 1/500 \text{ s}$ und $T_3 = 1/2000 \text{ s}$, sofern die Kamera diese kurze Belichtungszeit noch zuläßt.

3.3.6 Das Zoom-Objektiv

Aufgabe

Das Modell eines Zoom-Objektivs für eine Kleinbild-Kamera soll aus zwei dünnen Sammellinsen mit veränderbarem Abstand e, gleichen Brennweiten und Brechzahlen $n = 1,57$ aufgebaut werden und folgende Eigenschaften haben: Brennweitenvariation zwischen 90 mm und 210 mm, Öffnungsverhältnis 1 : 3,5.

a) Alle Oberflächen der sphärischen Sammellinsen haben den Krümmungsradius $r = 91$ mm. Wie groß ist deren Brennweite f_1'?

b) Welchen Durchmesser D muß die Frontlinse (= Eintrittspupille) haben?

c) In welchem Bereich muß der Linsenabstand e veränderbar sein?

d) Welche kleinste Brennweite ist möglich, wenn beide Linsen denselben Durchmesser D haben?

Lösung

a) $r = r_1 = -r_2 = 91$ mm

$$f_1' = \frac{1}{n-1} \cdot \frac{r_1 r_2}{r_2 - r_1} = \frac{r}{2(n-1)} = \frac{91 \text{ mm}}{2 \cdot (1,57 - 1)} = 79,83 \text{ mm}$$

b) Öffnungsverhältnis: $\dfrac{1}{k} = \dfrac{D_{EP}}{f'} = \dfrac{D}{f'}$

Der maximale Durchmesser D ist für $f_{max}' = 210$ mm erforderlich, um das gewünschte Öffnungsverhältnis zu erhalten.

$$D = \frac{f'}{k} = \frac{210 \text{ mm}}{3,5} = 60 \text{ mm}$$

c) $f_1' = f_2'$; $f' = \dfrac{f_1' f_2'}{f_1' + f_2' - e} = \dfrac{f_1'^2}{2f_1' - e}$; $e = \dfrac{2f_1' f' - f_1'^2}{f'}$

Für $f_{min}' = 90$ mm: $e_{min} = \dfrac{2 \cdot 79,83 \text{ mm} \cdot 90 \text{ mm} - (79,83 \text{ mm})^2}{90 \text{ mm}} = 88,85 \text{ mm}$

für $f_{max}' = 210$ mm: $e_{max} = 129,31$ mm

d)

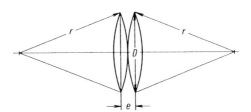

Abb. 3.3.6d. Der kleinste Abstand
e ist gleich der Linsendicke.

$$\left(r - \frac{e}{2}\right)^2 + \left(\frac{D}{2}\right)^2 = r^2; \quad e^2 - 4re + D^2 = 0$$

$$e = 2r \pm \sqrt{4r^2 - D^2} = 2 \cdot 91 \text{ mm} - \sqrt{4 \cdot (91 \text{ mm})^2 - (60 \text{ mm})^2} =$$

$$= 10,18 \text{ mm}$$

Vor der Wurzel muß das Minuszeichen gewählt werden, damit f' möglichst klein wird.

$$f' = \frac{(79,83 \text{ mm})^2}{2 \cdot 79,83 \text{ mm} - 10,18 \text{ mm}} = 42,63 \text{ mm}$$

3.3.7 Der Dia-Projektor

Aufgabe

Ein Projektor soll ein Kleinbild-Dia vom Format 24 mm·36 mm in einer Entfernung von 3 m vom Objektiv auf eine Leinwand der Größe 1,25 m·1,25 m abbilden. Dabei soll die Leinwand optimal ausgenützt werden. Die leuchtende Fläche der Halogenlampe beträgt 1 cm·1 cm. Das Objektiv hat einen Durchmesser von 30 mm. Es wird vereinfacht angenommen, daß Kondensor und Objektiv aus dünnen Linsen bestehen und das Dia direkt hinter dem Kondensor steht.

a) Zeichnen Sie eine Prinzip-Skizze des Projektors und erklären Sie in Stichworten anhand der Hauptstrahlen durch die Linsenmitten die Funktionsweise.

b) Wie weit ist das Dia vom Objektiv entfernt und welche Brennweite f_2' hat das Objektiv?

c) Wie weit ist die Lampe vom Kondensor entfernt und welche Brennweite f'_1 dieser?

d) Welchen Durchmesser muß der Kondensor mindestens haben?

Lösung

a)

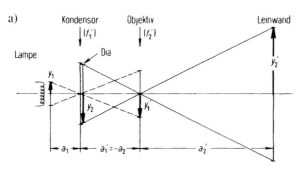

Abb. 3.3.7a. Das des Dias muß mit ner Längsabmessung Leinwand ausfüllen; Lampenbild muß Objektivöffnung voll leuchten.

b) Im folgenden werden bei der Rechnung für die Objektiv- und Bildgrößen im die doppelten Werte eingesetzt, weil das Dia sich symmetrisch zur optis Achse erstreckt.

Objektgröße $y_2 = -36$ mm; Bildgröße $y'_2 = 1,25$ m; Bildweite $a'_2 = 3$ m

$$\beta'_2 = \frac{y'_2}{y_2} = \frac{a'_2}{a_2}; \quad a_2 = a'_2 \cdot \frac{y_2}{y'_2} = 3 \text{ m} \cdot \frac{(-36 \cdot 10^{-3} \text{ m})}{1,25 \text{ m}} = -86,4 \text{ mm}$$

$$f'_2 = \frac{a'_2 a_2}{a_2 - a'_2} = \frac{3 \text{ m} \cdot (-86,4 \cdot 10^{-3} \text{ m})}{-86,4 \cdot 10^{-3} \text{ m} - 3 \text{ m}} = 84,0 \text{ mm}$$

(Standardobjektive von Projektoren haben z.B. $f'_2 = 85$ mm)

c) Das Bild der Diagonalen der leuchtenden Lampenfläche muß gleich dem jektivdurchmesser sein:

$y'_1 = -30$ mm, die Objektgröße ist $y_1 = \sqrt{2}$ cm $= 14,14$ mm gleich der gonalen der Lampenfläche.

Mit $a'_1 = -a_2 = 86,4$ mm erhält man den gesuchten Abstand a_1 aus

$$\beta'_1 = \frac{a'_1}{a_1} = \frac{y'_1}{y_1}; \quad a_1 = a'_1 \frac{y_1}{y'_1} = 86,4 \text{ mm} \cdot \frac{14,14 \text{ mm}}{(-30 \text{ mm})} = -40,7 \text{ mm}$$

Brennweite des Kondensors:

$$f_1' = \frac{a_1' a_1}{a_1 - a_1'} = \frac{86,4 \text{ mm} \cdot (-40,7 \text{ mm})}{-40,7 \text{ mm} - 86,4 \text{ mm}} = 27,7 \text{ mm}$$

d) Das Dia soll voll ausgeleuchtet sein. Deshalb muß der Kondensordurchmesser mindestens gleich der Diagonalen des Dias sein:

$$D = \sqrt{24^2 + 36^2} \text{ mm} = 43,3 \text{ mm}$$

3.3.8 Abbildungskette Kamera – Projektor

Aufgabe

Ein Fotoamateur fotografiert mit seiner Kleinbildkamera, deren Objektiv eine Brennweite $f_1' = 55$ mm hat, eine Person der Größe 1,80 m. Diese soll formatfüllend im Hochformat auf einen Dia-Film (24 mm·36 mm) gebannt werden. Das Diapositiv wird anschließend mit dem Projektor der vorhergehenden Aufgabe auf die gleiche 3 m entfernte Leinwand projiziert.

a) Wie groß ist der Abbildungsmaßstab β_1' bei der Aufnahme und der Aufnahmeabstand a_1?

b) Wie groß ist der Abbildungsmaßstab β_2' des Projektors?
   Wie groß ist der Abbildungsmaßstab β' der Abbildungskette Kamera – Projektor?

c) Unter welcher Vergrößerung Γ' sieht der Betrachter des projizierten Dias die Person, wenn er neben dem Projektor sitzt?
   Wie groß ist Γ', wenn er 2,5 m von der Leinwand entfernt sitzt?

d) Wie weit muß er sich vor die Leinwand setzen, wenn er die Person in natürlicher Größe sehen will?

Lösung

a) $y_1 = 1,8$ m; $y_1' = -36$ mm

$$\beta_1' = \frac{y_1'}{y_1} = \frac{-36 \cdot 10^{-3} \text{ m}}{1,8 \text{ m}} = -0,02$$

Berechnung von a_1 aus β_1' und f_1' (s. Aufgabe in Abschn. 3.3.4):

$$a_1 = f_1' \left(\frac{1}{\beta_1'} - 1 \right) = 55 \cdot 10^{-3} \text{ m} \cdot \left(\frac{1}{-0,02} - 1 \right) = -2,805 \text{ m}$$

b) Aus der vorhergehenden Aufgabe ergibt sich für

$$\beta_2' = \frac{y_2'}{y_2} = \frac{1,25 \text{ m}}{-36 \cdot 10^{-3} \text{ m}} = -34,72$$

Abbildungskette: $\beta' = \beta_1'\beta_2' = \frac{y_1'}{y_1} \cdot \frac{y_2'}{y_2}$, wobei $y_1' = y_2 < 0$ die Bildgröße der Person (auf dem Kopf stehend) auf dem Dia ist.

$$\beta' = \frac{y_2'}{y_1} = \frac{1,25 \text{ m}}{1,8 \text{ m}} = 0,694 > 0, \text{ also ein aufrechtes Bild.}$$

c)

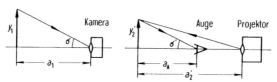

Abb. 3.3.8c. Definition der Sehwinkel σ und σ'. Die Lichtrichtung verläuft vom Projektor nach links zur Leinwand, von der Leinwand ins Auge nach rechts.

$\tan \sigma = -\dfrac{y_1}{a_1} > 0$; $\tan \sigma' = -\dfrac{y_2'}{a_a} > 0$, weil für das Auge die Objektweite $a_A < 0$ ist.

$$\Gamma' = \frac{\tan \sigma'}{\tan \sigma} = \frac{y_2'}{a_A} \cdot \frac{a_1}{y_1} = \beta' \frac{a_1}{a_A}$$

$$a_A = -a_2' : \quad \Gamma' = 0,694 \cdot \frac{(-2,805 \text{ m})}{(-3 \text{ m})} = 0,649$$

$$a_A = -2,5 \text{ m} : \quad \Gamma' = 0,779$$

In beiden Fällen erscheint also die Person dem Betrachter verkleinert.

d) $\Gamma' = 1$: $\quad a_A = \beta' a_1 = 0,649 \cdot (-2,805 \text{ m}) = -1,95 \text{ m}$

3.3.9 Das astronomische Fernrohr

Aufgabe

Der Mond erscheint von der Erde aus unter einem Öffnungswinkel $2\sigma = 31,1$ Winkelminuten.

a) Welchen Durchmesser d hat sein von einer Linse mit der Brennweite $f_1' = 60$ cm entworfenes Bild?

b) Die Linse wird als Objektiv für ein astronomisches Fernrohr verwendet und durch ein Okular mit der Brennweite $f_2' = 3$ cm ergänzt. Welche Vergrößerung hat das Fernrohr und unter welchem Winkel erscheint jetzt der Mond?

Lösung

a)

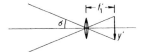

Abb. 3.3.9a. Definition des Sehwinkels σ ohne Fernrohr. Das Zwischenbild y' wird mit dem Okular betrachtet.

$$|y'| = f_1' \cdot \tan \sigma$$

$$d = 2|y'| = 2f_1' \cdot \tan \sigma = 2 \cdot 0,6 \text{ m} \cdot \tan \left(\frac{31,1'}{2} \right) = 5,4 \text{ mm}$$

b) Vergrößerung $\Gamma' = -\dfrac{f_1'}{f_2'} = -\dfrac{60 \text{ cm}}{3 \text{ cm}} = -20;$ andererseits gilt:

$$\Gamma' = \frac{\tan \sigma'}{\tan \sigma}; \quad \tan \sigma' = \Gamma' \cdot \tan \sigma = -20 \cdot \tan \left(\frac{31,1'}{2} \right); \quad \sigma' = -5,17°$$

Sehwinkel mit Fernrohr: $2|\sigma'| = 10,34°$

3.3.10 Das Mikroskop

Aufgabe

Ein Gegenstand soll zunächst im Abstand der Bezugssehweite $a_s = -250$ mm betrachtet werden. Anschließend wird er mit einer Mikroskop-Anordnung betrachtet, so daß dessen Bild wieder im Abstand a_s scharf zu sehen ist. Die Objektivbrennweite beträgt $f_1' = 5$ mm, die Okularbrennweite $f_2' = 48$ mm. Die Linsen sollen auch hier als dünn angenommen werden.

a) Fertigen Sie eine Skizze zur Bildkonstruktion an.

b) Zeigen Sie, daß die Vergrößerung Γ' dieses Mikroskops gleich dem Produkt der Abbildungsmaßstäbe β_1' und β_2' von Objektiv und Okular ist.

c) Wie groß sind β_1', β_2' und die Vergrößerung Γ' bei einer Objektweite $a_1 = -5$ mm? Wie groß ist der Abstand e zwischen den Linsen und die optische Tubuslänge t?

d) Welche Standardvergrößerung Γ_M' (Akkommodation des Auges auf unendlich) hat die Anordnung? Wie sieht hier die Skizze zur Bildkonstruktion aus?

Lösung

a)

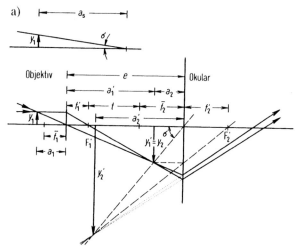

Abb. 3.3.10a. Ohne Mikroskop ist hier der Sehwinkel $\sigma > 0$. Mit Mikroskop erfolgt die Bildkonstruktion durch einen Hauptstrahl und einen Parallelstrahl (beide durchgezogen bzw. gestrichelt gezeichnet). Dabei werden die punktiert gezeichneten Hilfslinien verwendet. Bei der Definition des Sehwinkels σ' (hier < 0) zu Aufg. b) ist zu beachten, daß $y_1' = y_2$ und $a_2' = a_s < 0$ ist. Das Bild y_2' ist also ein virtuelles Bild.

b) Ohne Mikroskop ist $\tan \sigma = \dfrac{y_1}{a_s}$, wobei nach Definition der Sehwinkel $\sigma > 0$ ist.

Mit Mikroskop: $\tan \sigma' = -\dfrac{y_2'}{a_2'} = -\dfrac{y_2'}{a_s}$, wobei der Sehwinkel $\sigma' < 0$ ist.

$$\Gamma' = \frac{\tan \sigma'}{\tan \sigma} = \left(-\frac{y_2'}{a_s}\right) \cdot \left(-\frac{a_s}{y_1}\right) = \frac{y_2'}{y_1}$$

$$\beta_1' = \frac{a_1'}{a_1} = \frac{y_1'}{y_1}; \quad y_1 = \frac{y_1'}{\beta_1'} = \frac{y_2}{\beta_1'}; \quad \beta_2' = \frac{a_2'}{a_2} = \frac{y_2'}{y_2}; \quad y_2' = \beta_2' y_2$$

$$\Gamma' = \frac{\beta_1' \beta_2' y_2}{y_2} = \beta_1' \beta_2'$$

c) Berechnung von a_1' und a_2:

$$\frac{1}{f_1'} = \frac{1}{a_1'} - \frac{1}{a_1}$$

$$a_1' = \frac{f_1' a_1}{a_1 + f_1'} = \frac{5 \text{ mm} \cdot (-5,1 \text{ mm})}{(-5,1 + 5) \text{ mm}} = 255,0 \text{ mm}$$

$$\frac{1}{f_2'} = \frac{1}{a_2'} - \frac{1}{a_2}; \quad a_s = a_2'$$

$$a_2 = \frac{a_s f_2'}{f_2' - a_2'} = \frac{(-250 \text{ mm}) \cdot 48 \text{ mm}}{48 \text{ mm} - (-250 \text{ mm})} = -40,27 \text{ mm}$$

$$\beta_1' = \frac{a_1'}{a_1} = \frac{255 \text{ mm}}{-5,1 \text{ mm}} = -50; \quad \beta_2' = \frac{a_2'}{a_2} = \frac{-250 \text{ mm}}{-40,27 \text{ mm}} = 6,21$$

$\Gamma' = \beta_1' \beta_2' = (-50) \cdot 6,21 = -310,5 < 0$, denn das Bild steht auf dem Kopf.

Linsenabstand $e = a_1' - a_2 = 255 \text{ mm} - (-40,27 \text{ mm}) = 295,27 \text{ mm}$

Optische Tubuslänge t aus $e = f_1' + t - \bar{f}_2 = f_1' + t + f_2'$

$t = e - f_1' - f_2' = (295,27 - 5 - 48) \text{ mm} = 242,27 \text{ mm}$

d) Standardvergrößerung: $\Gamma_M' = \dfrac{t a_s}{f_1' f_2'} = \dfrac{242,27 \text{ mm} \cdot (-250 \text{ mm})}{5 \text{ mm} \cdot 48 \text{ mm}} = -252,4$

Abb. 3.3.10d. Die Bezeichnungen der Strecken sind dieselben wie in der Abbildung unter a), jedoch mit dem Unterschied, daß $a_2 = \bar{f}_2$ und $a_2' = +\infty$ ist. Das Bild des Objekts liegt hier also im Unendlichen.

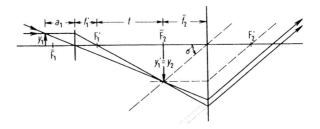

3.4 Wellenoptik

Beugungs- und Interferenzerscheinungen begrenzen das Auflösungsvermögen op tischer Instrumente. Dazu werden Mikroskop, Prismen- und Gitterspektromete betrachtet. Bei der quantitativen Beschreibung des Michelson-Interferometers un der Erscheinung der Newtonschen Ringe wird der Begriff des optischen Gangun terschieds benötigt. Anschließend werden Aufgaben zu den Eigenschaften polari sierten Lichts besprochen. Es folgt die Behandlung der Abgabe von Wärmeenergi durch Temperaturstrahlung und Wärmeübergang. Die letzte Aufgabe des Ab schnitts 3.4 behandelt das Emissionsspektrum eines Lasers.

Prisma

Zusammenhang zwischen dem Ablenkungswinkel δ eines Parallel-Lichtbündel und dem Prismenwinkel α an der brechenden Kante bei symmetrischem Strahlen gang:

$$n \sin \frac{\alpha}{2} = \sin \frac{\delta + \alpha}{2}; \text{ Brechzahl } n$$

Auflösungsvermögen $\dfrac{\lambda}{\Delta\lambda} = -b\dfrac{\Delta n}{\Delta\lambda}$; Basislänge b

Auflösungsvermögen eines Strichgitters $\dfrac{\lambda}{\Delta\lambda} = mk$; Strichzahl m, Ordnung k

Gesetz von Stefan und Boltzmann für die abgestrahlte Leistung

$$P_s = \sigma\epsilon A(T_1^4 - T_2^4)$$

Das Verhältnis aus abgegebener Strahlungsleistung eines nicht-schwarzen Körper zur Strahlungsleistung eines schwarzen Körpers bei derselben Temperatur wir durch den Emissionsgrad $\epsilon < 1$ angegeben.

Strahlungskonstante $\sigma = 5,671 \cdot 10^{-8} \dfrac{W}{m^2 K^4}$

Temperatur T_1 des strahlenden Körpers der Fläche A, Temperatur T_2 der Umge bung; Intensität $S = P/A$.

Wiensches Verschiebungsgesetz für den schwarzen Körper

$$\lambda_{max} T = 2,898 \cdot 10^{-3} \text{ m} \cdot \text{K};$$

λ_{max} ist die Wellenlänge, bei der das Maximum der spektralen Strahldichte liegt.

Wärmeübergang zwischen einem festen Körper der Fläche A und der Temperatur T_1 und einer Flüssigkeit oder einem Gas der Temperatur T_2:

$P_w = \alpha A(T_1 - T_2)$; Wärmeübergangskoeffizient α

3.4.1 Auflösungsvermögen von Mikroskopen*)

Aufgabe

Das Auflösungsvermögen y_{min} eines Lichtmikroskops soll mit dem eines Elektronenmikroskops verglichen werden. Es wird zunächst angenommen, daß beide einen Öffnungswinkel $2\sigma = 120°$ haben. Das Lichtmikroskop wird mit Licht eines He-Ne-Lasers ($\lambda_L = 632,8$ nm) betrieben, die Elektronen haben eine kinetische Energie von 100 keV.

a) Wie groß ist das Auflösungsvermögen $y_{min,L}$ des Lichtmikroskops, wenn keine Immersionsflüssigkeit verwendet wird?

b) Wie groß sind Impuls p und Materiewellenlänge λ_E der Elektronen? Um wieviel mal besser löst das Elektronenmikroskop gegenüber dem Lichtmikroskop auf, wenn die Öffnungswinkel dieselben sind?

c) Wegen der Abbildungsfehler der Elektronenoptik lassen sich jedoch nur wesentlich kleinere Öffnungswinkel realisieren. Wie groß ist das Auflösungsvermögen $y_{min,E}$, wenn $2\sigma = 1°$ beträgt?

Lösung

a)

3.4.1a. $y_{min} = \overline{OP}$ sei der kleinste noch auflösbare Abstand zweier Punkte, σ der halbe Öffnungswinkel.

Auflösungsvermögen: $y_{min} = 1,22 \dfrac{\lambda_L}{2n \sin \sigma}$

Brechzahl $n = 1$: $y_{min,L} = \dfrac{1,22 \cdot 632,8 \text{ nm}}{2 \cdot \sin 60°} = 445,7$ nm

---

*) Phys. in uns. Zeit 5, 138 (1976)

b) Relativistische Gesamtenergie (vgl. Abschn. 5.1):

$$W = \sqrt{p^2c^2 + (m_0c^2)^2} = W_0 + W_{kin} = 511 \text{ keV} + 100 \text{ keV} = 611 \text{ keV},$$

daraus

$$p = \frac{1}{c}\sqrt{W^2 - (m_0c^2)^2} = \frac{1}{c}\sqrt{611^2 - 511^2} \text{ keV} =$$

$$= 334,96 \text{ keV}/c = 0,179 \cdot 10^{-21} \text{ kg m/s}$$

$$\lambda_E = \frac{h}{p} = \frac{6,626 \cdot 10^{-34} \text{ Ws}^2}{0,179 \cdot 10^{-21} \text{ kg m/s}} = 3,70 \cdot 10^{-12} \text{ m}$$

$$y_{min,E} = \frac{1,22 \cdot 3,70 \cdot 10^{-12} \text{ m}}{2 \cdot \sin 60°} = 2,61 \cdot 10^{-12} \text{ m}$$

$$\frac{y_{min,L}}{y_{min,E}} = \frac{\lambda_L}{\lambda_E} = \frac{633 \cdot 10^{-9} \text{ m}}{3,70 \cdot 10^{-12} \text{ m}} = 171 \cdot 10^3$$

Das Auflösungsvermögen ist hier also 171 000 mal besser.

c) Realistischer Fall:

$$y_{min,E} = \frac{1,22 \cdot 3,70 \cdot 10^{-12} \text{ m}}{2 \cdot \sin 0,5°} = 0,259 \text{ nm}$$

$$\frac{y_{min,L}}{y_{min,E}} = \frac{445,7 \text{ nm}}{0,259 \text{ nm}} = 1721 \text{ mal besser}$$

3.4.2 Auflösungsvermögen eines Prismas

Aufgabe

Ein gleichseitiges Flintglas-Prisma hat die Basislänge $b = 2$ cm. Für di
Abhängigkeit der Brechzahl n dieser Glassorte von der Wellenlänge λ gelten fo
gende Werte:

$\lambda/1$ nm	656,3 (H)	589,0 (Na)	486,1 (H)
n	1,6143	1,6202	1,6313

a) Wie groß sind die Mittelwerte der Brechzahl-Dispersion $\dfrac{dn}{d\lambda}$ und Winke
Dispersion $\dfrac{d\delta}{d\lambda}$ in der Umgebung der Wellenlängen der gelben NaD-Linie
wobei $\lambda_{D1} = 589,0$ nm und $\lambda_{D2} = 589,6$ nm ist?

b) Reicht das Auflösungsvermögen des Prismas, um die beiden Na-Linien zu trennen?
Welche minimale Basislänge b des Prismas ist dazu nötig?

c) Um welche Winkel δ werden beide Linien abgelenkt?

Man nehme in allen Fällen symmetrischen Strahlengang an!

Lösung

a) Brechzahl-Dispersion:

$$\frac{\mathrm{d}n}{\mathrm{d}\lambda} = \frac{n_1 - n_2}{\lambda_1 - \lambda_2} = \frac{1,6143 - 1,6202}{(656,3 - 589,0)\ \mathrm{nm}} = -87,7 \cdot 10^3\ \mathrm{m}^{-1}$$

$$\frac{\mathrm{d}n}{\mathrm{d}\lambda} = \frac{n_2 - n_3}{\lambda_2 - \lambda_3} = \frac{1,6202 - 1,6313}{(589,0 - 486,1)\ \mathrm{nm}} = -108 \cdot 10^3\ \mathrm{m}^{-1}$$

Mittelwert: $\dfrac{\Delta n}{\Delta \lambda} = -98 \cdot 10^3\ \mathrm{m}^{-1}$

Winkel-Dispersion:
Bei symmetrischem Strahlengang gilt:
Weil der Prismenwinkel $\alpha = 60°$ ist, wird

$$\sin\frac{\delta + 60°}{2} = n \cdot \sin 30°; \quad \delta = 2 \cdot \arcsin\frac{n}{2} - 1,047$$

$$\alpha = 60° \cong 1,047\ \mathrm{rad} = \widehat{\alpha}$$

$$\widehat{\delta}_1 = 0,8314; \quad \widehat{\delta}_2 = 0,8415; \quad \widehat{\delta}_3 = 0,8605$$

$$\frac{\mathrm{d}\widehat{\delta}}{\mathrm{d}\lambda} = \frac{\widehat{\delta}_1 - \widehat{\delta}_2}{\lambda_1 - \lambda_2} = 0,149 \cdot 10^6\ \mathrm{m}^{-1}; \quad \frac{\mathrm{d}\widehat{\delta}}{\mathrm{d}\lambda} = \frac{\widehat{\delta}_2 - \widehat{\delta}_3}{\lambda_2 - \lambda_3} = -0,185 \cdot 10^6\ \mathrm{m}^{-1}$$

Mittelwert: $\dfrac{\Delta\widehat{\delta}}{\Delta\lambda} = -0,167 \cdot 10^6\ \mathrm{m}^{-1}$

b) Auflösungsvermögen bei der Basislänge $b = 2$ cm:

$$\frac{\lambda}{\Delta\lambda} = -b\frac{\Delta n}{\Delta\lambda} = -0,02\ \mathrm{m} \cdot (-98 \cdot 10^3\ \mathrm{m}^{-1}) = 1,96 \cdot 10^3 \approx 2000$$

Für die Na-Linien ist erforderlich:

$$\frac{\lambda}{\Delta\lambda} = \frac{\overline{\lambda}}{\lambda_{D2} - \lambda_{D1}}; \quad \text{Mittelwert } \overline{\lambda} = 589,3 \text{ nm}$$

$$\frac{\lambda}{\Delta\lambda} = \frac{589,3 \text{ nm}}{0,6 \text{ nm}} = 0,982 \cdot 10^3 \approx 1000$$

Damit ist also das Auflösungsvermögen groß genug. Schon ein Prisma mit $b = $ **?** cm würde die Na-Linien auflösen.

c) Ablenkung:
Da $\lambda_2 = \lambda_{D1}$, wird $\delta_{D1} = 48,2°$ und

$$\Delta\widehat{\delta} = \widehat{\delta}_{D2} - \widehat{\delta}_{D1} = \frac{\Delta\widehat{\delta}}{\Delta\lambda}\Delta\lambda = -0,167 \cdot 10^6 \text{ m}^{-1} \cdot 0,6 \cdot 10^{-9} \text{ m} =$$

$$= -0,1 \cdot 10^3 \ \widehat{=} \ -5,74 \cdot 10^{-3} \text{ Grad}$$

Die längerweilige NaD$_2$-Linie wird also um 20,7" weniger abgelenkt.

3.4.3 Auflösungsvermögen eines Gitters

Aufgabe

Das Gitter eines Gitter-Spektralapparates soll für Spektren 1. Ordnung dasselb Auflösungsvermögen und denselben Betrag der Winkeldispersion haben, wie da Prisma für gelbes Licht in der Aufgabe in Abschn. 3.4.2.

a) Welche Gitterkonstante g und Breite B muß das Gitter haben?

b) Welchen Abstand haben dann die beiden NaD-Linien vom Maximum nullte Ordnung und voneinander, wenn die Fotoplatte des Apparates $s = 3$ m vor Gitter entfernt ist?

Lösung

a) Von der Lösung in Abschn. 3.4.2 wird übernommen:

$$\frac{\lambda}{\Delta\lambda} = 2000; \quad \left|\frac{\Delta\widehat{\delta}}{\Delta\lambda}\right| = 0,167 \cdot 10^6 \text{ m}^{-1}$$

Auflösungsvermögen des Gitters $\dfrac{\lambda}{\Delta\lambda} = mk$; Strichzahl m; Ordnung k
Für $k = 1$ erhält man 2000 Striche.

Berechnung der Winkeldispersion aus $\sin\delta = \dfrac{k\lambda}{g}$; $\delta = \arcsin\dfrac{k\lambda}{g}$

$$\frac{\mathrm{d}\widehat{\delta}}{\mathrm{d}\lambda} = \frac{k}{g\sqrt{1-\left(\dfrac{k\lambda}{g}\right)^2}}; \text{ daraus: Gitterkonstante } g = k\sqrt{\lambda^2 + \left(\frac{\mathrm{d}\widehat{\delta}}{\mathrm{d}\lambda}\right)^{-2}}$$

Für $k = 1$ und $\overline{\lambda} = 589,3$ nm ergibt sich

$$g = \sqrt{(589,3 \cdot 10^{-9}\text{ m})^2 + (0,167 \cdot 10^6\text{ m}^{-1})^{-2}} = 6,02\text{ μm}$$

Gitterbreite $B = mg = 2000 \cdot 6,02\text{ μm} = 12\text{ mm}$

b)

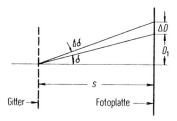

Abb. 3.4.3b. D_1 und $D_2 = D_1 + \Delta D$ sind die Abstände der NaD-Linien vom Maximum nullter Ordnung.

Ablenkung bei $k = 1$:

$$\sin\delta = \frac{\lambda}{g} = \frac{589,3 \cdot 10^{-9}\text{ m}}{6,02 \cdot 10^{-6}\text{ m}}; \quad \delta_{\mathrm{D1}} = 5,62°$$

$$D_1 = s\tan\delta = 0,295\text{ m}; \quad \Delta\widehat{\delta} \approx \frac{\Delta D}{s}$$

$$\Delta D \approx s \cdot \left|\frac{\Delta\widehat{\delta}}{\Delta\lambda}\right| \cdot \Delta\lambda = 3\text{ m} \cdot 0,167 \cdot 10^6\text{ m}^{-1} \cdot 0,6 \cdot 10^{-9}\text{ m} = 0,3 \cdot 10^{-3}\text{ m}$$

3.4.4 Das Michelson-Interferometer

Aufgabe

Ein Michelson-Interferometer besteht aus zwei Spiegeln A und B und einer halb-durchlässigen Strahlenteiler-Platte T der Dicke $d = 2$ mm mit der Brechzahl

$n = 1,7$. Sie ist um $\epsilon = 45°$ gegen das Einfallslot des Parallelstrahls geneigt. An ihrer Vorderseite wird das auftreffende Licht der Wellenlänge $\lambda = 438$ nm in zwei Teilstrahlen aufgespalten. Die Abstände zwischen T und A bzw. B sind l_A bzw. l_B.

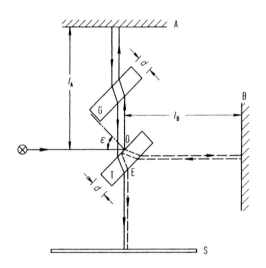

Abb. 3.4.4. Das Michelson-Interferometer. Nur aus zeichnerischen Gründen sind die Strahlen parallel gegeneinander versetzt dargestellt. Die Glasplatte G wird erst in Aufg. b) in den Strahlengang gebracht.

a) Die Platte G sei zunächst nicht vorhanden. Berechnen Sie die optischen Weglängen $x_A = \overline{OAOE}$ und $x_B = \overline{OBOE}$ der beiden Teilstrahlen. Wie groß ist der optische Gangunterschied $\Delta = x_B - x_A$ zwischen beiden Strahlen, wenn $l_A = l_B$ ist?

b) In den Strahlengang zu Spiegel A wird eine Glasplatte G derselben Brechzahl und Dicke wie T parallel zu T gestellt. Wie groß ist jetzt der optische Gangunterschied Δ? Vergleichen Sie ihn mit dem aus Aufg. a).

c) Welche Eigenschaft muß das von der Lichtquelle kommende Licht haben, damit auf dem Schirm Interferenzerscheinungen entstehen? Welche Bedingungen muß dann Δ erfüllen, damit am Schirm maximale Helligkeit zu sehen ist?

d) Das in das Interferometer eintretende Lichtbündel wird durch eine Linse aufgeweitet. Auf S sind dann Interferenzringe zu sehen. B wird auf einen piezoelektrischen Quarzstab geklebt. Beim Anlegen einer kontinuierlich ansteigenden Gleichspannung an den Kristall wird er kürzer. Durch eine Fotodiode mit angeschlossener Elektronik zählt man dabei im Zentrum der Interferenzringe $N = 32$ Hell-Dunkel-Hell-Wechsel. Wie groß ist die Längenänderung l des Stabes?

e) Mit welcher Maximalgeschwindigkeit $\hat{v}$ und Maximalbeschleunigung $\hat{a}$ bewegt sich der Spiegel, wenn Wechselspannung mit der Frequenz $f = 100$ kHz an den Kristall gelegt wird, so daß als mechanische Amplitude die Längenänderung l auftritt?

Lösung

a) Berechnung des geometrischen Wegs d' eines Strahls im Glas:

Brechungsgesetz: $\sin \epsilon' = \dfrac{1}{n} \sin \epsilon = \dfrac{1}{1,7} \cdot \sin 45°$; $\epsilon' = 24,58°$

$$d' = \frac{d}{\cos \epsilon'} = \frac{2 \text{ mm}}{\cos 24,58°} = 2,199 \text{ mm}$$

Am optisch dichteren Medium tritt bei Reflexion ein Phasensprung um $\lambda/2$ auf. Dann erhält man für die optischen Weglängen:

$$x_A = 2l_A \quad + 2 \cdot \frac{\lambda}{2} + nd'$$

$$x_B = 2l_B - 2l' + \frac{\lambda}{2} + 3nd'$$

$$\cos(45° - \epsilon') = l'/d'; \quad l' = d' \cdot \cos(45° - \epsilon')$$

$$l' = 2,199 \text{ mm} \cdot \cos(45° - 24,58°) = 2,061 \text{ mm}$$

$$\Delta = x_B - x_A = 2nd' - 2l' - \lambda/2 =$$

$$= 2 \cdot 1,7 \cdot 2,199 \text{ mm} - 2 \cdot 2,061 \text{ mm} - \frac{1}{2} \cdot 438 \cdot 10^{-6} \text{ mm} = 3,355 \text{ mm}$$

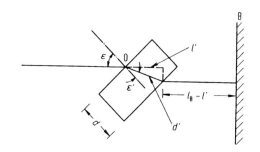

Abb. 3.4.4a. Winkel- und Streckenbezeichnungen bei Brechung an T oder G.

b) Mit Glasplatte G:

$$x_A = 2l_A - 2l' + 2\frac{\lambda}{2} + 3nd'$$

$$x_B = 2l_B - 2l' + \frac{\lambda}{2} + 3nd'$$

$$\Delta = x_B - x_A = -\lambda/2 = -219 \text{ nm}$$

also wesentlich kleiner als in Aufg. a). Der Gangunterschied kommt nur noch durch einen Phasensprung zustande.

c) Die Kohärenzlänge des Lichts muß größer als Δ sein.
Maximale Helligkeit erhält man, wenn $\Delta = \pm k\lambda$ mit $k = 0, 1, 2, \ldots$ ist.

d) Verschiebt sich der Spiegel B um $\lambda/2$, so erhält der reflektierte Lichtstrahl einen zusätzlichen Gangunterschied um λ gegenüber dem an A reflektierten Strahl.

Längenänderung $l = N \cdot \lambda/2 = 32 \cdot 438 \text{ nm}/2 = 7,01 \text{ μm}$

e) $\hat{v} = \omega l = 2\pi \cdot 100 \cdot 10^3 \text{ s}^{-1} \cdot 7,01 \cdot 10^{-6} \text{ m} = 4,40 \text{ m/s}$

$\hat{a} = \omega\hat{v} = 2,77 \cdot 10^6 \text{ m/s}^2$

3.4.5 Newtonsche Ringe

Aufgabe

Feucht eingeglaste Dias zeigen bei Projektion farbige Newtonsche Ringe. Sie können durch folgenden Modellversuch dargestellt werden:
Eine Plankonvex-Linse mit dem Krümmungsradius $R = 5$ m liegt auf einer ebenen Glasplatte und wird senkrecht von oben mit einem parallelen Lichtbündel einer Na-Dampflampe (mittleres $\lambda = 589,3$ nm) beleuchtet. Der Zwischenraum ist mit Wasser der Brechzahl $n = 1,34$ gefüllt. Die Brechzahl von Glas betrage $n_G = 1,50$. Man erhält im durchgehenden gelben Licht Newtonsche Interferenzringe.

a) Wie groß ist der optische Gangunterschied zwischen den beiden in Abb. 3.4.5 skizzierten Lichtbündeln?
Ist die Berührstelle zwischen Linse und Platte hell oder dunkel zu sehen?

Abb. 3.4.5. Erzeugung Newtonscher Ringe im durchfallenden Licht. Auch zwischen den Gläsern sollen die Lichtstrahlen vertikal verlaufen.

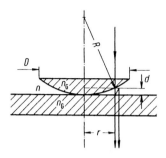

b) Berechnen Sie die Formel für die Radien r der Newtonschen Ringe unter der Annahme, daß $d \ll R$. Wieviele Ringe erhält man maximal, wenn der Durchmesser der Linse $D = 5$ cm beträgt?

Lösung

a) Optischer Gangunterschied $\Delta = 2nd + \lambda$ mit dem Phasensprung um λ wegen zweimaliger Reflexion am optisch dichteren Medium ($n < n_G$).
Im Zentrum entsteht ein heller Fleck, weil dort $\Delta = \lambda$.

b) Gleichphasige Überlagerung bei $\Delta = k\lambda$; $k = 1, 2, 3, \dots$

Es folgt: $d = (k - 1)\lambda/(2n)$.

Weil $(R - d)^2 + r^2 = R^2$, ergibt sich angenähert $r^2 \approx 2Rd$.

Damit wird $r = \sqrt{(k - 1)R\lambda/n}$.

Maximalzahl der Ringe aus der Bedingung $r \leq D/2$:

$$(k - 1)\frac{R\lambda}{n} \leq \frac{D^2}{4}; \quad k \leq \frac{nD^2}{4R\lambda} + 1$$

$$k \leq \frac{1,34 \cdot (0,05 \text{ m})^2}{4 \cdot 5 \text{ m} \cdot 589,3 \cdot 10^{-9} \text{ m}} + 1 = 285,2$$

Da zu $k = 1$ der zentrale helle Fleck gehört, erhält man 284 Ringe.

3.4.6 Reflexion, Brechung, Polarisation

Aufgabe

Unpolarisiertes Licht fällt auf eine Kronglasplatte. Für rotes Licht mit der Wellenlänge $\lambda_r = 656$ nm beträgt die Brechzahl $n_r = 1,5076$, für violettes Licht mit $\lambda_v = 405$ nm ist $n_v = 1,5236$.

a) Wie groß ist der Reflexionsgrad ρ der Platte bei senkrechtem Einfall des Lichts für die beiden Wellenlängen?

b) Bei welchen Einfallswinkeln ϵ_p ist das reflektierte Licht vollständig linear polarisiert?

c) Wie groß sind die Winkel ϵ_p, wenn das Licht auf die Grenzfläche Glas $\rightarrow$ Luft fällt?
Wie groß sind hier die Grenzwinkel der Totalreflexion ϵ_g?

d) Welche Werte haben in allen Fällen die Brechungswinkel ϵ'?

Lösung

a) $\rho = \left(\dfrac{n-1}{n+1}\right)^2$; $\rho_r = 4,1\%$; $\rho_v = 4,3\%$

b) Brewstersches Gesetz: $\tan \epsilon_p = \dfrac{n_2}{n_1} = n$

rot: $\tan \epsilon_p = 1,5076$; $\epsilon_p = 56,44°$

violett: $\tan \epsilon_p = 1,5236$; $\epsilon_p = 56,72°$

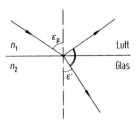

Abb. 3.4.6b. Das reflektierte Licht ist vollständig linear polarisiert, wenn gebrochener und reflektierter Strahl aufeinander senkrecht stehen.

c) $\tan \epsilon_p = 1/n$; rot: $\epsilon_p = 33,56°$; violett: $\epsilon_p = 33,28°$

Grenzwinkel: $\sin \epsilon_g = \dfrac{n_2}{n_1} = \dfrac{1}{n}$
rot: $\epsilon_g = 41,55°$; violett: $\epsilon_g = 41,02°$

d) $\epsilon' = 90° - \epsilon_p$

zu b): $\epsilon_r' = 33,56°$; $\epsilon_v' = 33,28°$

zu c): $\epsilon_r' = 56,44°$; $\epsilon_v' = 56,72°$

3.4.7 Reflexion von linear polarisiertem Licht an einer Glasplatte

Aufgabe

Auf eine Glasplatte mit einer Brechzahl $n = 1,5$ fällt linear polarisiertes Licht unter dem Einfallswinkel ϵ. Die Schwingungsebene des elektrischen Vektors schließe mit der Einfallsebene den Winkel $\varphi = 45°$ ein.

a) Unter welchem Winkel φ_r zur Einfallsebene schwingt der elektrische Vektor nach der Reflexion, wenn $\epsilon = 40°$ beträgt?
   Wieviel Prozent der einfallenden Intensität werden reflektiert?
   Die Fresnelschen Formeln geben bei $\epsilon = 40°$ für das Verhältnis der reflektierten zur einfallenden Amplitude $(E_r/E_e)_p = 0,120$, wenn die Schwingungsebene des einfallenden Vektors parallel zur Einfallsebene steht; $(E_r/E_e)_s = 0,278$, wenn sie senkrecht dazu steht.

b) Wie groß ist der Polarisationswinkel ϵ_p? Berechnen Sie φ_r und den Prozentsatz der reflektierten Intensität für $\epsilon = 70°$.
   Hier gilt $(E_r/E_e)_p = 0,206$; $(E_r/E_e)_s = 0,547$.

Lösung

a)

Abb. 3.4.7a. Die Strahlrichtung steht senkrecht zur Zeichenebene, $\vec{E}_{e,p}$ liegt in der Einfallsebene. Der einfallende elektrische Vektor ist mit $\vec{E}_e$ bezeichnet, der reflektierte mit $\vec{E}_r$.

Die einfallende Intensität S_e bzw. die Amplitude $E_e = |\vec{E}_e|$ werden 100% gesetzt.

Weil $\varphi = 45°$ ist, wird $E_{e,p} = E_{e,s} = 1\sqrt{2} = 0,707$.

$E_{r,p} = 0,120 \cdot E_{e,p} = 0,120 \cdot 0,707 = 0,085$

$$E_{r,s} = 0,278 \cdot E_{e,s} = 0,278 \cdot 0,707 = 0,197$$

$$\tan \varphi_r = \frac{E_{r,s}}{E_{r,p}} = \frac{0,197}{0,085} = 2,317; \quad \varphi_r = 66,65°$$

Intensitätsverhältnis:

$$\frac{S_r}{S_e} = \frac{E_r^2}{E_e^2} = \frac{E_{r,p}^2 + E_{r,s}^2}{E_e^2} = \frac{(0,085)^2 + (0,197)^2}{1,0} = 0,046 = 4,6\%$$

b) Brewstersches Gesetz: $\tan \epsilon_p = n = 1,5; \ \epsilon_p = 56,3°$

Für $\epsilon > \epsilon_p$ erhält $E_{r,p}$ zu $E_{r,s}$ einen Phasensprung von $180°$.

Daher ist:

$$E_{r,p} = -0,206 \cdot 0,707 = -0,146$$

$$E_{r,s} = 0,547 \cdot 0,707 = 0,387$$

$$\tan \varphi_r = \frac{0,387}{0,146}; \quad \varphi_r = -69,36°$$

$\vec{E}_r$ würde daher in einer zur Abbildung unter a) analogen Zeichnung schräg nach links zeigen.

$$\frac{S_r}{S_e} = \frac{(-0,146)^2 + (0,387)^2}{1,0} = 17,1\%$$

3.4.8 Strahlung eines schwarzen Körpers

Aufgabe

Ein Laser mit einer Leistung $P_L = 1$ mW sendet ein Parallel-Lichtbündel von kreisförmigem Querschnitt aus (Durchmesser $2\rho = 2$ mm). Sein Austrittsfenster für den Strahl hat von einem Schirm den Abstand $r = 2$ m.

a) Welche Intensität S_L hat das auftreffende Licht?

b) Welche Strahlungsleistung P_{Hg} müßte eine Quecksilber-Dampflampe haben, um im gleichen Abstand (ohne optische Hilfsmittel) dieselbe Intensität zu erzeugen? Die Lampe soll Kugelwellen aussenden.

c) Welche Intensität S würde die Oberfläche eines schwarzen Strahlers über den gesamten Wellenlängenbereich liefern, wenn das Maximum der spektralen Strahldichte bei der Wellenlänge $\lambda = 632,8$ nm (Wellenlänge des He-Ne-Lasers) liegen soll?

Lösung

a) Intensität: $S_L = \dfrac{P_L}{A} = \dfrac{P_L}{\pi \rho^2} = \dfrac{10^{-3}\ \text{W}}{\pi \cdot 10^{-6}\ \text{m}^2} = 318,3\ \dfrac{\text{W}}{\text{m}^2}$

b) $S_L = S_{Hg} = \dfrac{P_{Hg}}{4\pi r^2}$

$P_{Hg} = 4\pi r^2 \cdot S_L = 4\pi \cdot (2\ \text{m})^2 \cdot 318,3\ \dfrac{\text{W}}{\text{m}^2} = 16,0\ \text{kW}$

c) Gesetz von Stefan-Boltzmann: $S = \sigma T^4$

Wiensches Verschiebungsgesetz: $\lambda_{max} T = c$

$T = \dfrac{c}{\lambda_{max}} = \dfrac{2,898 \cdot 10^{-3}\ \text{m} \cdot \text{K}}{632,8 \cdot 10^{-9}\ \text{m}} = 4579,6\ \text{K}$

$S = 5,671 \cdot 10^{-8}\ \dfrac{\text{W}}{\text{m}^2 \text{K}^4} \cdot (4579,6\ \text{K})^4 = 24,9 \cdot 10^6\ \dfrac{\text{W}}{\text{m}^2}$

3.4.9 Temperaturstrahlung, Wärmeübergang

Aufgabe

Ein elektrischer Widerstand mit $R = 1$ kΩ liegt an einer Gleichspannung $U = 24$ V. Er trägt ein aufgesetztes, schwarz gestrichenes Kühlblech. Dessen Temperatur wird dadurch bei einer Umgebungstemperatur von $\vartheta_2 = 20\,°\text{C}$ auf $\vartheta_1 = 40\,°\text{C}$ gehalten. Die Temperatur wird auf der ganzen Fläche konstant und gleich der des Widerstandes angenommen.

a) Wieviel Quadratzentimeter Blech sind nötig, damit die entstehende Wärme vollständig durch Temperaturstrahlung und Wärmeübergang durch Konvektion an die Umgebung abgeführt werden kann? Der Widerstandskörper soll nichts zur Abgabe beitragen.

b) Wieviel Prozent der elektrischen Leistung P_{el} wird durch Temperaturstrahlu
bzw. Wärmeübergang abgegeben?

Emissionsgrad für das Blech: $\epsilon = 0,9$

Wärmeübergangskoeffizient: $\alpha_K = 6 \; \dfrac{W}{m^2 K}$

Lösung

a) Abgegebene Leistung durch Temperaturstrahlung nach Stefan-Boltzmann:

$$P_s = \sigma \epsilon A (T_1^4 - T_2^4)$$

Abgegebene Leistung durch Wärmeübergang

$$P_w = \alpha_K A (T_1 - T_2)$$

Gesamte Leistung:

$$P_{ges} = P_s + P_w = A \left[\sigma \epsilon \left(T_1^4 - T_2^4 \right) + \alpha_K (T_1 - T_2) \right] = A (C_s + C_w) = P_{el}$$

$$P_{el} = U^2/R = (24 \text{ V})^2/1000 \; \Omega = 0,576 \text{ W}$$

$$C = C_s + C_w = 5,671 \cdot 10^{-8} \; \frac{W}{m^2 \; K^4} \cdot 0,9 \cdot (313^4 - 293^4) \; K^4 +$$

$$+ 6 \; \frac{W}{m^2 K} \cdot (313 - 293) \; K = 113,7 \; \frac{W}{m^2} + 120,0 \; \frac{W}{m^2} = 233,7 \; \frac{W}{m^2}$$

$$A = P_{el}/C = 2,46 \cdot 10^{-3} \text{ m}^2$$

Da Vorder- und Rückseite des Blechs beteiligt sind, genügt als effektive F
$A_{eff} = A/2 = 12,3 \text{ cm}^2$.

b) $P_s = A C_s = 0,280 \text{ W}; \qquad P_s/P_{el} = 48,7\%$

$P_w = A C_w = 0,296 \text{ W}; \qquad P_w/P_{el} = 51,3\%$

3.4.10 Das Emissionsspektrum des Helium-Neon-Lasers

Der optische Resonator eines Gaslasers besteht aus zwei planparallelen Spiegeln, die einander gegenüberstehen. Einer der Spiegel ist geringfügig durchlässig mit dem hohen Reflexionsgrad ρ. Zwischen den Spiegeln befindet sich das aktive Medium mit der Brechzahl n. Führt man dem Medium in geeigneter Weise Energie zu, so bilden sich im Resonator stehende elektromagnetische Wellen mit den Frequenzen f_k aus. Der aus dem Spiegel austretende Teil der Resonatorenergie bildet den Laserstrahl.

Für einen Helium-Neon-Laser sollen folgende Werte gelten: Spiegelabstand $L = 70$ cm; $\rho = 99\%$; Brechzahl des Gases $n = 1$; Wellenlänge des vom Neon emittierten Lichts $\lambda_0 = 632,8$ nm; mittlere Lebensdauer des zugehörigen angeregten Niveaus $\tau = 20$ ns; relative Atommasse des Neons $A_r = 20,179$; Temperatur des Gasgemischs $T = 300$ K.

a) Berechnen Sie allgemein die möglichen Frequenzen f_k, die stehende Wellen im Resonator annehmen können.

b) Wie groß ist der Frequenzabstand Δf_{res} zwischen den Frequenzen f_k der stehenden Wellen?

c) Berechnen Sie mit der Heisenbergschen Unschärferelation die natürliche Linienbreite Δf_N der roten Spektrallinie einer Gasentladung im Neon.

d) Wegen der statistischen Wärmebewegung der Neon-Atome führt der Dopplereffekt zu einer Linienverbreiterung Δf_D der Resonanzlinien der stehenden Wellen. Berechnen Sie Δf_D unter der vereinfachenden Annahme, daß alle Atome die gleiche mittlere Geschwindigkeit haben und vom Beobachter weg bzw. auf ihn zu fliegen.
Welche Überlegungen müssen berücksichtigt werden, um die exakte Form der Spektrallinie zu ermitteln?

e) Wird das Neon-Gas in den Resonator gebracht, so bilden sich die Resonanzlinien mit den Frequenzen f_k aus. Wieviele Linien mit den Frequenzen f_k emittiert der Laser unter der Annahme des vereinfachenden Modells der Aufgabe d)?

f) Berechnen Sie die Breite Δf_c einer Resonanzlinie mit der Gleichung[*])

---

[*]) Bergmann-Schaefer: Lehrbuch der Experimentalphysik, Band III, Optik. W. de Gruyter, Berlin - New York, 1987.

$$\Delta f_\mathrm{c} \approx \frac{1-\rho}{\pi} \cdot \frac{c_0}{2nL}.$$

Vergleichen Sie Δf_c mit Δf_res, Δf_D und Δf_N.

Lösung

a) Resonatorlänge $L = k\lambda/2$; $k = 1, 2, 3, \dots$

Resonanzfrequenzen $f_k = \dfrac{c}{\lambda} = \dfrac{c_0}{n\lambda} = \dfrac{c_0 k}{n \cdot 2L}$,

wobei c die Lichtgeschwindigkeit im aktiven Medium und c_0 die Vakuum-Lichtgeschwindigkeit ist.

b) $\Delta f_\mathrm{res} = f_{k+1} - f_k = \dfrac{c_0}{2nL}(k + 1 - k) = \dfrac{c_0}{2nL}$

$$\Delta f_\mathrm{res} = \frac{2{,}998 \cdot 10^8 \ \mathrm{m/s}}{2 \cdot 1 \cdot 0{,}7 \ \mathrm{m}} = 214{,}14 \ \mathrm{MHz}$$

c) $\Delta W \cdot \tau \approx h$; $\Delta W = h \cdot \Delta f_\mathrm{N}$

$$\Delta f_\mathrm{N} \approx 1/\tau = 1/(20 \cdot 10^{-9} \ \mathrm{s}) = 50 \ \mathrm{MHz}$$

d) Dopplereffekt für $v \ll c$: $f = f_0(1 \pm v/c)$

$$\Delta f_\mathrm{D} = 2 \cdot |f - f_0| = 2f_0 \cdot v_\mathrm{m}/c = 2v_\mathrm{m}/\lambda_0$$

$$v_\mathrm{m} = \sqrt{\frac{3kT}{A_\mathrm{r} \cdot 1 \ \mathrm{u}}} = \sqrt{\frac{3 \cdot 1{,}381 \cdot 10^{-23} \ \mathrm{J/K} \cdot 300 \ \mathrm{K}}{20{,}179 \cdot 1{,}661 \cdot 10^{-27} \ \mathrm{kg}}} = 608{,}95 \ \mathrm{m/s}$$

$$\Delta f_\mathrm{D} = (2 \cdot 608{,}95 \ \mathrm{m/s})/(632{,}8 \cdot 10^{-9} \ \mathrm{m}) = 1{,}925 \ \mathrm{GHz}$$

Die dopplerverbreiterte Spektrallinie zeigt eine Gaußsche Form, weil bei deren Berechnung berücksichtigt werden muß, daß die Atome eine Maxwellsche Geschwindigkeitsverteilung haben und sich statistisch verteilt in allen Raumrichtungen bewegen. Der Linienschwerpunkt liegt bei f_0. Die exakte Rechnung ergibt für die Halbwertsbreite $\Delta f_\mathrm{D} = 0{,}680 \cdot 2v_\mathrm{m}/\lambda_0$.

e) Die Neon-Atome liefern nur im Intervall Δf_D Energie zur Anregung der stehenden Wellen. Mit $\Delta f_\mathrm{D}/\Delta f_\mathrm{res} = 1{,}955 \ \mathrm{GHz}/214{,}14 \ \mathrm{MHz} = 8{,}99$ werden daher neun Resonanzlinien emittiert.

f) $\Delta f_c \approx \dfrac{0,01}{\pi} \cdot \Delta f_{res} = \dfrac{0,01}{\pi} \cdot 214,14 \cdot 10^6 \text{ Hz} = 681,6 \text{ kHz}$

Der Vergleich zeigt, daß

$\Delta f_c / \Delta f_{res} = 3,183 \cdot 10^{-3} \ll 1,$ ebenso

$\Delta f_c / \Delta f_D = 354,1 \cdot 10^{-6} \ll 1$ und

$\Delta f_c / \Delta f_N = 13,63 \cdot 10^{-3} \ll 1.$

4 Elektrizität und Magnetismus

Die wesentlichen Aussagen der Elektrodynamik sind in den Maxwellschen Gleichungen zusammengefaßt. Sie lauten in integraler Form[*]):

$$\gamma_0 \oint \vec{H} \cdot d\vec{s} = \int \vec{j} \cdot d\vec{A} + \frac{d}{dt} \int \vec{D} \cdot d\vec{A} \qquad \gamma_0 \oint \vec{E} \cdot d\vec{s} = -\frac{d}{dt} \int \vec{B} \cdot d\vec{A}$$

$$\oint \vec{D} \cdot d\vec{A} = \int \rho \, dV \qquad\qquad \oint \vec{B} \cdot d\vec{A} = 0$$

$$\vec{D} = \epsilon_0 \vec{E} + \vec{P}_e \qquad\qquad \vec{B} = \mu_0 \vec{H} + \vec{J}_m$$

Dabei gilt die Verknüpfung: $\epsilon_0 \mu_0 c^2 = \gamma_0^2$.
Die elektromagnetische Verkettungskonstante [*]) ist:

$$\gamma_0 = 1 \frac{C \cdot Wb}{J \cdot s} = 1 \frac{C/s}{J/Wb} = 1 \frac{Wb/s}{J/C} = 1 \frac{Wb}{V \cdot s}$$

Im SI-System wird sie üblicherweise gleich der Zahl 1 gesetzt, im CGS-System entspricht ihr $c = 3 \cdot 10^{10}$ cm/s.

4.1 Schaltungen, elektrische Felder und Ladungen

Beim Zusammenbau von Ohmschen Widerständen zu elektrischen Schaltkreisen werden die Kirchhoffschen Sätze angewendet. Beispiele dazu sind die Wheatstonesche Brückenschaltung und der Akkumulator. Elektrische Felder und Ladungen spielen bei Kondensatoren und deren Entladung eine wichtige Rolle.

---

[*]) R. Fleischmann: Einführung in die Physik. Physik Verlag, Weinheim 1980.

4.1.1 Die Wheatstonesche Brückenschaltung

Aufgabe

Eine Wheatstonesche Brückenschaltung besteht aus einem Präzisionswiderstand $R_1 = 100\ \Omega$, einem Spannungsteiler und einem Voltmeter. Damit kann der Wert des unbekannten Widerstands R_x ermittelt werden.

a) Wie groß ist R_x, wenn bei dem Verhältnis $R_3 : R_4 = 4 : 5$ das Voltmeter keine Spannung anzeigt?

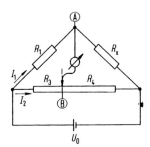

Abb. 4.1.1a. Die Wheatstonesche Brückenschaltung. Das Voltmeter liegt zwischen den Punkten A und B.

b) Zeigen Sie, daß beim Abgleichverhältnis $R_3 : R_4 = 1 : 1$ der Meßfehler für R_x am kleinsten ist.

Lösung

a) Wenn die Stellen A und B auf gleichem Potential liegen, gilt:

$$I_1 R_1 = I_2 R_3; \quad I_1 R_x = I_2 R_4$$

Division: $\dfrac{R_1}{R_x} = \dfrac{R_3}{R_4}; \quad R_x = R_1 \dfrac{R_4}{R_3} = 100\Omega \cdot \dfrac{5}{4} = 125\ \Omega$

b) Relativer Fehler von R_x: $\dfrac{\Delta R_x}{R_x} = \dfrac{\Delta R_1}{R_1} + \dfrac{\Delta R_3}{R_3} + \dfrac{\Delta R_4}{R_4}$

Wenn R_1 ein Präzisionswiderstand ist, wird $\Delta R_1/R_1$ vernachlässigbar. Da $R = R_3 + R_4$ konstant ist, folgt $|\Delta R_3| = |-\Delta R_4| = \Delta R$.

$$\frac{\Delta R_x}{R_x} = \frac{R_3 + R_4}{R_3 R_4} \Delta R = \frac{R}{R_3 (R - R_3)} \Delta R$$

Das Extremum von $\dfrac{\Delta R_x}{R_x}$ wird durch Differentiation des Nenners

$f(R_3) = RR_3 - R_3^2$ ermittelt:

$$\frac{df}{dR_3} = R - 2\,R_3 = 0; \quad R_3 = \frac{R}{2} = R_4, \text{ also } R_3 : R_4 = 1 : 1$$

Da $\dfrac{d^2f}{dR_3^2} = -2 < 0$, hat $f(R_3)$ bei $R_3 = R/2$ ein Maximum, d.h. der Fehler ist dann minimal.

4.1.2 Der Akkumulator

Aufgabe

Beim Entladen eines Akkus ist die Klemmenspannung U_K kleiner als die Urspannung (EMK) U_0, beim Aufladen muß sie größer sein. Dieser Sachverhalt kann durch folgendes Ersatzschaltbild beschrieben werden.

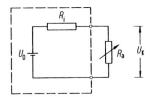

Abb. 4.1.2. Ersatzschaltbild des Akkumulators.

a) Wie groß sind Innenwiderstand R_1 und Urspannung U_0 eines Akkus, der bei einer Stromentnahme von $I_1 = 1$ A eine Klemmenspannung $U_{K,1} = 5,8$ V zeigt, bei $I_2 = 3$ A ein $U_{K,2} = 5,2$ V?
Wie groß ist in beiden Fällen der Außenwiderstand R_a?
Wie groß ist der Kurzschlußstrom I_K?
Welcher Bruchteil ϵ der vom Akku abgegebenen Leistung wird zu dessen Erwärmung verbraucht?

b) Wie groß muß der Widerstand R_a eines an den Akku angeschlossenen Geräts sein, damit seine aufgenommene Leistung maximal wird?
Wie groß sind dann die Entladestromstärke I, die Klemmenspannung U_K und die vom Gerät aufgenommene Leistung P_a?

Welcher Bruchteil ϵ der vom Akku abgegebenen Leistung wird jetzt zu dessen Erwärmung verbraucht?

c) Der Akku hat eine Speicherfähigkeit von $Q = 40$ Ah. Er wird bei einer Spannung von 7,0 V geladen. Wie groß sind Ladestrom und Ladezeit? Wie groß ist der Wirkungsgrad η beim Laden?

Lösung

a) Gl. (1): $U_0 = I_1 R_i + U_{K,1}$; Gl. (2): $U_0 = I_2 R_i + U_{K,2}$

Gl. (2) – Gl. (1) ergibt: $R_i = \dfrac{U_{K,1} - U_{K,2}}{I_2 - I_1} = \dfrac{5,8 \text{ V} - 5,2 \text{ V}}{3 \text{ A} - 1 \text{ A}} = 0,3 \ \Omega$

Gl. (1) ergibt: $U_0 = 1 \text{ A} \cdot 0,3 \ \Omega + 5,8 \text{ V} = 6,1 \text{ V}$

Außenwiderstand $R_a = \dfrac{U_K}{I}$; $R_{a,1} = \dfrac{5,8 \text{ V}}{1 \text{ A}} = 5,8 \ \Omega$; $R_{a,2} = 1,7 \ \Omega$

Mit Gl. (1): $U_K = 0 : I_K = U_0/R_i = 20,33 \text{ A}$

Vom Gerät wird entnommen: $P_a = U_K I$

Aufheizen des Akkus: $P_i = R_i I^2$

Zur Erwärmung verbrauchter Bruchteil: $\epsilon = \dfrac{P_i}{P_a + P_i}$

$P_{a,1} = 5,8 \text{ V} \cdot 1 \text{ A} = 5,8 \text{ W}$; $P_{i,1} = 0,3 \ \Omega \cdot (1 \text{ A})^2 = 0,3 \text{ W}$

$\epsilon_1 = \dfrac{0,3 \text{ W}}{(5,8 + 0,3) \text{ W}} = 4,9\%$

$P_{a,2} = 15,6 \text{ W}$; $P_{i,2} = 2,7 \text{ W}$; $\epsilon_2 = 14,8\%$

b) $P_a = R_a I^2 = R_a \left(\dfrac{U_0}{R_i + R_a} \right)^2$, weil $U_0 = I(R_i + R_a)$

$\dfrac{dP_a}{dR_a} = U_0^2 \dfrac{R_i - R_a}{(R_i + R_a)^3}$

Bedingung für Extremwert: $\dfrac{dP_a}{dR_a} = 0$, also $R_i = R_a = 0,3 \ \Omega$

R_a erhält man also nach a) aus $R_a = U_0/I_K$.

$$I = \frac{U_0}{R_i + R_a} = \frac{U_0}{2R_i} = \frac{6,1 \text{ V}}{2 \cdot 0,3 \text{ }\Omega} = 10,2 \text{ A} = \frac{I_K}{2}$$

$$U_K = U_0 - IR_i = U_0 - \frac{1}{2}U_0 = \frac{1}{2}U_0 = 3,05 \text{ V}$$

$$P_a = R_a I^2 = R_i I^2 = P_i = 0,3 \text{ }\Omega \cdot (10,2 \text{ A})^2 = 31,0 \text{ W}$$

$$\epsilon = 50\%$$

c) Aufladung: $U_K = U_0 + R_i I$; $I = \dfrac{U_K - U_0}{R_i} = \dfrac{7,0 \text{ V} - 6,1 \text{ V}}{0,3 \text{ }\Omega} = 3 \text{ A}$

Ladezeit: $t = \dfrac{Q}{I} = \dfrac{40 \text{ Ah}}{3 \text{ A}} = 13,33 \text{ h}$

Zugeführte gesamte Leistung: $P_{ges} = U_K I = 7,0 \text{ V} \cdot 3 \text{ A} = 21,0 \text{ W}$

Zur Speicherung im Akku ausgenützt: $P_A = U_0 I = 6,1 \text{ V} \cdot 3 \text{ A} = 18,3 \text{ W}$

Wirkungsgrad: $\eta = \dfrac{P_A}{P_{ges}} = \dfrac{18,3 \text{ W}}{21,0 \text{ W}} = 87,1\%$

4.1.3 Der belastete Spannungsteiler

Aufgabe

Ein Spannungsteiler wird durch ein Gerät belastet, welches den Innenwiderstand R_i besitzt.

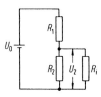

Abb. 4.3.1. Der belastete Spannungsteiler.

a) Berechnen Sie die Funktion $U_2 = f(R_i)$, diskutieren und skizzieren Sie diese.

b) Wie groß ist die am Gerät liegende Spannung U_2, wenn $R_1 = 150 \text{ }\Omega$, $R_2 = 70 \text{ }\Omega$, $R_i = 100 \text{ }\Omega$ und $U_0 = 220 \text{ V}$ sind?
   Wie groß wäre U_2, wenn $R_i \gg R_1$?

c) Wie groß ist der gesamte Widerstand R, der an der Stromquelle liegt, und der Leitwert G?
Wie groß sind die einzelnen Stromstärken durch die Widerstände?
Welche Leistung steht dem Gerät zur Verfügung?

d) Welchen Widerstand R_i muß das Gerät besitzen, damit die dem Spannungsteiler entnehmbare Leistung maximal wird?
Wie groß sind dann Gesamtwiderstand, Spannung U_2, Stromstärken und Leistung?

e) Vergleichen Sie die in Aufg. d) berechnete Spannung U_2 mit der Spannung an R_2 im Fall des unbelasteten Spannungsteilers. Wie kann das Ergebnis mit dem Schaltbild erklärt werden? (Die Aufg. b in Abschn. 4.1.2 ist dazu von Nutzen!)

Lösung

a) $$\frac{U_2}{U_0} = \frac{R_2 R_i/(R_2 + R_i)}{R_1 + R_2 R_i/(R_2 + R_i)} = \frac{R_2 R_i}{R_1 R_2 + R_1 R_i + R_2 R_i}$$

$$= \left(\frac{R_1}{R_i} + \frac{R_1}{R_2} + 1\right)^{-1}$$

$R_i \to 0 : U_2/U_0$; $R_i \to \infty : U_2/U_0 = R_2(R_1 + R_2)$

Steigung bei $R_i = 0$:

$$\frac{dU_2}{dR_i} = U_0 \frac{(R_1 R_2 + R_1 R_i + R_2 R_i)R_2 - R_2 R_i(R_1 + R_2)}{(R_1 R_2 + R_1 R_i + R_2 R_i)^2}$$

$$R_i = 0 : \frac{dU_2}{dR_i} = \frac{U_0}{R_1} > 0$$

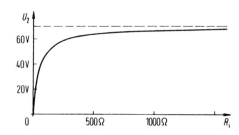

Abb. 4.1.3a. $U_2 = f(R_i)$ wächst mit steigendem R_i monoton an.

b) $R_i = 100\ \Omega$:

$$\frac{U_2}{U_0} = \frac{70\ \Omega \cdot 100\ \Omega}{150\ \Omega \cdot 70\ \Omega + 150\ \Omega \cdot 100\ \Omega + 70\ \Omega \cdot 100\ \Omega} = 0,215$$

$$U_2 = 47,4\ \text{V}$$

$$R_i \gg R_1 : \quad \frac{U_2}{U_0} = \frac{70\ \Omega}{150\ \Omega + 70\ \Omega} = 0,318; \quad U_2 = 70,0\ \text{V}$$

c) $R = R_1 + \dfrac{R_2 R_i}{R_2 + R_i} = 150\ \Omega + \dfrac{70 \cdot 100}{70 + 100}\ \Omega = 191,2\ \Omega$

$$G = 1/R = 5,23 \cdot 10^{-3}\ \text{Siemens}$$

Stromstärken: $I_1 = \dfrac{U_0}{R} = \dfrac{220\ \text{V}}{191,2\ \Omega} = 1,15\ \text{A}$

$$I_2 = \frac{U_2}{R_2} = \frac{47,4\ \text{V}}{70\ \Omega} = 0,68\ \text{A}$$

$$I_i = \frac{U_2}{R_i} = \frac{47,4\ \text{V}}{100\ \Omega} = 0,47\ \text{A} = I_1 - I_2$$

Leistung: $P = \dfrac{U_2^2}{R_i} = \dfrac{(47,4\ \text{V})^2}{100\ \Omega} = 22,5\ \text{W}$

d) Bestimmung der maximalen Leistung:

$$P = \frac{U_2^2}{R_i} = U_0^2 R_2^2 \frac{R_i}{(R_1 R_2 + R_1 R_i + R_2 R_i)^2}$$

$$\frac{dP}{dR_i} = U_0^2 R_2^2 \frac{R_1 R_2 - R_1 R_i - R_2 R_i}{(R_1 R_2 + R_1 R_i + R_2 R_i)^3}$$

Bedingung für Extremum: $\dfrac{dP}{dR_i} = 0$

Daraus folgt $R_1 R_2 = (R_1 + R_2) R_i$

$$R_i = \frac{R_1 R_2}{R_1 + R_2} = \frac{150 \cdot 70}{150 + 70}\ \Omega = 47,7\ \Omega$$

Gesamtwiderstand: $R = 150\ \Omega + \dfrac{70\ \Omega \cdot 47,7\ \Omega}{(70 + 47,7)\ \Omega} = 178,4\ \Omega$

Aus Aufg. a): $\dfrac{U_2}{U_0} = \left(\dfrac{R_1(R_1 + R_2)}{R_1 R_2} + \dfrac{R_1}{R_2} + 1 \right)^{-1} =$

$\qquad = \dfrac{1}{2} \cdot \dfrac{R_2}{R_1 + R_2} = \dfrac{70\ \Omega}{2 \cdot (150 + 70)\ \Omega} = 0,159$

$\qquad U_2 = 35,0\ \text{V}$

Stromstärken $I_1 = 1,23$ A; $I_2 = 0,50$ A; $I_i = 0,73$ A

$P_{max} = \dfrac{U_2^2}{R_i} = \dfrac{(35,0\ \text{V})^2}{47,7\ \Omega} = 25,7\ \text{W}$

e) Aus den Ergebnissen von Aufg. b) und d) sieht man, daß

$\dfrac{U_2}{U_0} = \dfrac{1}{2} \left(\dfrac{U_2}{U_0} \right)_{\text{unbelastet}}$ ist,

also unbelastet: $U_2 = 70,0$ V.

Der Innenwiderstand $R_i R_2 / (R_1 + R_2)$ der Spannungsquelle ist gleich dem Innenwiderstand R_i des Verbrauchers, wenn die Leistung des Verbrauchers maximal wird. Das wird auch direkt aus Abb. 4.1.3e ersichtlich.

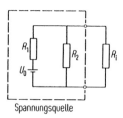

Spannungsquelle

Abb. 4.1.3e. Zur Leistungsanpassung eines Verbrauchers, s auch Aufgabe in Abschn. 4.1.2.

4.1.4 Joulesche Wärme

Aufgabe

Ein Draht aus Nickel hat eine Länge $l = 10$ m und eine Querschnittsfläche $A = 1$ mm². Legt man an die Enden des Drahtes eine Spannung $U = 2$ V, so entsteht während einer Stunde im Draht eine Joulesche Wärme von 15 kJ.

a) Welche Stromstärke fließt durch das Material und wie groß ist dessen elektrische Leitfähigkeit σ?

b) Wieviel Entropie wird pro Zeit erzeugt, wenn der Draht die konstante Temperatur 40 °C bzw. 80 °C hat und die Umgebung 20 °C?

Lösung

a) $P = \dfrac{\Delta Q}{\Delta t} = \dfrac{15000 \text{ J}}{3600 \text{ s}} = 4,17 \text{ W}; \quad I = \dfrac{P}{U} = \dfrac{4,17 \text{ W}}{2 \text{ V}} = 2,08 \text{ A}$

$R = \dfrac{l}{\sigma A}; \quad \sigma = \dfrac{Il}{UA} = \dfrac{2,08 \text{ A} \cdot 10 \text{ m}}{2 \text{ V} \cdot 10^{-6} \text{ m}^2} = 10,4 \cdot 10^6 \ (\Omega\text{m})^{-1}$

b) Draht: Entropie-Erniedrigung um $\Delta Q/T_1$

Umgebung: Entropie-Erhöhung um $\Delta Q/T_2$

System: $\quad \dfrac{\Delta S}{\Delta t} = \dfrac{1}{\Delta t} \cdot \left(-\dfrac{\Delta Q}{T_1} + \dfrac{\Delta Q}{T_2} \right) = \dfrac{\Delta Q}{\Delta t} \cdot \left(\dfrac{1}{T_2} - \dfrac{1}{T_1} \right)$

Bei 40 °C: $\quad \dfrac{\Delta S}{\Delta t} = \dfrac{15000 \text{ Ws}}{3600 \text{ s}} \cdot \left(\dfrac{1}{293 \text{ K}} - \dfrac{1}{313 \text{ K}} \right) =$

$$= 0,909 \cdot 10^{-3} \ \dfrac{\text{W}}{\text{K}}$$

Bei 80 °C: $\dfrac{\Delta S}{\Delta t} = 2,417 \cdot 10^{-3} \ \dfrac{\text{W}}{\text{K}}$

4.1.5 Elektrizitätsleitung in Metallen

Aufgabe

Kupfer ist der am häufigsten benutzte elektrische Leiter.

a) Das Metall ($A_r = 63,55$) bildet ein kubisch-flächenzentriertes Gitter. Auf jede Elementarzelle des Kristalls treffen vier Atome. Wie groß ist die Kantenlänge d einer Zelle?

b) Durch eine Spule aus Kupferdraht fließt ein Strom mit der Stromdichte $j = 8$ A/mm². Wie groß sind Teilchendichte n, Driftgeschwindigkeit v und Beweglichkeit u der Elektronen im Metall? In Kupfer ist für jedes Atom ein freies Elektron vorhanden.

c) Wie groß ist der Temperaturanstieg pro Zeit kurz nach dem Einschalten des Spulenstroms, wenn die Wärmeverluste noch vernachlässigbar sind? Verwenden Sie die Regel von Dulong-Petit für die spezifische Wärmekapazität von Kupfer

Leitfähigkeit $\sigma = 57,14 \cdot 10^6$ $(\Omega\text{m})^{-1}$
Dichte $\rho = 8,93 \cdot 10^3$ kg/m³

Lösung

a) Volumen der Elementarzelle: $V_0 = d^3 = \dfrac{m}{\rho} = \dfrac{4m_0}{\rho} = \dfrac{4\,A_r \cdot 1\,\text{u}}{\rho}$

$$= \frac{4 \cdot 63,55 \cdot 1,66 \cdot 10^{-27}\ \text{kg}}{8,93 \cdot 10^3\ \text{kg/m}^3} = 47,25 \cdot 10^{-30}\ \text{m}^3$$

Kantenlänge $d = 3,62 \cdot 10^{-10}$ m

b) $n = \dfrac{\rho}{m_0} = \dfrac{4}{V_0} = \dfrac{4}{47,25 \cdot 10^{-30}\ \text{m}^3} = 84,65 \cdot 10^{27}\ \text{m}^{-3}$

$j = nev;\quad v = \dfrac{j}{ne} = \dfrac{8 \cdot 10^6\ \text{A/m}^2}{84,65 \cdot 10^{27}\ \text{m}^{-3} \cdot 1,602 \cdot 10^{-19}\ \text{As}} = 0,59\ \dfrac{\text{mm}}{\text{s}}$

$j = \sigma E;\quad u = \dfrac{v}{E} = \dfrac{\sigma}{ne} = \dfrac{57,14 \cdot 10^6\ (\Omega\text{m})^{-1}}{84,65 \cdot 10^{27}\ \text{m}^{-3} \cdot 1,602 \cdot 10^{-19}\ \text{As}} =$

$$= 4,21 \cdot 10^{-3}\ \frac{\text{m}^2}{\text{Vs}}$$

c) $\Delta W_{el} = \Delta Q$; $RI^2 \cdot \Delta t = mc \cdot \Delta T$; $\dfrac{\Delta T}{\Delta t} = \dfrac{RI^2}{mc}$

$R = \dfrac{1}{\sigma} \cdot \dfrac{l}{A}$; $I = jA$; $m = \rho V = \rho Al$

Regel von Dulong-Petit:

$$c = 3R_s = 3\frac{R_m}{m_m} = \frac{3 \cdot 8314,5 \text{ J/(kmol} \cdot \text{K)}}{63,55 \text{ kg/kmol}} = 392,5 \ \frac{\text{J}}{\text{kg} \cdot \text{K}},$$

wobei hier R_m die allgemeine Gaskonstante bedeutet.

$$\frac{\Delta T}{\Delta t} = \frac{l \cdot j^2 A^2}{\sigma A \cdot \rho Alc} = \frac{j^2}{\sigma \rho c} = \frac{(8 \cdot 10^6)^2}{57,14 \cdot 10^6 \cdot 8,93 \cdot 10^3 \cdot 392,5} \cdot$$

$$\cdot 1\frac{A^2 \cdot \Omega m \cdot m^3 \cdot kgK}{m^4 \cdot kg \cdot J} = 0,32 \ \frac{K}{s}$$

4.1.6 Entladung eines Kondensators

Aufgabe

Ein mit Glimmer ($\epsilon_r = 8$) gefüllter Plattenkondensator mit einer Fläche $A = 16 \text{ cm}^2$ und einem Plattenabstand $d = 25$ μm entlädt sich wegen der Leitfähigkeit des Dielektrikums.

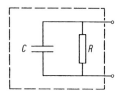

Abb. 4.1.6. Ersatzschaltbild des Plattenkondensators.

a) Wie groß sind spezifischer elektrischer Widerstand ρ und Widerstand R des Dielektrikums, wenn die Ladung des Kondensators nach 70 s auf $1/e$ abgesunken ist?

b) Wie lange dauert es, bis sich der Kondensator halb entladen hat? Wie groß ist die Kapazität des Kondensators?

Lösung

a) Entladung eines Kondensators, wenn zur Zeit $t = 0$ die Spannung $U = U_0$ ist:

$$I = -\frac{dQ}{dt} = -C\frac{dU}{dt}; \quad U = IR = -RC\frac{dU}{dt}$$

$$\int_{U_0}^{U_c} \frac{dU}{U} = -\int_0^t \frac{1}{RC}dt; \quad U_C = U_0 e^{-t/(RC)}$$

Entladung auf $1/e$ nach $\tau = RC$ mit $R = \rho\dfrac{d}{A}$

Zeitkonstante $\tau = \rho\epsilon_r\epsilon_0$

$$\rho = \frac{\tau}{\epsilon_r\epsilon_0} = \frac{70 \text{ s}}{8 \cdot 8,854 \cdot 10^{-12} \text{ As/(Vm)}} = 0,988 \cdot 10^{12} \ \Omega\text{m}$$

$$R = 0,988 \cdot 10^{12} \ \Omega\text{m} \cdot \frac{25 \cdot 10^{-6} \text{ m}}{16 \cdot 10^{-4} \text{ m}^2} = 15,44 \cdot 10^9 \ \Omega$$

b) $\dfrac{U_C}{U_0} = \dfrac{1}{2} = e^{-t/\tau}; \ t_{1/2} = \tau \cdot \ln 2 = 70 \text{ s} \cdot \ln 2 = 48,5 \text{ s}$

$C = \tau/R = 70 \text{ s}/15,44 \cdot 10^9 \ \Omega = 4,53 \text{ nF}$

4.1.7 Kippschwingungen

Aufgabe

Ein Kondensator mit der Kapazität $C = 2 \ \mu\text{F}$ wird über einen Widerstand $R = 470 \text{ k}\Omega$ aus einer Gleichspannungsquelle mit der Spannung $U_0 = 220 \text{ V}$ aufgeladen.

a) Wie lange dauert es, bis der Kondensator auf $U_Z = 120 \text{ V}$ aufgeladen ist?

b) Parallel zum Kondensator wird eine Glimmlampe geschaltet, die eine Zündspannung $U_Z = 120 \text{ V}$ und eine Löschspannung $U_L = 90 \text{ V}$ aufweist. Wie oft blitzt die Glimmlampe pro Sekunde auf? Dabei ist zu berücksichtigen, daß im gezündeten Zustand der Innenwiderstand der Glimmlampe $R_i \ll R$, im gelöschten $R_i \gg R$ ist.

c) Am Oszillografen sieht man, daß der Entladevorgang über die Glimmlampe $t_e = 80 \ \mu\text{s}$ dauert und angenähert exponentiell verläuft. Wie groß ist der (mittlere) Innenwiderstand R_i?

Lösung

a) Aufladung eines Kondensators mit konstanter Spannung U_0:

$$U_C = U_0 \left(1 - e^{-t/(RC)}\right)$$

Mit $U_C = U_Z$ wird

$$t_1 = RC \cdot \ln \frac{U_0}{U_0 - U_C} = 470 \cdot 10^3\ \Omega \cdot 2 \cdot 10^{-6}\ \text{F} \cdot \ln \frac{220\ \text{V}}{(220 - 120)\text{V}} =$$
$$= 0,741\ \text{s}$$

b) Aufladung auf $U_C = U_L$:

$$t_2 = 0,495\ \text{s}; \quad \Delta t = t_1 - t_2 = 0,246\ \text{s}$$

Blitzfrequenz: $f = \dfrac{1}{\Delta t} = 4,06\ \text{Hz}$

Die Entladungszeit t_e des Kondensators ist wesentlich kleiner als Δt, weil $R_i \ll R$. Sie kann daher bei Δt vernachlässigt werden.

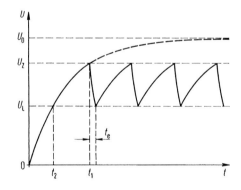

Abb. 4.1.7b. Erzeugung von Kipp-schwingungen. Die gestrichelte Fort-setzung der Kurve zeigt die Spannung am Kondensator, wenn keine Glimm-lampe vorhanden ist.

c) Für die Entladung von U_Z auf U_L gilt $U_L = U_Z e^{-t_e/(R_i C)}$

$$R_i = \frac{t_e}{C \ln(U_Z/U_L)} = \frac{80 \cdot 10^{-6}\ \text{s}}{2 \cdot 10^{-6}\ \text{F} \cdot \ln(120\text{V}/90\text{V})} = 139\ \Omega$$

4.1.8 Ladung eines Elektronenblitzgeräts

Aufgabe

Ein Elektronenblitzgerät setzt pro Blitz eine Energie $W_e = 90$ Ws um. Der Speicherkondensator wird vor der Entladung auf $U_e = 500$ V aufgeladen.

a) Welche Ladung Q_e geht pro Blitz durch die Blitzröhre?
   Wie groß ist die Kapazität C des Kondensators?

b) Die Aufladung des Kondensators erfolgt über einen Gleichspannungswandler mit 60% Wirkungsgrad aus einem Akku mit der Spannung $U_0 = 6$ V. Dieser kann eine Ladung $Q_0 = 1,5$ Ah speichern. Wieviele Blitze n kann man dem Akku entnehmen?

Lösung*)

a) $W_e = \dfrac{1}{2} Q_e U_e; \quad Q_e = \dfrac{2W_e}{U_e} = \dfrac{2 \cdot 90 \text{ Ws}}{500 \text{ V}} = 0,36$ C

$C = \dfrac{Q}{U} = \dfrac{0,36 \text{ C}}{500 \text{ V}} = 720 \text{ μF}$

b) Energie des Akkus: $W_0 = Q_0 U_0 = 1,5 \cdot 3600 \text{ As} \cdot 6 \text{ V} = 32400 \text{ Ws}$

Blitzzahl: $n = \dfrac{0,6 \cdot W_0}{W_e} = \dfrac{19440 \text{ Ws}}{90 \text{ Ws}} = 216$

4.1.9 Der Plattenkondensator

Aufgabe

Ein Plattenkondensator ohne Dielektrikum hat eine Fläche $A = 600$ cm^2. Die Platten haben einen Abstand $d_1 = 0,3$ cm und sind zunächst mit einer Batterie mit der Spannung $U_1 = 300$ V verbunden.

a) Berechnen Sie die Kapazität C_1 des Kondensators, seine Ladung Q_1, elektrische Feldstärke E_1, Feldenergie W_1 und die Kraft F_1, mit der sich die Platten anziehen.

---

*) Beachten Sie, daß in dieser und in den folgenden Aufgaben nebeneinander das Einheitszeichen 1 Coulomb = 1 C = 1 As und das Symbol C für die Kapazität vorkommen.

b) Bei angeschlossener Batterie wird der Plattenabstand auf $d_2 = 1$ cm vergrößert. Wie groß sind jetzt C_2, Q_2, U_2, E_2, W_2 und F_2?

c) Von a) ausgehend wird die Verbindung zur Batterie unterbrochen und dann der Abstand auf $d_2 = 1$ cm vergrößert. Welche Werte nehmen hier die in b) berechneten Größen an?

Vergleichen Sie jeweils die Ergebnisse von b) und c) mit denen des Anfangszustandes bei a).

Der Plattendurchmesser ist $\gg d$, so daß Randeffekte vernachlässigt werden dürfen.

Lösung

a) Anfangszustand:

$$C_1 = \epsilon_0 \frac{A}{d_1} = 8,854 \cdot 10^{-12} \ \frac{C}{Vm} \cdot \frac{600 \cdot 10^{-4} \ m^2}{3 \cdot 10^{-3} \ m} = 177,1 \ pF$$

$$Q_1 = C_1 U_1 = 177,1 \cdot 10^{-12} \ F \cdot 300 \ V = 53,12 \cdot 10^{-9} \ C$$

$$U_1 = 300 \ V$$

$$E_1 = U_1/d_1 = 300 \ V/3 \cdot 10^{-3} \ m = 100 \ kV/m$$

$$W_1 = \frac{1}{2} C_1 U_1^2 = \frac{1}{2} \cdot 177,1 \cdot 10^{-12} \ F \cdot (300 \ V)^2 = 7,969 \cdot 10^{-6} \ J$$

$$F_1 = \frac{1}{2} Q_1 E_1 = \frac{1}{2} \cdot 53,12 \cdot 10^{-9} \ C \cdot 10^5 \ \frac{V}{m} = 2,656 \cdot 10^{-3} \ N$$

b) Batterie bleibt angeschlossen:

$$C_2 = \epsilon_0 \frac{A}{d_2} = C_1 \frac{d_1}{d_2} = 177,1 \ pF \cdot \frac{0,3 \ cm}{1 \ cm} = 53,12 \ pF < C_1$$

$$Q_2 = C_2 U_2 = C_1 U_1 \frac{d_1}{d_2} = Q_1 \frac{d_1}{d_2} = 53,12 \cdot 10^{-9} \ C \cdot 0,3 =$$
$$= 15,94 \cdot 10^{-9} \ C < Q_1$$

$$U_2 = U_1 = 300 \ V$$

$$E_2 = \frac{U_2}{d_2} = \frac{U_1}{d_2} = E_1 \frac{d_1}{d_2} = 100 \ \frac{kV}{m} \cdot 0,3 = 30 \ \frac{kV}{m} < E_1$$

$$W_2 = \frac{1}{2}C_2U_1^2 = \frac{1}{2}C_1U_1^2\frac{d_1}{d_2} = W_1\frac{d_1}{d_2} = 7,969 \cdot 10^{-6} \cdot 0,3 \text{ J} =$$

$$= 2,391 \cdot 10^{-6} \text{ J} < W_1$$

$$F_2 = \frac{1}{2}Q_2E_2 = \frac{1}{2}Q_1E_1\left(\frac{d_1}{d_2}\right)^2 = F_1\left(\frac{d_1}{d_2}\right)^2 =$$

$$= 2,656 \cdot 10^{-3} \text{ N} \cdot \left(\frac{0,3 \text{ cm}}{1 \text{ cm}}\right)^2 = 0,239 \cdot 10^{-3} \text{ N} < F_1$$

c) Abgeklemmte Batterie:

$$C_2 = 53,12 \text{ pF} < C_1 \text{ wie in Aufg. b)}$$

$$Q_2 = Q_1$$

$$U_2 = \frac{Q_2}{C_2} = \frac{Q_1d_2}{C_1d_1} = U_1\frac{d_2}{d_1} = 300 \text{ V} \cdot \frac{1 \text{ cm}}{0,3 \text{ cm}} = 1000 \text{ V} > U_1$$

$$E_2 = \frac{U_2}{d_2} = U_1\frac{d_2}{d_1d_2} = \frac{U_1}{d_1} = E_1$$

$$W_2 = \frac{1}{2}C_2U_2^2 = \frac{1}{2}C_1\frac{d_1}{d_2}U_1^2\left(\frac{d_2}{d_1}\right)^2 = W_1\frac{d_2}{d_1} =$$

$$= 7,969 \cdot 10^{-6} \text{ J} \cdot \frac{1}{0,3} = 26,56 \cdot 10^{-6} \text{ J} > W_1$$

$$F_2 = \frac{1}{2}Q_2E_2 = \frac{1}{2}Q_1E_1 = F_1$$

4.1.10 Kondensator mit Dielektrikum

Aufgabe

Ein Plattenkondensator mit der Fläche $A = 50 \text{ cm}^2$ ist mit einem Dielektrikum gefüllt. Dessen Permittivitätszahl ist $\epsilon_r = 10$, der spezifische Widerstand $\rho = 10^{12}$ Ωm. Er hat einen Widerstand $R = 40$ GΩ und eine Durchschlagsfeldstärke $E_d = 30$ kV/mm.

a) Welche Kapazität C hat der Kondensator, und welche Spannung U_d darf maximal angelegt werden?

b) Zeigen Sie, daß auch für einen beliebig geformten Kondensator, der total in ein Dielektrikum eingebettet ist, die Beziehung $RC = \epsilon/\sigma$ gilt (elektrische Leitfähigkeit $\sigma = 1/\rho$).

Lösung

a) $C = \epsilon \dfrac{A}{d}$; Widerstand des Dielektrikums $R = \rho \dfrac{d}{A}$; $\dfrac{A}{d} = \dfrac{\rho}{R}$

$$C = \epsilon_r \epsilon_0 \frac{\rho}{R} = 10 \cdot 8,854 \cdot 10^{-12} \frac{C}{Vm} \cdot \frac{10^{12}\ \Omega m}{40 \cdot 10^9\ \Omega} = 2,214\ nF$$

Plattenabstand: $d = \dfrac{AR}{\rho} = \dfrac{50 \cdot 10^{-4}\ m^2 \cdot 40 \cdot 10^9\ \Omega}{10^{12}\ \Omega m} = 0,2\ mm$

Durchschlagsspannung: $U_d = E_d d = 30 \cdot 10^6\ \dfrac{V}{m} \cdot 0,2 \cdot 10^{-3}\ m = 6\ kV$

b)

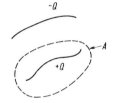

Abb. 4.1.10b. Um eine der Kondensatorplatten wird eine beliebige geschlossene Fläche A gelegt.

Für die Stromdichte gilt $\vec{j} = \sigma \vec{E}$. Wir legen um eine der Platten eine geschlossene Fläche. Stromstärke durch die Fläche:

$$I = \oint \vec{j} \cdot d\vec{A} = \oint \sigma \vec{E} \cdot d\vec{A} = \frac{\sigma}{\epsilon} \oint \vec{D} \cdot d\vec{A}$$

Mit der Maxwellschen Gleichung $\oint \vec{D} \cdot d\vec{A} = \int \rho dV$ erhält man

$$I = \frac{\sigma}{\epsilon} \int \rho dV = \frac{\sigma}{\epsilon} Q = \frac{\sigma}{\epsilon} CU.$$

$$R = \frac{U}{I} = \frac{\epsilon}{\sigma C}; \quad RC = \frac{\epsilon}{\sigma}\ \text{bzw.}\ C = \epsilon \frac{\sigma}{R}, \text{wie bei Aufgabe a).}$$

4.1.11 Der Kugelkondensator*)

Aufgabe

Ein Kugelkondensator mit den Radien $r_i = 5$ cm und $r_a = 6$ cm liegt an einer Spannung $U = 2$ kV.

a) Welche Kapazität C hat der Kondensator und welche Ladungen $\pm Q$ tragen die Kugeln?
   Wie groß sind die Feldstärken E an der inneren und äußeren Kugel?
   Wie groß ist die Feldenergie W?
   Welchen Wert hat die Kapazität, wenn $r_a \gg r_i = 5$ cm?

b) Wie groß wäre die Gesamtladung auf der Erdoberfläche, wenn die Erde als leitende Kugel betrachtet wird und die elektrische Feldstärke am Erdboden 130 V/m beträgt?
   Wie groß ist dann die Kapazität der Erde und die Feldenergie? Dabei soll angenommen werden, daß in höheren Schichten der Atmosphäre keine elektrischen Ladungen vorhanden sind.

c) Der Kondensator der Aufg. a) schlägt bei einer kritischen Feldstärke $E_k = 30$ kV/cm durch. Wie groß muß bei festgehaltenem Außenradius $r_a = 6$ cm der Innenradius r_i gewählt werden, damit eine möglichst hohe Spannung angelegt werden kann?
   Welchen Wert erreicht sie dann?

Lösung

a) $E(r) = \dfrac{Q}{4\pi\epsilon_0 r^2}; \; r_i \ll r \ll r_a$

$$U = \int_{r_i}^{r_a} E(r)\mathrm{d}r = \frac{Q}{4\pi\epsilon_0} \int_{r_i}^{r_a} \frac{\mathrm{d}r}{r^2} = \frac{Q}{4\pi\epsilon_0}\left(\frac{1}{r_i} - \frac{1}{r_a}\right)$$

$$C = \frac{Q}{U} = \frac{4\pi\epsilon_0}{1/r_i - 1/r_a} = \frac{4\pi \cdot 8,854 \cdot 10^{-12} \; \text{As/Vm}}{1/0,05 \; \text{m} - 1/0,06 \; \text{m}} = 33,38 \; \text{pF}$$

Ladungen $\pm Q$ auf den Kugeln:

$$Q = CU = 33,38 \cdot 10^{-12} \; \text{F} \cdot 2000 \; \text{V} = 66,76 \cdot 10^{-9} \; \text{C}$$

---

*) Beachten Sie die Fußnote zu 4.1.8

$$E(r_\mathrm{i}) = \frac{66,76 \cdot 10^{-9}\ \mathrm{C}}{4\pi\epsilon_0 \cdot (0,05\ \mathrm{m})^2} = 240\ \frac{\mathrm{kV}}{\mathrm{m}}; \quad E(r_\mathrm{a}) = 167\ \frac{\mathrm{kV}}{\mathrm{m}}$$

Feldenergie $W = \frac{1}{2}QU = \frac{1}{2} \cdot 66,76 \cdot 10^{-9}\ \mathrm{C} \cdot 2000\ \mathrm{V} = 66,76 \cdot 10^{-6}\ \mathrm{Ws}$

$r_\mathrm{a} \gg r_\mathrm{i}; \quad C = 4\pi\epsilon_0 r_\mathrm{i} = 4\pi\epsilon_0 \cdot 0,05\ \mathrm{m} = 5,56\ \mathrm{pF}$

b) $Q = 4\pi\epsilon_0 r_\mathrm{e}^2 E = 4\pi\epsilon_0 \cdot (6,37 \cdot 10^6\ \mathrm{m})^2 \cdot 130\ \frac{\mathrm{V}}{\mathrm{m}} = 586,9 \cdot 10^3\ \mathrm{C}$

$C = 4\pi\epsilon_0 r_\mathrm{e} = 4\pi\epsilon_0 \cdot 6,37 \cdot 10^6\ \mathrm{m} = 708,7\ \mathrm{\mu F}$

Feldenergie $W = \frac{1}{2} \cdot \frac{Q^2}{C} = \frac{(586,9 \cdot 10^3\ \mathrm{C})^2}{2 \cdot 708,7 \cdot 10^{-6}\ \mathrm{F}} = 0,243 \cdot 10^{15}\ \mathrm{Ws}$

c) Die kritische Feldstärke wird an der inneren Kugel erreicht. Sie beträgt

$$E_\mathrm{k} = \frac{Q}{4\pi\epsilon_0 r_\mathrm{i}^2} = 30\ \mathrm{kV/cm}.$$

$$U = \frac{Q}{4\pi\epsilon_0}\left(\frac{1}{r_\mathrm{i}} - \frac{1}{r_\mathrm{a}}\right) = \frac{Q}{4\pi\epsilon_0 r_\mathrm{i}^2}\left(r_\mathrm{i} - \frac{r_\mathrm{i}^2}{r_\mathrm{a}}\right) = E_\mathrm{k}\left(r_\mathrm{i} - \frac{r_\mathrm{i}^2}{r_\mathrm{a}}\right)$$

$$\frac{\mathrm{d}U}{\mathrm{d}r_\mathrm{i}} = E_\mathrm{k}\left(1 - \frac{2r_\mathrm{i}}{r_\mathrm{a}}\right) = 0; \quad r_\mathrm{i} = \frac{r_\mathrm{a}}{2} = 3\ \mathrm{cm}$$

Die Spannung wird maximal, weil die 2. Ableitung

$$\frac{d^2 U}{dr_\mathrm{i}^2} = E_\mathrm{k}\left(-\frac{2}{r_\mathrm{a}}\right) < 0\ \text{ist.}$$

$$U = E_\mathrm{k}\left(\frac{r_\mathrm{a}}{2} - \frac{r_\mathrm{a}^2}{4r_\mathrm{a}}\right) = E_\mathrm{k}\frac{r_\mathrm{a}}{4} = \frac{1}{4} \cdot 30\ \frac{\mathrm{kV}}{\mathrm{m}} \cdot 6\ \mathrm{cm} = 45\ \mathrm{kV}$$

4.2 Magnetfelder, Induktion, Wechselfelder

Zu den in Abschn. 4.1 behandelten elektrischen Größen treten magnetische Größen
hinzu. Sie werden durch die Maxwellschen Gleichungen verknüpft. Das Indukti
onsgesetz spielt dabei eine wichtige Rolle.

Bei Hintereinanderschaltung von Wechselstrom-Widerständen benötigt man fol
gende Begriffe:

Scheinwiderstand $R_{ges} = \sqrt{R^2 + X^2}$

Wirkwiderstand R

Blindwiderstand $X = \omega L - 1/(\omega C)$

Phasenverschiebung des Stroms gegen die Spannung $\tan \varphi = X/R$

Scheinleistung $P_s = U_{eff} I_{eff} = I_{eff}^2 R_{ges}$

Wirkleistung $P_w = I_{eff}^2 R$

Blindleistung $P_b = I_{eff}^2 X$

Am Ende des Abschnitts werden freie elektromagnetische Wellen betrachtet. Be
der Nachrichtenübertragung mit Satelliten können die Feldstärken sehr klein we
den, bei Laserstrahlung hingegen sehr groß.

4.2.1 Spiegel-Galvanometer

Aufgabe

Die Spule eines Spiegel-Galvanometers hat die Fläche $A = 1$ cm^2, $n = 43$ Wi
dungen und den Widerstand $R = 60\ \Omega$. Sie hängt an einem Torsionsfaden m
der Winkelrichtgröße $D^* = 3,2 \cdot 10^{-9}$ Nm in einem Magnetfeld der Flußdich
$B = 0,6$ Wb/m^2. Durch die Formgebung des Permanentmagneten wird erreich
daß die Spulenebene auch bei Drehung immer parallel zu den Magnetfeldlini
liegt.

a) Welche Stromstärke I ist nötig, um die Spule um 1,2° aus der Ruhelage
   drehen?

b) Welche Strompfindlichkeit S_i (Winkel/Stromstärke) hat das Galvanometer

c) Wie groß ist das magnetische Moment m_m der Spule für die in Aufgabe a) berechnete Stromstärke?

d) Welche Spannung kann maximal gemessen werden, wenn ein Maximalausschlag von 5° zugelassen wird?

Lösung

a) Drehmoment auf die Spule für kleine Auslenkungen:

$$M = \frac{n}{\gamma_0} AIB = D^*\varphi; \quad I = \frac{\gamma_0}{n} \cdot \frac{D^*\varphi}{AB}$$

$$I = \frac{1 \text{ Wb/(Vs)} \cdot 3,2 \cdot 10^{-9} \text{ Nm} \cdot \text{arc}1,2°}{43 \cdot 10^{-4} \text{ m}^2 \cdot 0,6 \text{ Wb/m}^2} = 25,98 \cdot 10^{-9} \text{ A} \approx 26 \text{ nA}$$

b) Stromempfindlichkeit:

$$S_i = \frac{\varphi}{I} = \frac{\text{arc}1,2°}{25,98 \cdot 10^{-9} \text{ A}} = 0,806 \cdot 10^6 \text{ A}^{-1} = 0,806 \, (\mu\text{A})^{-1}$$

c) $M = m_m H$; magnetisches Moment $m_m = \mu_0 \frac{n}{\gamma_0} AI$

$$m_m = 1,257 \cdot 10^{-6} \frac{\text{Wb}^2}{\text{Jm}} \cdot 43 \cdot 1 \frac{\text{Vs}}{\text{Wb}} \cdot 10^{-4} \text{ m}^2 \cdot 25,98 \cdot 10^{-9} \text{ A} =$$

$$= 0,140 \cdot 10^{-15} \text{ Wbm}$$

d) Bei $\varphi = 1,2°$: $U = IR = 25,98 \cdot 10^{-9} \text{ A} \cdot 60 \, \Omega = 1,56 \, \mu\text{V}$

bei $\varphi = 5°$: $U_{max} = \frac{5°}{1,2°} \cdot 1,56 \cdot 10^{-6} \text{ V} = 6,50 \, \mu\text{V}$

4.2.2 Ballistische Verwendung eines Spiegel-Galvanometers[*])

Aufgabe

Unter Verwendung des Galvanometers der vorhergehenden Aufgabe in Abschn. 4.2.1 wird der Umkehrausschlag („ballistischer Ausschlag") zur Messung von Stromstößen (Ladungen) verwendet.

---

[*]) Weiterführende Literatur: W. H. Westphal: Physikalisches Praktikum. Vieweg Verlag, Braunschweig 1974.

a) Wie lautet der Zusammenhang zwischen der Stromempfindlichkeit S_i und der ballistischen Empfindlichkeit S_q (Winkel/Ladung) bei einem sehr schwach gedämpften Galvanometer?
Wie groß ist hier S_q, wenn dessen Schwingungsdauer $T_0 = 2,5$ s beträgt?

b) Das Galvanometer wird zur Bestimmung der Kapazität eines Kondensators benutzt. Dieser wird mit einer Spannung $U = 150$ V aufgeladen und dann über die Galvanometerspule entladen. Auf der kreisförmig gebogenen Skala mit dem Radius $r = 20$ cm liest man einen maximalen Lichtzeiger-Ausschlag $s = 15$ mm ab.
Um welchen Winkel $\hat{\varphi}$ wurde die Spule maximal gedreht?
Wie groß ist die Kapazität?

c) Welche Zeitbedingung muß erfüllt werden, um das Galvanometer ballistisch verwenden zu können? Wurde sie in Aufg. b) erfüllt?

Lösung

a) Aus der vorhergehenden Aufgabe in Abschn. 4.2.1 entnimmt man

$$I = \frac{\gamma_0}{nAB} M.$$

Stromstoß durch die Spule:

$$Q = \int_0^{t_e} I \, dt = \frac{\gamma_0}{nAB} \int_0^{t_e} M \, dt = \frac{\gamma_0}{nAB} \Delta L$$

Der Drehmomentstoß ist $\Delta L = J\hat{\varphi}$, wobei J das Trägheitsmoment und $\hat{\dot{\varphi}}$ di(e) (maximale) Winkelgeschwindigkeit ist, mit der die Spule aus ihrer Ruhelag(e) gestoßen wird. Wenn das Galvanometer vorher in Ruhe war, gilt (ungedämpft)

$$\varphi(t) = \hat{\varphi} \cdot \sin \omega_0 t; \quad \dot{\varphi}(t) = \omega_0 \hat{\varphi} \cdot \cos \omega_0 t = \hat{\dot{\varphi}} \cdot \cos \omega_0 t$$

$$\Delta L = J\omega_0 \hat{\varphi}; \quad Q = \frac{\gamma_0}{nAB} J\omega_0 \hat{\varphi}$$

$\hat{\varphi}$ ist dabei der maximale („ballistische") Ausschlag der Spule.

Mit $\omega_0^2 = \dfrac{D^*}{J}$ und $S_i D^* = \dfrac{\varphi}{I} D^* = \dfrac{nAB}{\gamma_0}$ aus Aufgabe in Abschn. 4.2.1 erhä(lt) man:

$$S_q = \frac{\hat{\varphi}}{Q} = \frac{nAB}{\gamma_0 J \omega_0} = \frac{S_i D^*}{J \omega_0} = S_i \omega_0 = S_i \frac{2\pi}{T_0}$$

$$S_q = 0,806 \cdot 10^6 \, \text{A}^{-1} \cdot \frac{2\pi}{2,5 \, \text{s}} = 2,026 \cdot 10^6 \, \text{C}^{-1} = 2,026 \, (\mu\text{C})^{-1}$$

b) $2\hat{\varphi} = \frac{s}{r}$; $\hat{\varphi} = \frac{s}{2r} = \frac{15 \, \text{mm}}{2 \cdot 200 \, \text{mm}} = 0,0375$; $\hat{\varphi} = 2,15°$

Auf die Skala bezogene Empfindlichkeit:

$$S_s = \frac{s}{Q} = 2r \frac{\hat{\varphi}}{Q} = 2r S_q$$

$$S_s = 2 \cdot 200 \, \text{mm} \cdot 2,026 \cdot 10^6 \, \text{C}^{-1} = 810,5 \cdot 10^6 \, \text{mm/C}$$

Kondensator:

$$Q = \frac{s}{S_s} = \frac{15 \, \text{mm}}{810,5 \cdot 10^6 \, \text{mm/C}} = 18,51 \cdot 10^{-9} \, \text{C}$$

$$C = \frac{Q}{U} = \frac{18,51 \cdot 10^{-9} \, \text{C}}{150 \, \text{V}} = 123,4 \, \text{pF}$$

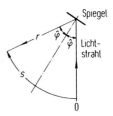

Abb. 4.2.2b. Bezeichnung der Winkel und Strecken beim Galvanometer.

c) Die Zeitdauer des Stromstoßes t_e muß wesentlich kleiner als die Schwingungsdauer T_0 des Galvanometers sein.

Zeitkonstante bei der Entladung:

$$\tau = RC = 60 \, \Omega \cdot 123,4 \cdot 10^{-12} \, \text{F} = 7,40 \, \text{ns}$$

$\tau \ll T_0$ ist also erfüllt.

4.2.3 Kraft auf zwei stromdurchflossene Drähte

Aufgabe

Eine Kondensatorbatterie für Plasmaversuche hat eine Kapazität $C = 0,01$ F. Sie wird mit einer Spannung $U_0 = 15$ kV aufgeladen. Anschließend entlädt sie sich mit einer Zeitkonstanten $\tau = 10\ \mu s$.

a) Wie groß ist der Energieinhalt der Batterie?
Welcher Spitzenstrom I_0 fließt bei der Entladung für den Grenzfall verschwindender Selbstinduktion?

b) Berechnen Sie für einen geraden stromdurchflossenen Draht die Abhängigkeit der magnetischen Flußdichte vom Abstand.
Wie groß ist B in der Entfernung $d = 50$ cm?
Mit welcher maximalen Kraft pro Länge stoßen sich die 50 cm voneinander entfernten parallel zueinander laufenden Zuleitungen zwischen Kondensator und Apparatur ab?

Lösung

a) Energieinhalt $W = \dfrac{1}{2}CU_0^2 = \dfrac{1}{2} \cdot 0,01\ \text{F} \cdot (15000\ \text{V})^2 = 1,125\ \text{MWs}$

Spitzenstrom: Aus $\tau = RC = \dfrac{U_0 C}{I_0}$ folgt $I_0 = \dfrac{U_0 C}{\tau}$

$I_0 = \dfrac{15000\ \text{V} \cdot 0,01\ \text{F}}{10 \cdot 10^{-6}\ \text{s}} = 15\ \text{MA}$

b) Für einen einzelnen Draht gilt für die magnetische Ringspannung die Maxwell-Gleichung:

$$U_\text{m} = \oint \vec{H} \cdot \mathrm{d}\vec{s} = \frac{I}{\gamma_0};\quad U_\text{m} = H \cdot 2\pi r$$

$$H(r) = \frac{I}{\gamma_0} \cdot \frac{1}{2\pi r};\quad B(r) = \frac{I}{\gamma_0} \cdot \frac{\mu_0}{2\pi r}$$

Abb. 4.2.3b. Die Zuleitungen werden von entgegengesetzt laufenden Strömen durchflossen. Für den linken Draht ist $\vec{H}(r)$ gezeichnet.

Im Abstand $r = d$:

$$B = 15 \cdot 10^6 \text{ A} \cdot 1 \frac{\text{Vs}}{\text{Wb}} \cdot \frac{1,257 \cdot 10^{-6} \text{ Wb}^2/(\text{Jm})}{2\pi \cdot 0,5 \text{ m}} = 6,0 \text{ Tesla}$$

Lorentzkraft auf den zweiten Draht:

$$F = \frac{1}{\gamma_0} IlB = \frac{1}{\gamma_0^2} \cdot \frac{\mu_0}{2\pi r} Il^2$$

$$\frac{F}{l} = \frac{1}{\gamma_0^2} \cdot \frac{\mu_0}{2\pi d} I^2 \tag{1}$$

$$\frac{F}{l} = \left(1 \frac{\text{Vs}}{\text{Wb}}\right)^2 \cdot \frac{1,257 \cdot 10^{-6} \text{ Wb}^2/(\text{Jm})}{2\pi \cdot 0,5 \text{ m}} \cdot (15 \cdot 10^6 \text{ A})^2 = 90,0 \cdot 10^6 \text{ N/m}$$

4.2.4 Kraft zwischen zwei Elektronenstrahlen

Aufgabe

Die beiden Elektronenstrahlen eines Zweistrahl-Oszillografen laufen im feldfreien Raum im Vakuum parallel zueinander im Abstand $d = 2$ cm. Die Beschleunigungsspannung betrage $U_B = 3$ kV, der Elektronenstrom $I = 10$ mA pro Strahl.

a) Berechnen Sie die Lorentzkraft pro Länge, mit welcher sich die Strahlen anziehen.

b) Wie groß ist die elektrostatische Kraft pro Länge?

c) Wann sind beide Kräfte gleich?
   Was folgt daraus für die resultierende Kraft in Abhängigkeit von der Elektronengeschwindigkeit?

Lösung

a) Nach Gl. (1) der Lösung in Abschn. 4.2.3 ist

$$\frac{F}{l} = \left(1 \frac{\text{Vs}}{\text{Wb}}\right)^2 \cdot \frac{1,257 \cdot 10^{-6} \text{ Wb}^2/(\text{Jm})}{2\pi \cdot 0,02 \text{ m}} \cdot (10 \cdot 10^{-3} \text{ A})^2 =$$

$$= 1,00 \cdot 10^{-9} \text{ N/m}$$

b) Für einen einzelnen Strahl gilt die Maxwellsche Gleichung:

$$\oint \vec{D} \cdot \mathrm{d}\vec{A} = Q; \quad D \cdot 2\pi rl = Q$$

$$D(r) = \frac{Q}{2\pi rl}; \quad E(r) = \frac{D}{\epsilon_0} = \frac{Q}{\epsilon_0 \cdot 2\pi rl}$$

Abstoßende Kraft für den zweiten Strahl:

$$F = QE = \frac{Q^2}{\epsilon_0 \cdot 2\pi rl}; \quad \frac{F}{l} = \left(\frac{Q}{l}\right)^2 \cdot \frac{1}{\epsilon_0 \cdot 2\pi r}$$

$$I = \frac{Q}{t}; \quad Il = Q\frac{l}{t} = Qv; \quad \frac{Q}{l} = \frac{I}{v}$$

$$\frac{F}{l} = \left(\frac{I}{v}\right)^2 \cdot \frac{1}{\epsilon_0 \cdot 2\pi d} \tag{2}$$

$$v = \sqrt{\frac{2eU_\mathrm{B}}{m_o}} = \sqrt{\frac{2 \cdot 1,602 \cdot 10^{-19}\ \mathrm{C} \cdot 3000\ \mathrm{V}}{9,11 \cdot 10^{-31}\ \mathrm{kg}}} = 32,48 \cdot 10^6\ \mathrm{m/s}$$

$$\frac{F}{l} = \left(\frac{10 \cdot 10^{-3}\ \mathrm{A}}{32,48 \cdot 10^6\ \mathrm{m/s}}\right)^2 \cdot \frac{1}{8,854 \cdot 10^{-12}\ \mathrm{C/(Vm)} \cdot 2\pi \cdot 0,02\ \mathrm{m}} =$$

$$= 85,18 \cdot 10^{-9}\ \mathrm{N/m}$$

Damit ist die abstoßende Kraft bei dieser Geschwindigkeit rund 85mal größe als die anziehende.

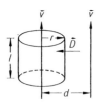

Abb. 4.2.4b. Die beiden Elektronenstrahlen laufen im Absta d parallel zueinander. Für den linken ist zur Berechnung v $D(r)$ eine Zylinderfläche eingezeichnet, über die integriert wi

c) Gl. (1) = Gl. (2): $\quad \dfrac{1}{\gamma_0^2} \cdot \dfrac{\mu_0}{2\pi d} I^2 = \dfrac{I^2}{v^2} \cdot \dfrac{1}{\epsilon_0 \cdot 2\pi d}$

Die Umformung ergibt $\epsilon_0 \mu_0 v^2 = \gamma_0^2$

Daraus folgt: die beiden Kräfte sind nur dann gleich, wenn $v = c$. Für $v < c$ überwiegt immer die abstoßende elektrostatische Kraft.

4.2.5 Stromanstieg einer Spule

Aufgabe

Eine eisenlose Spule mit der Länge $l_s = 60$ cm, dem Durchmesser $D = 2r_s = 8$ cm und $n = 20000$ Windungen (in 20 Lagen gleichsinnig gewickelt) aus Kupferdraht (Drahtquerschnittsfläche $A_D = 0,15$ mm^2, $\rho = 17,9 \cdot 10^{-9}$ Ωm) wird an eine Batterie der Spannung $U_B = 40$ V gelegt.

a) Berechnen Sie den zeitlichen Verlauf der Stromstärke nach dem Einschalten. Nach welcher Zeit t_1 hat die Stromstärke 95% ihres Maximalwertes I_m erreicht?

b) Wie groß sind maximal erreichbare magnetische Feldstärke H_m, Flußdichte B_m, Energiedichte w_m und Feldenergie $W_{F,m}$?

c) Berechnen Sie den zeitlichen Verlauf der Energieentnahme $W_B(t)$ aus der Batterie und den Verlauf der Feldenergie $W_F(t)$.
Wieviel Energie ist der Batterie entnommen worden, wenn die in Aufg. a) berechnete Zeit t_1 vergangen ist?
Wieviel Prozent der maximalen Feldenergie stecken dann in der Spule?
Wieviel Energie W_R ist während dieser Zeit in Wärme überführt worden?

Lösung

a)

Abb. 4.2.5a. Zum Feldanstieg in einer Spule.

$$U_B - L\frac{\mathrm{d}I}{\mathrm{d}t} = RI; \quad \frac{\mathrm{d}t}{L} = \frac{\mathrm{d}I}{U_B - RI}$$

$$\frac{1}{L}\int_0^t \mathrm{d}t = \int_0^I \frac{\mathrm{d}I}{U_B - RI}$$

$$-\frac{R}{L}t = \ln\left(1 - \frac{I}{U_B}R\right) \tag{1}$$

$$I = \frac{U_B}{R}\left(1 - e^{-(R/L)t}\right) = I_m\left(1 - e^{-t/\tau}\right) \tag{2}$$

Zeitkonstante $\tau = L/R$, Maximalstromstärke $I_m = U_B/R$

Drahtlänge $l_D = n\pi D = 20\,000 \cdot \pi \cdot 0,08$ m $= 5027$ m

$$R = \rho\frac{l_D}{A_D} = \frac{17,9 \cdot 10^{-9}\ \Omega\text{m} \cdot 5027\ \text{m}}{0,15 \cdot 10^{-6}\ \text{m}^2} = 600\ \Omega$$

$$L = \mu_0\left(\frac{n}{\gamma_0}\right)^2\frac{\pi r_s^2}{l_s} =$$

$$= 1,257 \cdot 10^{-6}\ \frac{\text{Wb}^2}{\text{Jm}} \cdot \left(\frac{20\,000\ \text{Vs}}{1\ \text{Wb}}\right)^2 \cdot \frac{\pi(0,04\ \text{m})^2}{0,6\ \text{m}} = 4,212\ \text{H}$$

$$I_m = \frac{40\ \text{V}}{600\ \Omega} = 66,7 \cdot 10^{-3}\ \text{A}$$

$$\tau = \frac{L}{R} = \frac{4,212\ \text{H}}{600\ \Omega} = 7,02 \cdot 10^{-3}\ \text{s}$$

Mit diesen Ergebnissen folgt aus Gl. (1):

$$t_1 = -\tau \cdot \ln\left(1 - \frac{I}{U_B}R\right) = -\tau \cdot \ln\left(1 - 0,95 \cdot I_m\frac{R}{U_B}\right) =$$

$$= -7,02 \cdot 10^{-3}\ \text{s} \cdot \ln(1 - 0,95) = 0,021\ \text{s}$$

b) $H_m = \dfrac{nI_m}{\gamma_0 l_s} = 1\ \dfrac{\text{Js}}{\text{C} \cdot \text{Wb}} \cdot \dfrac{20\,000 \cdot 66,7 \cdot 10^{-3}\ \text{A}}{0,6\ \text{m}} =$

$$= 2,22 \cdot 10^3\ \frac{\text{N}}{\text{Wb}}$$

$$B_m = \mu_0 H = 1,257 \cdot 10^{-6}\ \frac{\text{Wb} \cdot \text{Wb}}{\text{Jm}} \cdot 2,22 \cdot 10^3\ \frac{\text{N}}{\text{Wb}} =$$

$$= 2,79 \cdot 10^{-3}\ \frac{\text{Wb}}{\text{m}^2}$$

$$w_{\mathrm{m}} = \frac{1}{2} B_{\mathrm{m}} H_{\mathrm{m}} = 3,10 \ \frac{\mathrm{J}}{\mathrm{m}^3}$$

$$W_{\mathrm{F,m}} = \frac{1}{2} L \cdot I_{\mathrm{m}}^2 = \frac{1}{2} \cdot 4,212 \ \mathrm{H} \cdot (66,7 \cdot 10^{-3} \ \mathrm{A})^2 = 9,36 \cdot 10^{-3} \ \mathrm{J}$$

c) $W_{\mathrm{B}}(t) = U_{\mathrm{B}} \int_0^t I \, \mathrm{d}t = U_{\mathrm{B}} I_{\mathrm{m}} \int_0^t \left(1 - e^{-t/\tau}\right) \mathrm{d}t =$

$$= U_{\mathrm{B}} I_{\mathrm{m}} t - L I_{\mathrm{m}}^2 \left(1 - e^{-t/\tau}\right)$$

$$W_{\mathrm{F}}(t) = \frac{1}{2} L I^2 = \frac{1}{2} L I_{\mathrm{m}}^2 \left(1 - e^{-t/\tau}\right)^2 = W_{\mathrm{F,m}} \left(1 - e^{-t/\tau}\right)^2$$

Unter Benützung von Gl. (2) erhält man wegen $I/I_{\mathrm{m}} = 0,95$:

$$W_{\mathrm{B}}(t_1) = U_{\mathrm{B}} I_{\mathrm{m}} t_1 - L I_{\mathrm{m}}^2 \left(1 - e^{-t_1/\tau}\right) =$$

$$= U_{\mathrm{B}} I_{\mathrm{m}} t_1 - 2 W_{\mathrm{F,m}} \cdot 0,95 =$$

$$= 40 \ \mathrm{V} \cdot 66,7 \cdot 10^{-3} \ \mathrm{A} \cdot 0,021 \ \mathrm{s} - 2 \cdot 9,36 \cdot 10^{-3} \ \mathrm{Ws} \cdot 0,95 =$$

$$= 38,3 \cdot 10^{-3} \ \mathrm{Ws}$$

$$W_{\mathrm{F}}(t_1) = W_{\mathrm{F,m}} \cdot 0,95^2 = 8,45 \cdot 10^{-3} \ \mathrm{Ws}; \quad W_{\mathrm{F}}/W_{\mathrm{F,m}} = 90,3\%$$

$$W_{\mathrm{R}} = W_{\mathrm{B}}(t_1) - W_{\mathrm{F}}(t_1) = (38,3 - 8,45) \cdot 10^{-3} \ \mathrm{Ws} =$$

$$= 29,9 \cdot 10^{-3} \ \mathrm{Ws}$$

4.2.6 Induktionsgesetz

Aufgabe

In einer langen Feldspule ($l_1 = 1$ m) vom Durchmesser 5 cm (Querschnittsfläche A_1), die $n_1 = 3500$ Windungen enthält, befindet sich eine kleine Spule. Sie hat einen Durchmesser von 2 cm (Querschnittsfläche A_2) und enthält $n_2 = 80$ Windungen. Ihre Achsen sind parallel zueinander gerichtet.

a) Zunächst wird die Feldspule von $I = 3$ A durchflossen. Wie groß ist deren Selbstinduktivität L_{11} und Energieinhalt W?

b) Welche Spannung U wird zwischen den Enden der kleinen Spule beobachtet wenn während 5 Sekunden die Stromstärke der Feldspule gleichmäßig von (auf 3 A hochgeregelt wird? Berechnen Sie dazu die wechselseitige Induktivität L_{12}.

c) Die Enden der Feldspule werden kurzgeschlossen, und danach wird die Span nungsquelle abgeklemmt. Nach welchem Gesetz nimmt die Induktionsspannung ab?
Wie groß ist sie zu Beginn der Vorgangs, wenn der Ohmsche Widerstand de Spule $R = 150 \ \Omega$ beträgt?

Lösung

a) Selbstinduktivität einer langen Spule: $L_{11} = \mu_0 \left(\dfrac{n_1}{\gamma_0} \right)^2 \cdot \dfrac{A_1}{l_1}$

$$L_{11} = 1,257 \cdot 10^{-6} \frac{\text{Wb}^2}{\text{Jm}} \cdot \left(3500 \frac{\text{Vs}}{\text{Wb}} \right)^2 \cdot \frac{\pi (0,025 \ \text{m})^2}{1 \ \text{m}} = 30,2 \ \text{mH}$$

Feldenergie: $W = \dfrac{1}{2} L_{11} I^2 = \dfrac{1}{2} \cdot 30,23 \cdot 10^{-3} \dfrac{\text{Vs}}{\text{A}} \cdot (3 \ \text{A})^2 = 0,136 \ \text{Ws}$

b) Induktionsgesetz: $U = -\dfrac{n_2}{\gamma_0} \cdot \dfrac{d\phi}{dt}$

Magnetischer Fluß der Induktionsspule: $\phi = BA_2 = \mu_0 \dfrac{n_1 I}{\gamma_0 l_1} A_2$

Flußänderung: $\dfrac{d\phi}{dt} = \mu_0 \dfrac{n_1}{\gamma_0} \cdot \dfrac{A_2}{l_1} \cdot \dfrac{dI}{dt}$

Induzierte Spannung: $U = -\mu_0 \dfrac{n_1 n_2}{\gamma_0^2} \cdot \dfrac{A_2}{l_1} \cdot \dfrac{dI}{dt} = -L_{12} \dfrac{dI}{dt}$

Wechselseitige Induktivität:

$$L_{12} = \mu_0 \frac{n_1 n_2}{\gamma_0^2} \frac{A_2}{l_1} =$$

$$= 1,257 \cdot 10^{-6} \ \frac{\text{Wb}^2}{\text{Jm}} \cdot 3500 \cdot 80 \cdot \left(1 \ \frac{\text{Vs}}{\text{Wb}} \right)^2 \cdot \frac{\pi (0,01 \ \text{m})^2}{1 \ \text{m}} =$$

$$= 110,6 \ \mu\text{H}$$

$$U = -110,6 \cdot 10^{-6} \frac{\text{Vs}}{\text{A}} \cdot \frac{3 \text{ A}}{5 \text{ s}} = 66,34 \text{ } \mu\text{V}$$

c) Abnahme der Stromstärke: $I = I_0 \cdot e^{-t/\tau}$ mit $\tau = L_{11}/R$

$$\frac{dI}{dt} = -\frac{RI_0}{L_{11}} \cdot e^{-t/\tau}$$

$$U = -L_{12}\frac{dI}{dt} = \frac{L_{12}}{L_{11}}RI_0 \cdot e^{-t/\tau}$$

$$\frac{L_{12}}{L_{11}} = \frac{n_2}{n_1} \cdot \frac{A_2}{A_1} = \frac{n_2}{n_1} \cdot \left(\frac{r_2}{r_1}\right)^2$$

Für die Induktionsspannung gilt somit $U = U_0 e^{-t/\tau}$, wobei

$$U_0 = \frac{n_2}{n_1} \cdot \left(\frac{r_2}{r_1}\right)^2 \cdot RI_0 = \frac{80}{3500} \cdot \left(\frac{1 \text{ cm}}{2,5 \text{ cm}}\right)^2 \cdot 150 \text{ } \Omega \cdot 3 \text{ A} = 1,65 \text{ V}$$

4.2.7 Magnetfeld einer Ringspule

Aufgabe

Eine Ringspule ohne Eisenkern mit dem Ringdurchmesser $2r_m = 30$ cm und dem Wicklungsdurchmesser $2 \cdot \Delta r = 3$ cm ist mit $n_1 = 1200$ Windungen Kupferdraht ($\rho = 1,75 \cdot 10^{-6}$ Ωcm) vom Querschnitt $A_D = 0,75$ mm^2 bewickelt. Seine Enden liegen an $U = 40$ V. Die Bedeutung von r_m, Δr und n_1 (dort n) ist der Abb. 4.2.8a in Abschn. 4.2.8 zu entnehmen.

a) Berechnen Sie die Abhängigkeit der magnetischen Feldstärke im Spuleninneren vom Abstand r vom Zentrum der Spule.
Wie groß ist die Feldstärke für den kleinsten und den größten Abstand, $H(r_i)$ und $H(r_a)$?
Wie groß ist die Feldstärke $H(r_m)$ auf der Mittellinie innerhalb der Spule?
Welcher prozentuale Unterschied besteht zwischen größter und kleinster Feldstärke im Spuleninneren?

b) Wie groß ist die Flußdichte $B(r_m)$ auf der Mittellinie? Berechnen Sie damit näherungsweise den magnetischen Fluß ϕ.

c) Berechnen Sie den magnetischen Fluß Φ in der Spule exakt. Zur Lösung des Integrals verwendet man am besten eine Integraltabelle*). Zeigen Sie, daß man aus der exakten Gleichung die Näherungsgleichung von Aufgabenteil b) erhält.

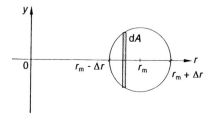

Abb. 4.2.7c. Schnitt durch die rechte Spulenhälfte. Die differentielle Integrationsfläche $dA = 2ydr$.

d) Welcher elektrische Spannungsstoß wird in einer Induktionsspule mit $n_2 = 5$ Windungen um die Ringspule beim Ausschalten des Stroms induziert?

Lösung

a) Maxwellsche Gleichung: Integriert wird längs einer Kreisbahn vom Radius $r_i \leq r \leq r_a$:

$$\oint \vec{H} \cdot d\vec{s} = \frac{n_1 I}{\gamma_0} = H \cdot 2\pi r; \quad H(r) = \frac{1}{\gamma_0} \cdot \frac{n_1 I}{2\pi r} \text{ für } r_i \leq r \leq r_a$$

Drahtlänge: $I = 2\pi\Delta r \cdot n_1 = 2\pi \cdot 0,015 \text{ m} \cdot 1200 = 113,1 \text{ m}$

$$R = \rho\frac{l}{A_D} = 0,0175 \cdot 10^{-6} \text{ } \Omega\text{m} \cdot \frac{113,1 \text{ m}}{0,75 \cdot 10^{-6} \text{ m}^2} = 2,64 \text{ } \Omega$$

$$I = \frac{U}{R} = \frac{40 \text{ V}}{2,64 \text{ } \Omega} = 15,16 \text{ A}$$

$$H(r) = 1\frac{\text{Vs}}{\text{Wb}} \cdot \frac{1200 \cdot 15,16 \text{ A}}{2\pi} \cdot \frac{1}{r} = 2,895 \cdot 10^3 \frac{\text{Ws}}{\text{Wb}} \cdot \frac{1}{r} = \frac{c}{r}$$

---

*) Bronstein-Semendjajew: Taschenbuch der Mathematik. B.G. Teubner Verlagsgesellschaft, Stuttgart-Leipzig, 1991.

$$H(r_i) = \frac{c}{0,135 \text{ m}} = 21,44 \cdot 10^3 \; \frac{N}{Wb}; \quad H(r_a) = \frac{c}{0,165 \text{ m}} =$$

$$= 17,55 \cdot 10^3 \; \frac{N}{Wb}$$

$$H(r_m) = \frac{c}{0,15 \text{ m}} = 19,30 \cdot 10^3 \; \frac{N}{Wb}$$

$$\frac{\Delta H}{H(r_m)} = \frac{H(r_i) - H(r_a)}{H(r_m)} = 20,2\%$$

b) $B(r_m) = \mu_0 H(r_m) = 1,257 \cdot 10^{-6} \; \frac{Wb^2}{Jm} \cdot 19,30 \cdot 10^3 \; \frac{N}{Wb} =$

$$= 24,26 \cdot 10^{-3} \text{ Tesla}$$

$$\phi = \int \vec{B} \cdot d\vec{A} \approx B(r_m) \cdot A = B(r_m)\pi(\Delta r)^2 =$$

$$= 24,26 \cdot 10^{-3} \; \frac{Wb}{m^2} \cdot \pi(0,015 \text{ m})^2 = 17,15 \cdot 10^{-6} \text{ Wb}$$

c) $\Phi = \int \vec{B} \cdot d\vec{A} = \int_{r_m - \Delta r}^{r_m + \Delta r} \frac{\mu_0}{\gamma_0} \cdot \frac{n_1 I}{2\pi r} \cdot 2y \, dr$

Kreisgleichung: $(r - r_m)^2 + y^2 = (\Delta r)^2$; $y = \sqrt{(\Delta r)^2 - (r - r_m)^2}$

$$\Phi = k \cdot \int_{r_m - \Delta r}^{r_m + \Delta r} \frac{1}{r} \cdot \sqrt{(\Delta r)^2 - (r - r_m)^2} \; dr$$

mit $k = \frac{\mu_0}{\gamma_0} \cdot \frac{n_1 I}{\pi}$

Das unbestimmte Integral $F(r)$ ohne den Faktor k lautet (vgl. Literaturhinweis[*]):

---

[*] Bronstein-Semendjajew: Taschenbuch der Mathematik. B.G. Teubner Verlagsgesellschaft, Stuttgart-Leipzig, 1991.

$$F(r) = \sqrt{(\Delta r)^2 - (r - r_m)^2} - r_m \cdot \arcsin \frac{r_m - r}{\Delta r} -$$

$$- \sqrt{r_m^2 - (\Delta r)^2} \cdot \arcsin \frac{(\Delta r)^2 - r_m^2 + r_m r}{\Delta r \cdot r} + \text{konst.}$$

Berechnung des bestimmten Integrals F:

$$F = \pi \left(r_m - \sqrt{r_m^2 - (\Delta r)^2} \right)$$

Fluß $\Phi = \dfrac{\mu_0}{\gamma_0} \cdot n_1 I r_m \cdot \left(1 - \sqrt{1 - (\Delta r)^2 / r_m^2} \right)$

$$\Phi = \frac{4\pi \cdot 10^{-7} \ \text{Wb}^2/(\text{Jm})}{1 \ \text{Wb}/(\text{Vs})} \cdot 1200 \cdot 15,16 \ \text{A} \cdot 0,15 \ \text{m} \cdot$$

$$\cdot \left(1 - \sqrt{1 - (0,015 \ \text{m})^2 / (0,15 \ \text{m})^2} \right) =$$

$$= 3,429 \ \text{Wb} \cdot 5,013 \cdot 10^{-3} = 17,19 \cdot 10^{-6} \ \text{Wb}$$

Exakter Wert und Näherungswert stimmen sehr gut überein, weil $r_m \gg \Delta r$.

Zur Berechnung der Näherungsgleichung wird die Wurzel in der obigen exakten Gleichung für Φ in eine Binominalreihe entwickelt und nach dem zweiten Glied abgebrochen:

$$\left(1 - (\Delta r)^2 / r_m^2 \right)^{1/2} \approx 1 - \frac{(\Delta r)^2}{2 r_m^2}$$

$$\Phi \approx \frac{\mu_0}{\gamma_0} \cdot n_1 I \cdot \frac{(\Delta r)^2}{2 r_m} =$$

$$= \frac{\mu_0}{\gamma_0} \cdot \frac{n_1 I}{2\pi r_m} \cdot \pi (\Delta r)^2 = B(r_m) \cdot \pi (\Delta r)^2$$

wie in Aufgabenteil b).

d) Induktionsgesetz:

$$\int U \mathrm{d}t = -\frac{n_2}{\gamma_0} \Delta \phi =$$

$$= -5 \cdot 1 \ \frac{\text{Vs}}{\text{Wb}} \cdot (-17,19 \cdot 10^{-6} \ \text{Wb}) = 85,95 \cdot 10^{-6} \ \text{Vs}$$

4.2.8 Ringspule mit Eisenkern

Aufgabe

Die Ringspule der Aufgabe in Abschn. 4.2.7 ist mit einem Eisenkern ausgefüllt.

a) Wie groß sind Feldstärke H_e, Flußdichte B_e und Fluß ϕ_e im Kern, wenn die Permeabilitätszahl $\mu_r = 70$ beträgt?
Welche Selbstinduktivität L hat die Spule?

b) Der Kern wird mit einem Spalt der Breite $l_0 = 1$ mm senkrecht zu den Feldlinien versehen. Wie hängen Stromstärke I, Flußdichte B_e und Spaltbreite l_0 miteinander zusammen?
Welche Stromstärke ist nötig, um dieselbe Flußdichte wie in Aufgabe a) zu erzielen?
Wie groß sind die Feldstärken im Spalt (H_0) und im Eisen (H_1)?

c) Mit welcher Kraft F ziehen sich die beiden Spaltflächen an?

Bemerkung: H, B und ϕ sollen in der Spule als unabhängig von r betrachtet werden und gleich den Werten auf der Mittellinie ($r = r_m = 15$ cm) gesetzt werden.

Lösung

a) Wie in der Lösung in Abschn. 4.2.7 gilt für $I = 15, 16$ A im Eisen:

$$H_e = H(r_m) = 19, 30 \cdot 10^3 \, \frac{N}{Wb}$$

$$B_e = \mu_r \mu_0 H_e = 70 \cdot 1, 257 \cdot 10^{-6} \, \frac{Wb^2}{Jm} \cdot 19, 30 \cdot 10^3 \, \frac{N}{Wb} = 1, 698 \, T$$

$$\phi_e = B_e A = B_e \pi (\Delta r)^2 = 1, 698 \, T \cdot \pi \cdot (0, 015 \, m)^2 = 1, 20 \cdot 10^{-3} \, Wb$$

Berechnung der Selbstinduktivität L:

Aus dem Induktionsgesetz: $\int U dt = -\dfrac{n}{\gamma_0} \Delta\phi$ und der Definition der Selbstinduktivität $\int U dt = -L \cdot \Delta I$ folgt:

$$L = \frac{n\Delta\phi}{\gamma_0 \Delta I} = \frac{n\phi_e}{\gamma_0 I} = \frac{1200 \cdot 1, 20 \cdot 10^{-3} \, Wb}{1 \, Wb/Vs \cdot 15, 16 \, A} = 0, 095 \, H$$

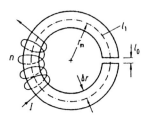

Abb. 4.2.8a. Eisenkern der Ringspule. Der Integrations-
weg zur Berechnung der Feldstärken in Aufgabe b) ist
gestrichelt gezeichnet.

b) Maxwellsche Gleichung (vgl. dazu Abb. 4.2.8a):

$$\oint \vec{H} \cdot d\vec{s} = \frac{nI}{\gamma_0} = H_0 l_0 + H_1 l_1$$

Flußdichten und Flüsse sind wegen der Maxwellschen Gleichung $\oint \vec{B} \cdot d\vec{A} = 0$
im Eisen und im Spalt gleich groß.

Dafür gilt im Spalt $H_0 = \dfrac{B_e}{\mu_0}$ und im Eisen $H_1 = \dfrac{B_e}{\mu_r \mu_0}$.

$$\frac{nI}{\gamma_0} = B_e \left(\frac{l_0}{\mu_0} + \frac{l_1}{\mu_r \mu_0} \right) = B_e \frac{\mu_r l_0 + l_1}{\mu_r \mu_0} = B_e \frac{\mu_r l_0 + 2\pi r_m - l_0}{\mu_r \mu_0}$$

$$I = \frac{\gamma_0 B_e}{n} \cdot \frac{(\mu_r - 1)l_0 + 2\pi r_m}{\mu_r \mu_0}$$

$$I = 1 \; \frac{\text{Wb}}{\text{Vs}} \cdot \frac{1,698 \; \text{Wb/m}^2}{1200} \cdot \frac{(70-1) \cdot 10^{-3} \; \text{m} + 2\pi \cdot 0,15 \; \text{m}}{70 \cdot 1,257 \cdot 10^{-6} \; \text{Wb}^2/\text{Jm}} =$$

$$= 16,27 \; \text{A}$$

$$H_0 = \frac{B_e}{\mu_0} = \mu_r H_e = 70 \cdot 19,30 \cdot 10^3 \; \frac{\text{N}}{\text{Wb}} = 1,351 \cdot 10^6 \; \frac{\text{N}}{\text{Wb}}$$

$$H_1 = \frac{B_e}{\mu_r \mu_0} = H_e = 19,30 \cdot 10^3 \; \frac{\text{N}}{\text{Wb}} < H_0$$

H_1 hat also denselben Wert wie in Aufg. a) dieses Abschnitts und der Aufgabe
in Abschn. 4.2.7.

c) $F = \dfrac{1}{2} \phi_e H_0 = \dfrac{1}{2} \cdot 1,20 \cdot 10^{-3} \; \text{Wb} \cdot 1,351 \cdot 10^6 \; \dfrac{\text{N}}{\text{Wb}} = 810,6 \; \text{N}$

4.2.9 Hintereinanderschaltung von Spule und Kondensator im Wechselstromkreis

Aufgabe

Eine Spule mit Eisenkern ist an eine Wechselspannungsquelle angeschlossen. Bei einer Effektivspannung $U = 6$ V und einer Frequenz $f = 50$ Hz fließt eine Effektivstromstärke $I_1 = 34$ mA. Legt man statt der Spule einen Kondensator an die Spannungsquelle, so fließen $I_2 = 96$ mA. Bei Hintereinanderschaltung von Spule und Kondensator fließen $I_3 = 46$ mA.

a) Berechnen Sie die Kapazität C des Kondensators, die Induktivität L und den Ohmschen Widerstand R der Spule.

b) Wie groß sind Phasenwinkel φ, Scheinleistung P_s, Wirkleistung P_w und Blindleistung P_b in den genannten drei Fällen?

Lösung

a) Scheinwiderstand der Spule:

$$R_{sp} = \frac{U}{I_1} = \sqrt{R^2 + (\omega L)^2} = \sqrt{R^2 + R_L^2} \tag{1}$$

Kapazitiver Widerstand:

$$R_C = \frac{U}{I_2} = \frac{1}{\omega C} \tag{2}$$

Scheinwiderstand:

$$R_{ges} = \frac{U}{I_3} = \sqrt{R^2 + (R_L - R_C)^2} \tag{3}$$

Gl. (2): $R_C = \dfrac{6 \text{ V}}{0,096 \text{ A}} = 62,50 \ \Omega$

$C = \dfrac{1}{\omega R_C} = (2\pi \cdot 50 \text{ s}^{-1} \cdot 62,50 \ \Omega)^{-1} = 50,93 \ \mu F$

Gl. (3): $R_{ges} = \sqrt{R^2 + R_L^2 - 2R_L R_C + R_C^2} = \sqrt{R_{sp}^2 - 2R_L R_C + R_C^2}$

$$R_{\text{ges}} = \frac{6 \text{ V}}{0,046 \text{ A}} = 130,43 \ \Omega; \quad R_{\text{sp}} = \frac{6 \text{ V}}{0,034 \text{ A}} = 176,47 \ \Omega$$

$$R_L = \frac{R_{\text{sp}}^2 + R_C^2 - R_{\text{ges}}^2}{2R_C} = \frac{176,47^2 + 62,50^2 - 130,43^2}{2 \cdot 62,50} \ \Omega = 144,28 \ \Omega$$

$$L = \frac{R_L}{\omega} = \frac{144,28 \ \Omega}{314,16 \text{ s}^{-1}} = 0,459 \text{ H}$$

Gl. (1): $R = \sqrt{R_{\text{sp}}^2 - R_L^2} = \sqrt{176,47^2 - 144,28^2} \ \Omega = 101,61 \ \Omega$

b) $\tan \varphi = \dfrac{R_L - R_C}{R}$

Spule mit Ohmschem Widerstand:

$$\tan \varphi_1 = \frac{R_L}{R} = \frac{144,28 \ \Omega}{101,61 \ \Omega} = 1,420; \quad \varphi_1 = 54,8°$$

$$P_{\text{s}} = UI_1 = 6 \text{ V} \cdot 0,034 \text{ A} = 0,204 \text{ W}$$

$$P_{\text{w}} = I_1^2 R = (0,034 \text{ A})^2 \cdot 101,61 \ \Omega = 0,118 \text{ W}$$

$$P_{\text{b}} = I_1^2 R_L = (0,034 \text{ A})^2 \cdot 144,28 \ \Omega = 0,167 \text{ W}$$

Kondensator:

$$\varphi_2 = -90°$$

$$P_{\text{s}} = UI_2 = 6 \text{ V} \cdot 0,096 \text{ A} = 0,576 \text{ W}; \quad P_{\text{w}} = 0; \quad P_{\text{b}} = P_{\text{s}}$$

Hintereinanderschaltung:

$$\tan \varphi_3 = \frac{144,28 \ \Omega - 62,50 \ \Omega}{101,61 \ \Omega} = 0,805; \quad \varphi_3 = 38,8°$$

$$P_{\text{s}} = UI_3 = 6 \text{ V} \cdot 0,046 \text{ A} = 0,276 \text{ W}$$

$$P_{\text{w}} = I_3^2 R = (0,046 \text{ A})^2 \cdot 101,61 \ \Omega = 0,215 \text{ W}$$

$$P_{\text{b}} = (R_L - R_C)I_3^2 = (144,28 - 62,50) \ \Omega \cdot (0,046 \text{ A})^2 = 0,173 \text{ W}$$

4.2.10 Strahlender Dipol

Aufgabe

Der Sendedipol einer Mondlandefähre erzeugt im Abstand $r_1 = 500$ m senkrecht zur Dipolachse eine harmonische Welle mit der maximalen elektrischen Feldstärke $\hat{E}_1 = 0,4$ V/m.

a) Zeigen Sie, daß aus der Beziehung für den Wellenwiderstand des Vakuums $Z = E/H = \mu_0 c/\gamma_0 = \gamma_0/(\epsilon_0 c)$ die Gleichheit von elektrischer und magnetischer Energiedichte w des abgestrahlten elektromagnetischen Feldes folgt.

b) Welche maximale magnetische Feldstärke $\hat{H}_1$ erhält man senkrecht zur Dipolachse im Abstand $r_1 = 500$ m?
Wie groß ist dort die gesamte maximale Energiedichte $\hat{w}_1$ und deren zeitlicher Mittelwert $\overline{w_1}$?
Welchen Betrag des Poynting-Vektors $\hat{S}_1$ erhält man?
Wie groß ist dann die Strahlungsintensität $\overline{S_1}$?
Welche Intensität erhält man in 500 m Abstand unter einem Winkel von 45 °zur Dipolachse?

c) Der Empfänger benötigt als Mindestfeldstärke $\hat{E}_2 = 0,5$ µV/m. Können damit auf der Erde Signale vom Mond empfangen werden (Entfernung Erde – Mond $r_2 = 384400$ km)?
Welche Werte haben auf der Erde $\hat{E}_2$; $\hat{H}_2$, $\overline{w_2}$ und $\overline{S_2}$?

Lösung

a) Wegen $\epsilon_0 \mu_0 c^2 = \gamma_0^2$ und der angegebenen Beziehung erhält man für die elektrische Energiedichte:

$$w_e = \frac{1}{2}ED = \frac{1}{2}\epsilon_0 E^2 = \frac{1}{2}\epsilon_0 \frac{\mu_0^2 c^2}{\gamma_0^2}H^2 = \frac{1}{2}\mu_0 H^2 = \frac{1}{2}HB = w_m$$

b) $\hat{H}_1 = \gamma_0 \dfrac{\hat{E}_1}{\mu_0 c} = 1 \ \dfrac{\text{Wb}}{\text{Vs}} \cdot \dfrac{0,4 \text{ V/m}}{1,257 \cdot 10^{-6} \text{ Wb}^2/(\text{Jm}) \cdot 2,998 \cdot 10^8 \text{ m/s}} =$

$\quad = 1,061 \cdot 10^{-3}$ N/Wb

$\hat{w}_1 = \hat{w}_e + \hat{w}_m = 2\hat{w}_e = \epsilon_0 \hat{E}_1^2 =$

$\quad = 8,854 \cdot 10^{-12}$ C/(Vm) $\cdot (0,4 \text{ V/m})^2 = 1,417 \cdot 10^{-12}$ Ws/m^3

$$\overline{w_1} = \frac{1}{2}\hat{w}_1 = 0,708 \cdot 10^{-12} \text{ Ws/m}^3$$

$$\hat{S}_1 = \gamma_0 \hat{E}_1 \cdot \hat{H}_1 = 1 \frac{A \cdot Wb}{N \cdot m} \cdot 0,4 \frac{V}{m} \cdot 1,061 \cdot 10^{-3} \frac{N}{Wb} = 424,6 \frac{\mu W}{m^2}$$

$$\overline{S_1} = \frac{1}{2}\hat{S}_1 = 212,3 \text{ } \mu W/m^2$$

Weil $\bar{S} \sim \sin^2 \vartheta$ ist, wird

$$\overline{S_1}(45°) = \left(\frac{\sin 45°}{\sin 90°}\right)^2 \cdot \overline{S_1}(90°) = \frac{1}{2} \cdot 212,3 \text{ } \mu W/m^2 = 106,15 \text{ } \mu W/m^2$$

c) Maximaler Abstand r_m: Wegen $E \sim 1/r$ ist

$$r_m = r_1 \frac{\hat{E}_1}{\hat{E}_2} = 500 \text{ m} \cdot \frac{0,4 \text{ V/m}}{0,5 \cdot 10^{-6} \text{ V/m}} = 400000 \text{ km} > r_2$$

Die Signale können also noch empfangen werden.
Auf der Erde:

$$\hat{E}_2 = \hat{E}_1 \frac{r_1}{r_2} = 0,4 \frac{V}{m} \cdot \frac{500 \text{ m}}{0,3844 \cdot 10^9 \text{ m}} = 0,52 \text{ } \mu V/m$$

$$\hat{H}_2 = \hat{H}_1 \frac{r_1}{r_2} = 1,061 \cdot 10^{-3} \frac{N}{Wb} \cdot \frac{500 \text{ m}}{0,3844 \cdot 10^9 \text{ m}} = 1,381 \cdot 10^{-9} \text{ N/Wb}$$

$$\overline{w_2} = \frac{1}{2}\epsilon_0 \hat{E}_2^2 = 1,198 \cdot 10^{-24} \text{ Ws/m}^3$$

$$\overline{S_2} = \gamma_0 \cdot \frac{1}{2}\hat{E}_2 \cdot \hat{H}_2 = 0,359 \cdot 10^{-15} \text{ W/m}^2$$

4.2.11 Überlagerung elektromagnetischer Wellen

Vergleichen Sie dazu auch Abschn. 3.4.4: Das Michelson-Interferometer.
Ein Laser emittiert linear polarisiertes Licht mit der Wellenlänge $\lambda = 594,1$ nm und der Strahlungsintensität $S = 1$ mW/mm^2. Der Lichtstrahl wird mit einem Teilerspiegel im Verhältnis der Intensitäten $S_1 : S_2 = 9 : 1$ aufgeteilt. Anschließend werden beide Lichtstrahlen wieder überlagert. Der zweite Strahl hat nach der Teilung bis zur Überlagerungsstelle einen um $\Delta = 4$ μm längeren optischen Weg zurückgelegt. Der Aufbau befindet sich in Luft.

a) Berechnen Sie die resultierende Strahlungsintensität S_{res}, die Amplitude der elektrischen Feldstärke $\hat{E}_{res}$ am Überlagerungsort und die Amplituden der elektrischen Feldstärke $\hat{E}_1$ und $\hat{E}_2$ der Einzelstrahlen. Die elektrischen Vektoren sollen dort in einer Ebene schwingen.

b) Wie groß kann bei kohärenter Überlagerung, die in diesem Fall vorliegt, S_{res} maximal werden? Wie groß muß dann allgemein der optische Gangunterschied Δ der Teilstrahlen sein?

c) Vergleichen Sie S_{res} und $\hat{E}_{res}$ von Aufgabe a) mit S_{res} und $\hat{E}_{res}$ bei inkohärenter Überlagerung.

Bemerkung: Wie in der Literatur üblich, wird in dieser Aufgabe auf den Mittelwertstrich über der Strahlungsintensität S verzichtet (vgl. Aufgabe 4.2.10).

Lösung

a) Überlagerung zweier harmonischer Schwingungen gleicher Kreisfrequenzen ω mit dem Phasenunterschied δ am Überlagerungsort in komplexer Schreibweise:

$$\underline{E}_1(t) = \hat{E}_1 \cdot e^{j\omega t}; \quad \underline{E}_2(t) = \hat{E}_2 \cdot e^{j(\omega t - \delta)}; \quad j = \sqrt{-1}$$

$$\underline{E}(t) = \underline{E}_1(t) + \underline{E}_2(t) = (\hat{E}_1 + \hat{E}_2 \cdot e^{-j\delta})e^{j\omega t} = \underline{\hat{E}} \cdot e^{j\omega t}$$

Komplexe Amplitude: $\underline{\hat{E}} = \hat{E}_1 + \hat{E}_2 \cos \delta - j \cdot \hat{E}_2 \sin \delta$

$$\hat{E}_{res} = |\underline{\hat{E}}| = \sqrt{(\hat{E}_1 + \hat{E}_2 \cos \delta)^2 + \hat{E}_2^2 \sin^2 \delta} =$$

$$= \sqrt{\hat{E}_1^2 + 2\hat{E}_1\hat{E}_2 \cos \delta + \hat{E}_2^2}$$

Berechnung der Strahlungsintensität S_{res}:
Wir verwenden $S = \gamma_0 \cdot \dfrac{1}{2}\hat{E} \cdot \hat{H} = \gamma_0 \cdot \hat{E}^2/(2Z)$

mit dem Wellenwiderstand des Vakuums $Z = 376,7$ Wb/C.

Weil also $S_{res} \sim \hat{E}_{res}^2$, folgt für

$$S_{res} = S_1 + 2\sqrt{S_1 \cdot S_2} \cdot \cos\delta + S_2$$

Phasenunterschied

$$\delta = 2\pi \cdot \Delta/\lambda = 2\pi \cdot 4 \cdot 10^{-6} \text{ m} / 594, 1 \cdot 10^{-9} \text{ m} = 42,30 \,\hat{=}\, 263,8°$$

$$S_{res} = (0,9 + 2\sqrt{0,9 \cdot 0,1} \cdot \cos 263,8° + 0,1) \text{ mW/mm}^2 =$$
$$= 0,935 \text{ mW/mm}^2$$

$$\hat{E}_{res} = \sqrt{2ZS_{res}/\gamma_0} =$$
$$= \sqrt{2 \cdot 376,7 \text{ Wb/C} \cdot 935,2 \text{ W/m}^2 \cdot 1 \text{ (J} \cdot \text{s)/(C} \cdot \text{Wb)}} =$$
$$= 839,4 \text{ V/m}$$

$$\hat{E}_1 = 823,4 \text{ V/m}; \quad \hat{E}_2 = 274,5 \text{ V/m}$$

b) S_{res} wird bei gleichphasiger Überlagerung maximal, d.h. $\cos\delta = 1$. Dann wird

$$S_{res} = S_1 + 2\sqrt{S_1 \cdot S_2} + S_2 = 1,600 \text{ mW/mm}^2 \quad \text{und}$$

$$\Delta = k \cdot \lambda \text{ mit } k = 0, 1, 2, \ldots .$$

c) Bei inkohärenter Überlagerung wird über alle möglichen Phasenunterschiede δ gemittelt, d.h. in der Gleichung für S_{res} in der Lösung der Aufgabe a) wird der Mittelwert von $\cos\delta = 0$. Daher werden die Intensitäten addiert:

$$S_{res} = S_1 + S_2 = 1 \text{ mW/mm}^2; \quad \hat{E}_{res} = 868,0 \text{ V/m}$$

5 Atomphysik

5.1 Relativitätstheorie, Photonen, de Broglie-Wellen

In diesem Abschnitt werden die allgemeinen Grundlagen der Atom- und Kernphysik behandelt. Die Relativitätstheorie liefert die Äquivalenz von Masse und Energie. Nützlich ist dabei die Beziehung zwischen der kinetischen Energie eines Teilchens, seiner relativistischen Masse m, seiner Ruhemasse m_0 und seiner Geschwindigkeit v:

$$W_{kin} = (m - m_0)c^2 = \frac{p^2}{m + m_0} = \frac{m^2}{m + m_0}v^2$$

Für die Gesamtenergie gilt

$$W = W_0 + W_{kin} = \sqrt{W_0^2 + p^2 c^2} = \sqrt{(m_0 c^2)^2 + (pc)^2}$$

Fotoeffekt, fotochemische Reaktionen und Strahlungsdruck lassen sich mit der Teilchennatur des Lichts verstehen. Die Entdeckung der Materiewellen von de Broglie gehört zu den Grundlagen der modernen Atom- und Kernspektroskopie. Auch in den folgenden Abschnitten wird die Frequenz mit f anstatt des früher üblichen ν bezeichnet.

5.1.1 Äquivalenz Masse – Energie

Aufgabe

a) Der Bodensee mit einer Fläche $A = 530$ km^2 sei bis in eine Tiefe $h = 1$ m zugefroren. Die Eistemperatur betrage 0 °C. Um wieviel nimmt die gesamte

Masse des Wassers aufgrund des Energiezuwachses beim Schmelzen des Eises zu?
Spezifische Schmelzwärme $q = 0,334 \cdot 10^6$ J/kg,
Eisdichte bei $0\,°C$: $\rho = 917$ kg/m^3.

b) Wieviel Masse wird in einem Kernkraftwerk in einem Jahr in Wärmeenergie überführt, wenn es eine elektrische Leistung $P = 1200$ MW liefert und der Wirkungsgrad bei der Umwandlung von Wärmeenergie in elektrische Energie zu $\eta = 30\%$ angenommen wird?

Lösung

a) $\Delta m = \dfrac{W}{c^2} = \dfrac{qm}{c^2} = \dfrac{q\rho Ah}{c^2} =$

$$= \frac{0,334 \cdot 10^6 \text{ J/kg} \cdot 917 \text{ kg/m}^3 \cdot 530 \cdot 10^6 \text{ m}^2 \cdot 1 \text{ m}}{(3 \cdot 10^8 \text{ m/s})^2} = 1,80 \text{ kg}$$

b) $m = \dfrac{W}{c^2} = \dfrac{P \cdot \Delta t}{\eta c^2} = \dfrac{1200 \cdot 10^6 \text{ W} \cdot (86400 \cdot 365,25) \text{ s}}{0,3 \cdot (3 \cdot 10^8 \text{ m/s})^2} = 1,40 \text{ kg}$

5.1.2 Fotoeffekt

Aufgabe

Auf eine Fotozelle mit Cäsium-Kathode trifft Licht einer Wasserstoff-Entladung das mit einem Spektralapparat zerlegt wird. Die Austrittsarbeit entspreche de Quantenenergie der H_α-Linie. Das Licht der H_β-Linie des Spektrums löst durch den lichtelektrischen Effekt Elektronen von der Kathode ab.

a) Wie groß sind Energie, Masse, Wellenlänge, Geschwindigkeit und Impuls de Photonen der beiden Linien?

b) Welche kinetische Energie und Geschwindigkeit haben die vom Licht der H_β-Linie abgelösten Elektronen?

c) Die zwischen Kathode und Anode angelegte Spannung soll so groß sein, da alle Elektronen von Aufgabe b) die Anode erreichen. Wie groß ist die Fo tostromstärke (Sättigungsstromstärke), wenn die auf die Kathode auftreffend

Strahlungsleistung $\phi = 50$ µW beträgt und die Quantenausbeute der Fotokathode $\eta = 0,2\%$ beträgt?

Die Quantenausbeute η ist definiert als Zahl der pro Zeit aus der Kathode austretenden Elektronen $\dot{N}_e$ dividiert durch die Zahl der pro Zeit auftreffenden Photonen $\dot{N}_p$.

d) Was wird beobachtet, wenn die Intensität der H_β-Linie verdoppelt wird? Warum ist der Fotoeffekt nicht zu beobachten, wenn Licht mit größerer Wellenlänge als der der H_α-Linie auftrifft?

Lösung

a) Quantenenergien der H-Linien $W = hf = R^*(1/n_1^2 - 1/n_2^2)$, wobei die Rydberg-Energie $R^* \approx R_\infty^* = 13,61$ eV ist (vgl. Abschn. 5.2).

H_α-Linie: $n_1 = 2$; $n_2 = 3$: $W_\alpha = 1,89$ eV

H_β-Linie: $n_1 = 2$; $n_2 = 4$: $W_\beta = 2,55$ eV

$$m_\alpha = \frac{W_\alpha}{c^2} = \frac{1,89 \cdot 1,602 \cdot 10^{-19} \text{ Ws}}{(3 \cdot 10^8 \text{ m/s})^2} = 3,364 \cdot 10^{-36} \text{ kg}$$

$$m_\beta = 4,539 \cdot 10^{-36} \text{ kg}$$

$$\lambda_\alpha = \frac{hc}{W_\alpha} = \frac{6,626 \cdot 10^{-34} \text{ Ws}^2 \cdot 3 \cdot 10^8 \text{ m/s}}{1,89 \cdot 1,602 \cdot 10^{-19} \text{ Ws}} = 656,5 \text{ nm}$$

$$\lambda_\beta = 486,6 \text{ nm}$$

Geschwindigkeit von Photonen im Vakuum: $v = c = 3 \cdot 10^8$ m/s

$$p_\alpha = m_\alpha c = 1,009 \cdot 10^{-27} \text{ kgm/s}$$

$$p_\beta = 1,362 \cdot 10^{-27} \text{ kgm/s}$$

b) $W_{kin} = W_\beta - W_\alpha = 0,66$ eV

$$v = \sqrt{\frac{2W_{kin}}{m_0}} = \sqrt{\frac{2 \cdot 0,66 \cdot 1,602 \cdot 10^{-19} \text{ Ws}}{9,11 \cdot 10^{-31} \text{ kg}}} = 0,482 \cdot 10^6 \text{ m/s}$$

c) Fotostromstärke $I = \dot{N}_e \cdot e$

Strahlungsleistung $\Phi = \dot{N}_p W_p$ mit $W_p = W_\beta$

$$\frac{I}{\Phi} = \frac{\dot{N}_e e}{\dot{N}_p W_p}; \quad I = \eta \frac{e}{W_p} \Phi$$

$$I = 0,002 \cdot \frac{1,602 \cdot 10^{-19} \text{ As}}{2,55 \text{ eV} \cdot 1,602 \cdot 10^{-19} \text{ Ws/eV}} \cdot 50 \ \mu W = 39,22 \text{ nA}$$

d) Die Elektronenenergie bleibt konstant, jedoch die Zahl der austretenden Elektronen wird verdoppelt, also auch die Fotostromstärke. Für größere Wellenlängen als λ_α ist die Photonenenergie zu klein, um die Austrittsarbeit zu liefern.

5.1.3 Fotochemische Reaktionen

Aufgabe

a) Um die Chlorknallgas-Reaktion in Gang zu bringen, muß mindestens ein Cl_2-Molekül in seine Atome zerlegt werden. Zur Spaltung von 1 mol Cl_2-Gas ist eine Dissoziationsenergie $Q = 242 \cdot 10^3$ J/mol notwendig. Welche Energie und Wellenlänge muß ein Photon haben, um die Reaktion einleiten zu können?

b) In älteren Lehrbüchern der Chemie findet man die Gleichung

$$128,4 \text{ kcal} + 2 \text{ HF} \rightarrow H_2 + F_2.$$

Welche Lichtwellenlänge ist hier zur Fotospaltung nötig?

c) Bei Belichtung von Fotopapieren wird $AgBr$ zerlegt. Hierfür ist eine Dissoziationsenergie von nur $99,2 \cdot 10^3$ J/mol nötig (vgl. a). Warum sind Fotopapiere trotzdem unempfindlich gegen Licht des langwelligen sichtbaren Bereichs (Rotlicht)?

Lösung

a) Energie pro Molekül:

$$W \geq \frac{Q}{N_A} = \frac{242 \cdot 10^3 \text{ J} \cdot \text{mol}^{-1}}{6,022 \cdot 10^{23} \text{ mol}^{-1}} = 4,02 \cdot 10^{-19} \text{ Ws} = 2,51 \text{ eV}$$

$$\lambda = \frac{hc}{W} \leq \frac{6,626 \cdot 10^{-34} \text{ Ws}^2 \cdot 3 \cdot 10^8 \text{ m/s}}{4,02 \cdot 10^{-19} \text{ Ws}} = 494,7 \text{ nm}$$

b) $W \geq \dfrac{Q}{2N_A} = \dfrac{128,4 \text{ kcal/mol} \cdot 4187 \text{ J/kcal}}{2 \cdot 6,022 \cdot 10^{23} \text{ mol}^{-1}} = 4,46 \cdot 10^{-19} \text{ Ws} = 2,79 \text{ eV}$

$\lambda \leq 445,3$ nm

c) $W \geq 1,65 \cdot 10^{-19}$ Ws $= 1,03$ eV; $\lambda \leq 1,21$ µm, also infrarotes Licht. Die Unempfindlichkeit des AgBr rührt daher, daß im roten und angrenzenden Wellenlängenbereich Licht nur sehr schwach absorbiert wird.

5.1.4 Strahlungsdruck[*]

Aufgabe

Der Strahl eines Argon-Lasers mit einer Strahlungsleistung $P = 19$ mW wird auf eine Kreisfläche vom Radius $R = 6,2$ µm fokussiert und trifft dort auf kleine Plastikkugeln mit den Durchmessern $d = 0,59$ µm; $1,34$ µm und $2,68$ µm. Diese schweben in Wasser mit der Viskosität $\eta = 1,05 \cdot 10^{-3}$ kg/(m · s); $n = 1,33$.

a) Welche Geschwindigkeiten v_1, v_2, v_3 erreichen die Kugeln aufgrund des Strahlungsdrucks, wenn man annimmt, daß die Kugeln die Strahlung völlig absorbieren und der Laserstrahl als Parallelstrahl auftrifft?

b) Das Experiment liefert für die Kugeln vom Durchmesser $1,34$ µm eine Geschwindigkeit von 26 µm/s. Welche Ursachen hat die Abweichung von der Rechnung der Aufg. a)?

Lösung

a) Kraft auf eine Kugel:

$$F_K = p_s A_K = p_s \pi (d/2)^2 \tag{1}$$

Bei völliger Absorption von ΔN Photonen wird der Impuls $\Delta p = \Delta N \cdot hf/c$ übertragen, bei völliger Reflexion wäre er doppelt so groß.
Berechnung des Strahlungsdrucks:

$$p_s = \frac{F}{A} = \frac{1}{A} \cdot \frac{\Delta p}{\Delta t} = \frac{\Delta N \cdot hf}{A \Delta t \, c} = \frac{\Delta W}{\Delta t \, Ac} = \frac{P}{Ac} = \frac{S}{c} = \frac{S}{c_0} n$$

---

[*] K. Treml, *Physik in unserer Zeit* **4**, 101–107 (1974).

Laserintensität: $S = \dfrac{P}{A} = \dfrac{P}{\pi R^2} = \dfrac{19 \cdot 10^{-3}\ \text{W}}{\pi (6,2 \cdot 10^{-6}\ \text{m})^2} = 0,157 \cdot 10^9\ \text{W/m}^2$

$p_{\text{s}} = \dfrac{0,157 \cdot 10^9\ \text{W/m}^2}{3 \cdot 10^8\ \text{m/s}} \cdot 1,33 = 0,698\ \text{N/m}^2$

Wenn $v = $ konst., ist $F_{\text{K}} = F_{\text{R}} = 6\pi r \eta v$ (Stokessches Reibungsgesetz).

Daraus folgt wegen Gl. (1): $v = \dfrac{p_{\text{s}} d}{12\eta}$

$v_1 = \dfrac{0,698\ \text{N/m}^2 \cdot 0,59 \cdot 10^{-6}\ \text{m}}{12 \cdot 1,05 \cdot 10^{-3}\ \text{kg/(m} \cdot \text{s)}} = 32,7\ \mu\text{m/s}$

$v_2 = 74,2\ \mu\text{m/s};\quad v_3 = 148,4\ \mu\text{m/s}$

b) Der Lichtdruck eines Strahls ist abhängig vom Auftreffwinkel auf die Kugeloberfläche, weil dieser reflektiert und gebrochen wird. Deshalb muß zur akten Berechnung eine Integration vorgenommen werden. Beugung wird n berücksichtigt.

5.1.5 Relativistische Dynamik

Aufgabe

Elektronen, Myonen und Protonen sollen 98% der Lichtgeschwindigkeit besi ($m_{0,\mu} = 206,8 \cdot m_{0,\text{e}}$ und $m_{0,\text{p}} = 1836 \cdot m_{0,\text{e}}$).

a) Wie groß sind deren Ruhemassen in MeV/c^2?
   Wie verhält sich die Masse der bewegten Teilchen zu ihrer Ruhemasse?

b) Wie groß sind kinetische Energien und Impulse? Zeigen Sie, daß hier b Größen proportional zur Ruhemasse der verschiedenen Teilchen sind.

c) Wieviel Prozent des relativistischen Wertes beträgt der Fehler, wenn man kinetische Energie klassisch berechnet?

d) Welcher aus m und m_0 gebildete Ausdruck gehört als Faktor vor $m_0 v^2$, v die kinetische Energie relativistisch richtig ausgedrückt werden soll?
   Welche Faktoren ergeben sich insbesondere für $m \approx m_0$, $m = m = 1000 m_0$?

e) Welche Massen, Energien und Wellenlängen haben γ-Quanten, wenn sie je denselben Impuls wie die drei Teilchen der Aufg. b) besitzen?

Lösung

a) $m_{0,e} = 0,511$ MeV/c^2; $m_{0,\mu} = 105,7$ MeV/c^2; $m_{0,p} = 938,3$ MeV/c^2

$$\frac{m}{m_0} = \frac{1}{\sqrt{1 - (v/c)^2}} = \frac{1}{\sqrt{1 - (0,98)^2}} = 5,025, \text{ unabhängig von } m_0.$$

b) $W_{kin} = (m - m_0)c^2 = 4,025 m_0 c^2$

Aus $W_{kin} = p^2/(m + m_0)$ folgt

$$p = \sqrt{W_{kin}(m + m_0)} = \sqrt{4,025 m_0 c^2 \cdot 6,025 m_0} = 4,924 \ m_0 c$$

Elektronen: $W_{kin} = 2,06$ MeV; $p = 1,346 \cdot 10^{-21}$ kgm/s

Myonen: $W_{kin} = 426,0$ MeV; $p = 0,278 \cdot 10^{-18}$ kgm/s

Protonen: $W_{kin} = 3,78$ GeV; $p = 2,471 \cdot 10^{-18}$ kgm/s

c) $W_{kl} = \frac{1}{2} m_0 v^2 = \frac{1}{2} m_0 (0,98c)^2 = 0,480 \ m_0 c^2$

$$\frac{W_{rel} - W_{kl}}{W_{rel}} = \frac{(4,025 - 0,480) m_0 c^2}{4,025 \ m_0 c^2} = 88,1\%, \text{ unabhängig von } m_0.$$

d) $W_{kin} = \dfrac{m^2}{m_0(m + m_0)} \cdot m_0 v^2$

   $m \approx m_0$: $W_{kin} = \frac{1}{2} m_0 v^2$

   $m = 2m_0$: $W_{kin} = \frac{4}{3} m_0 v^2$

   $m = 1000 m_0$: $W_{kin} = 1000 m_0 v^2 \approx mc^2$

e) $m_1 = \dfrac{p_1}{c} = \dfrac{1,346 \cdot 10^{-21} \text{ kgm/s}}{3 \cdot 10^8 \text{ m/s}} = 4,486 \cdot 10^{-30}$ kg

$W_1 = p_1 c = 1,346 \cdot 10^{-21}$ kgm/s $\cdot 3 \cdot 10^8$ m/s $=$

   $= 0,404 \cdot 10^{-12}$ Ws $= 2,52$ MeV

$\lambda_1 = \dfrac{h}{p_1} = \dfrac{6,626 \cdot 10^{-34} \text{ Ws}^2}{1,346 \cdot 10^{-21} \text{ kgm/s}} = 0,492 \cdot 10^{-12}$ m

$m_2 = 0,928 \cdot 10^{-27}$ kg; $W_2 = 83,50 \cdot 10^{-12}$ Ws $= 521,2$ MeV

$\lambda_2 = 2,381 \cdot 10^{-15}$ m

$m_3 = 8,237 \cdot 10^{-27}$ kg; $W_3 = 0,741 \cdot 10^{-9}$ Ws $= 4,63$ GeV

$\lambda_3 = 0,268 \cdot 10^{-15}$ m

5.1.6 de Broglie-Wellenlängen

Aufgabe

Vergleich von Teilchen-Eigenschaften:

a) Berechnen Sie Gesamtenergie, Masse, Geschwindigkeit, Impuls und de Broglie Wellenlänge von Neutrinos, Elektronen und α-Teilchen mit einer kinetischer Energie von 2 MeV.

b) Vergleichen Sie die de Broglie-Wellenlänge eines Elektrons mit der eines Gewehrgeschosses ($m = 10$ g), wenn beide die Geschwindigkeit $v = 300$ m/ haben. Warum läßt sich die der Kugel nicht beobachten?

Lösung

a) Gesamtenergie: $W = W_0 + W_{\mathrm{kin}}$

$W_{0,\mathrm{v}} = 0;$ $W_{\mathrm{v}} = W_{\mathrm{kin}} = 2$ MeV

$W_{\mathrm{e}} = 0,511$ MeV $+ 2$ MeV $= 2,511$ MeV

$W_{0,\alpha} = m_0 c^2 = 6,645 \cdot 10^{-27}$ kg $\cdot (3 \cdot 10^8$ m/s$)^2 =$

$\quad = 0,598 \cdot 10^{-9}$ Ws $= 3,733$ GeV

$W_\alpha = 3,733$ GeV $+ 2$ MeV $= 3,735$ GeV $\approx W_{0,\alpha}$

$m_{\mathrm{v}} = \dfrac{W_{\mathrm{v}}}{c^2} = \dfrac{2 \cdot 10^6 \cdot 1,602 \cdot 10^{-19} \text{ Ws}}{(3 \cdot 10^8 \text{ m/s})^2} = 3,560 \cdot 10^{-30}$ kg

$m_{\mathrm{e}} = 4,470 \cdot 10^{-30}$ kg; $m_\alpha = 6,648 \cdot 10^{-27}$ kg $\approx m_{0,\alpha}$

$v_{\mathrm{v}} = c$

$$v_e = c \cdot \sqrt{1 - (m_0/m)^2} = c \cdot \sqrt{1 - \left(\frac{0,911 \cdot 10^{-30} \text{ kg}}{4,470 \cdot 10^{-30} \text{ kg}}\right)^2} =$$

$$= 0,979 \cdot c = 2,937 \cdot 10^8 \text{ m/s}$$

Weil $m_\alpha \approx m_{0,\alpha}$, ist klassische Rechnung erlaubt:

$$v_\alpha = \sqrt{\frac{2W_{kin}}{m_{0,\alpha}}} = \sqrt{\frac{2 \cdot 2 \cdot 10^6 \cdot 1,602 \cdot 10^{-19} \text{ Ws}}{6,645 \cdot 10^{-27} \text{ kg}}} =$$

$$= 9,820 \cdot 10^6 \text{ m/s} = 0,033 \cdot c$$

$$p_v = m_v c = 3,560 \cdot 10^{-30} \text{ kg} \cdot 3 \cdot 10^8 \text{ m/s} = 1,068 \cdot 10^{-21} \text{ kgm/s}$$

$$p_e = m_e v = 1,313 \cdot 10^{-21} \text{ kgm/s}; \quad p_\alpha = 65,25 \cdot 10^{-21} \text{ kgm/s}$$

$$\lambda = h/p; \quad \lambda_v = 0,620 \cdot 10^{-12} \text{ m}$$

$$\lambda_e = 0,505 \cdot 10^{-12} \text{ m}; \quad \lambda_\alpha = 10,16 \cdot 10^{-15} \text{ m}$$

b) $\lambda = h/(mv)$

Elektron: Mit $m_e = m_{0,e}$ wird $\lambda = 2,42$ µm.

Geschoß: $\lambda = 0,221 \cdot 10^{-33}$ m

Diese Wellenlänge ist wesentlich kleiner als der Durchmesser von Kernbausteinen und daher nicht beobachtbar. Das Geschoß zeigt nur Teilcheneigenschaften.

5.1.7 Youngs Doppelspalt-Experiment mit Atomstrahlen*)

Die Atome eines Atomstrahls aus Helium haben eine mittlere Geschwindigkeit v_m, der eine Temperatur $T = 150$ K zugeordnet wird. Der Strahl trifft zunächst auf Spalt 1 der Breite $s_1 = 2$ µm. Anschließend treffen die Atome auf den Doppelspalt mit dem Spaltabstand $g = 8$ µm und den Spaltbreiten $s_2 = 1$ µm. Die Längenabstände sind jeweils $L = 64$ cm, vgl. Abb. 5.1.7. Die Dichteverteilung der in der Detektorebene ankommenden Atome wird mit einem geeigneten Meßgerät nachgewiesen. Man mißt bei dessen Verschiebung in y-Richtung eine periodische

---

*) O. Carnal, J. Mlynek, Phys. Blätter 5, 379 (1991)

Änderung dieser Verteilung. Der Abstand der Maxima beträgt Δy_1. Die gesam
Verteilung hat eine Einhüllende, die bei $y = 0$ ihr Maximum hat und bei $\pm$
jeweils ein Minimum.

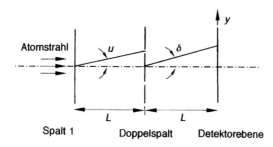

Spalt 1   Doppelspalt   Detektorebene

Abb. 5.1.7.   Versuchsaufb
schematisch. Die Winkel u u
δ werden bei der Lösung v
wendet.

a) Begründen Sie, warum Minima und Maxima und die Einhüllende der Dich
verteilung entstehen.

b) Berechnen Sie den Abstand Δy_1 der Maxima und die gesamte Breite $2 \cdot y_2$
Einhüllenden.

c) Prüfen Sie mit der Kohärenzbedingung der Optik nach, ob das Bündel :
Helium-Materiewellen den Doppelspalt kohärent bestrahlt.

Lösung

a) Die Minima und Maxima entstehen durch Interferenzen der Materiewellen,
   von den beiden Spalten der Doppelspalt-Anordnung kommen. Die Einhülle
   der Maxima entsteht durch die Beugung der Materiewellen an den einzel
   Spalten der Breite s_2. Das intensitätsstarke Beugungsmaximum der nullten C
   nung verursacht hier die Intensitätsmodulation der Interferenzmaxima.

b) Interferenzmaxima am Doppelspalt: $\sin \delta_G = k\lambda/g$; $k = 0, 1, 2, \ldots$
   Unter der Annahme, daß δ_G klein ist, gilt für den Winkelabstand der Max
   $\delta_G \approx \lambda/g$, außerdem ist $\delta_G \approx \Delta y_1/L$.
   Somit ist der Abstand $\Delta y_1 = L\lambda/g$.

   1. Minimum der Beugung: $\sin \delta_B = \lambda/s_2 \approx \delta_B$
   $\delta_B \approx y_2/L$; Breite $2y_2 = 2L\lambda/s_2$

   Berechnung der Materie-Wellenlänge: $\lambda = h/(m_0 \cdot v)$
   $v = v_m = \sqrt{3kT/m_0}$

$$\lambda = \frac{h}{\sqrt{3kT \cdot m_0}} = \frac{h}{\sqrt{3kT \cdot A_r \cdot 1 \, \text{u}}}$$

$$\lambda = \frac{6,626 \cdot 10^{-34} \, \text{Ws}^2}{\sqrt{3 \cdot 1,381 \cdot 10^{-23} \, \text{J/K} \cdot 150 \, \text{K} \cdot 4 \cdot 1,661 \cdot 10^{-27} \, \text{kg}}} = 103,12 \, \text{pm}$$

$\Delta y_1 = 0,64 \, \text{m} \cdot 103,12 \cdot 10^{-12} \, \text{m}/8 \cdot 10^{-6} \, \text{m} = 8,249 \, \mu\text{m} \ll L$

$2 \cdot y_2 = 2 \cdot 0,64 \, \text{m} \cdot 103,12 \cdot 10^{-12} \, \text{m}/10^{-6} \, \text{m} = 132,0 \, \mu\text{m} \ll L$

Damit ist auch die Annahme kleiner Winkel δ bewiesen.

c) Kohärenzbedingung: $s_1 \cdot \sin u \ll \lambda/2$

$\sin u \approx \tan u = g/(2 \cdot L)$

$$\frac{s_1 g}{2L} = \frac{2 \cdot 10^{-6} \, \text{m} \cdot 8 \cdot 10^{-6} \, \text{m}}{2 \cdot 0,64 \, \text{m}} = 12,5 \, \text{pm} < \lambda/2 = 51,56 \, \text{pm}$$

Die Kohärenzbedingung ist also gerade noch erfüllt.

5.2 Atomspektroskopie

Die in Abschn. 5.1 erarbeiteten Grundlagen werden auf die Atomspektroskopie übertragen. Dabei werden auch Aufgaben zu wichtigen Meßmethoden, wie zur Braggschen Reflexion und zum Massenspektrometer, gestellt.
Die beiden Aufgaben am Ende des Abschnitts befassen sich mit der Boltzmann-Statistik und der Fermi-Dirac-Statistik an Beispielen aus der Atom- und Festkörperphysik.

Quantenenergien der Spektrallinien von Wasserstoff und Ionen der Kernladungszahl Z, die nur ein Elektron besitzen:

$$W = R^* Z^2 \cdot \left(\frac{1}{n_1^2} - \frac{1}{n_2^2} \right); \quad n_1 < n_2; \quad n_1, n_2 = 1, 2, 3, \ldots$$

Die Rydberg-Energie ist $R^* \approx R^*_\infty = 13,61 \, \text{eV}$.

Charakteristische Strahlung von Röntgen-Emissionsspektren:

K-Linien: $W_K = R^*(Z - a_K)^2 \cdot \left(1 - \dfrac{1}{n^2}\right)$; $n = 2, 3, 4, \ldots$

L-Linien: $W_L = R^*(Z - a_L)^2 \cdot \left(\dfrac{1}{2^2} - \dfrac{1}{n^2}\right)$; $n = 3, 4, 5, \ldots$

Die Abschirmkonstanten können nach Moseley $a_K = 1$ und $a_L = 7,4$ gese⬛
werden. Vergleichen Sie dazu jedoch die Aufgabe in Abschn. 5.2.6.

5.2.1 de Broglie-Wellenlänge von Elektronen

Aufgabe

Die de Broglie-Wellenlänge von Elektronen macht sich bei Streuung an der Hü⬛
oder am Kern eines Atoms nur bemerkbar, wenn sie in der Größenordnung ⬛
Hüllenradius r_H bzw. Kernradius r_K liegt.

a) Berechnen Sie Impuls, Geschwindigkeit und kinetische Energie von Elektron⬛
deren Wellenlänge gleich dem Hüllenradius $r_H = 0,15$ nm des Goldatoms s⬛
soll.

b) Dieselben Größen berechne man für den Kernradius r_K von $^{197}_{79}$Au. Die
soll aus dem Volumenbedarf der Nukleonen nach der Näherungsgleich⬛
$r_K = 1,3$ fm $\cdot \sqrt[3]{A_r}$ berechnet werden.

Lösung

a) Mit $r_H = \lambda = 0,15$ nm wird $p = h/\lambda = 4,42 \cdot 10^{-24}$ kgm/s.

Die Auflösung von $p = \dfrac{m_0 v}{\sqrt{1 - (v/c)^2}}$ nach v ergibt

$$v = \frac{pc}{\sqrt{(m_0 c)^2 + p^2}} =$$

$$= \frac{4,42 \cdot 10^{-24} \text{ kgm/s} \cdot 3 \cdot 10^8 \text{ m/s}}{\sqrt{(0,911 \cdot 10^{-30} \text{ kg} \cdot 3 \cdot 10^8 \text{ m/s})^2 + (4,42 \cdot 10^{-24} \text{ kgm/s})^2}} =$$

$$= 4,85 \cdot 10^6 \text{ m/s} = 0,016 \cdot c$$

$$W_{kin} = \frac{p^2}{2m_0} = \frac{(4,42 \cdot 10^{-24} \text{ kgm/s})^2}{2 \cdot 0,911 \cdot 10^{-30} \text{ kg}} = 107,1 \cdot 10^{-19} \text{ Ws} = 66,8 \text{ eV}$$

b) $r_K = \lambda = 1,3 \cdot 10^{-15}$ m $\cdot \sqrt[3]{197} = 7,56$ fm

$p = 87,60 \cdot 10^{-21}$ kgm/s

Weil hier $m_0 c = 0,273 \cdot 10^{-21}$ kgm/s $\ll p$ ist, wird nach der in Aufg. a)
verwendeten Gleichung $v \approx c$. Daraus folgt für

$$W_{kin} = \frac{p^2}{m + m_0} \approx \frac{p^2}{m} \approx pc =$$

$$= 87,60 \cdot 10^{-21} \text{ kgm/s} \cdot 3 \cdot 10^8 \text{ m/s} = 26,28 \cdot 10^{-12} \text{ Ws} = 164 \text{ MeV}$$

5.2.2 Braggsche Reflexion

Aufgabe

Fällt Röntgenstrahlung auf die Oberfläche eines Einkristalls, so tritt dort Braggsche
Reflexion auf.

a) Unter welchen Winkeln ϑ_k zur Oberfläche eines NaCl-Kristalls ("Glanzwinkel")
treten Intensitätsmaxima k-ter Ordnung auf, wenn die einfallende Strahlung die
Wellenlänge der K_α-Linie von Nickel ($Z = 28$) enthält? (Die Na- und Cl-
Ionen bilden ein einfaches Würfelgitter, d.h. sie sitzen in periodischer Folge an
Würfelecken; $\rho = 2,167$ kg/dm^3, $A_r = 58,45$.)

b) Welche Energien müssen Neutronen und Elektronen haben, wenn sie an geeigneten Substanzen mit derselben Struktur wie NaCl unter denselben Winkeln
reflektiert werden sollen?

Lösung

a) Braggsche Beziehung: $\sin\vartheta_k = \dfrac{k\lambda}{2d}$; $k = 1, 2, 3, \ldots$

K_α-Linie: $W_{K_\alpha} = R^*(Z - 1)^2 \cdot (1 - 1/2^2) = 13,61$ eV $\cdot (28 - 1)^2 \cdot 0,75 =$
$= 7441,3$ eV $= 1,192 \cdot 10^{-15}$ Ws

$$\lambda_{K_\alpha} = \frac{hc}{W_{K_\alpha}} = \frac{6,626 \cdot 10^{-34} \text{ Ws}^2 \cdot 3 \cdot 10^8 \text{ m/s}}{1,192 \cdot 10^{-15} \text{ Ws}} = 0,167 \text{ nm}$$

Berechnung des Abstands d der Gitterebenen:

Molvolumen: $V_m = 2N_A d^3 = m_m/\rho$

$$d = \sqrt[3]{\frac{m_m}{2N_A\rho}} = \sqrt[3]{\frac{58,45 \text{ kg/kmol}}{2 \cdot 6,022 \cdot 10^{26} \text{ kmol}^{-1} \cdot 2,167 \cdot 10^3 \text{ kg/m}^3}} =$$

$$= 0,282 \text{ nm}$$

Es folgt: $\vartheta_1 = 17,2°$; $\vartheta_2 = 36,3°$; $\vartheta_3 = 62,6°$

b) Impuls: $p = h/\lambda_{K_\alpha} = 3,971 \cdot 10^{-24}$ kgm/s

Für die Berechnung der kinetischen Energien darf die Beziehung $W_{kin} = p^2/(2m_0)$ der klassischen Mechanik verwendet werden, weil die Gesamtenergie $W = \sqrt{p^2 c^2 + W_0^2} \approx W_0$ wird.

Elektron: $W_{kin} = \dfrac{(3,971 \cdot 10^{-24} \text{ kgm/s})^2}{2 \cdot 0,911 \cdot 10^{-30} \text{ kg}} = 8,654 \cdot 10^{-18} \text{ Ws} = 54,0 \text{ eV}$

Neutron: $W_{kin} = \dfrac{(3,971 \cdot 10^{-24} \text{ kgm/s})^2}{2 \cdot 1,675 \cdot 10^{-27} \text{ kg}} = 4,706 \cdot 10^{-21} \text{ Ws} = 29,40 \text{ meV}$

5.2.3 Spektren Wasserstoff-ähnlicher Ionen

Aufgabe

Ultraviolette Strahlung mit der Wellenlänge $\lambda = 30$ nm trifft auf Wasserstoffatome bzw. einfach ionisierte Heliumatome.

a) Welche kinetische Energie erhält das vom H-Atom durch Fotoionisation abgetrennte Elektron?

b) Wie groß ist die Ionisierungsenergie für die Abtrennung des zweiten Elektrons vom Helium-Ion ($He^+ \rightarrow He^{++} + e^-$)?
Reicht die Energie der einfallenden Strahlung für diesen Prozeß aus? Welche Niveaus können mit dieser Strahlung im He^+ angeregt werden? Berechnen Sie deren Energien.

Lösung

a) Energie des Photons:

$$W_\gamma = \frac{hc}{\lambda} = \frac{6,626 \cdot 10^{-34}\ \text{Ws}^2 \cdot 3 \cdot 10^8\ \text{m/s}}{30 \cdot 10^{-9}\ \text{m}} = 6,626 \cdot 10^{-18}\ \text{Ws} =$$
$$= 41,36\ \text{eV}$$

Ionisierungsenergie des H-Atoms: $W_H = R^* = 13,61\ \text{eV}$

Das Elektron erhält $W_{kin} = W_\gamma - W_H = 27,75\ \text{eV}$

b) Ionisierungsenergie von He^+:

$W_{He} = 4 \cdot 13,61\ \text{eV} = 54,44\ \text{eV} > W_\gamma$, also keine Ionisierung.

Energie der angeregten Niveaus:

$$W_n = R^* Z^2 (1 - 1/n^2); \quad n = 2,3,4,\ldots$$

$$W_2 = W_{He} \cdot \frac{3}{4} = 40,83\ \text{eV} < W_\gamma$$

$$W_3 = W_{He} \cdot \frac{8}{9} = 48,39\ \text{eV} > W_\gamma$$

Es wird also nur der 1. angeregte Zustand erreicht.

5.2.4 Massenspektrometer

Aufgabe

Ionen mit der Geschwindigkeit v durchlaufen in einem Massenspektrometer zuerst einen zylindrischen Ablenkkondensator (vgl. Abbildung in Abschn. 6.2) mit einer Feldstärke $E = 50\ \text{kV/m}$. Der Krümmungsradius ihrer Bahn beträgt $r_{el} = 200\ \text{mm}$. Anschließend durchlaufen sie ein homogenes Magnetfeld mit einer Flußdichte $B = 0,2\ \text{T}$. Der Krümmungsradius beträgt hier $r_m = 244\ \text{mm}$. Die Bahn verläuft dabei immer senkrecht zu den elektrischen und magnetischen Feldlinien.

a) Berechnen Sie die Geschwindigkeit und das Verhältnis Masse m/Ladung Q der Ionen, wobei $Q = ne$, $n = 1,2,3,\ldots$, ist.

b) Berechnen Sie für den Fall einwertiger Ionen die absolute und relative Atommasse der Ionen. Entnehmen Sie dem Periodensystem der Elemente, um welches Nuklid es sich handeln kann.

c) Mit welcher Spannung wurden die einwertigen Ionen beschleunigt und wie groß ist ihre kinetische Energie?

Lösung

a) Ablenkung im Zylinderkondensator: $QE = \dfrac{mv^2}{r_{el}}$

$$r_{el}E = \frac{mv^2}{Q} \tag{1}$$

Ablenkung im Magnetfeld: $\dfrac{1}{\gamma_0}QvB = \dfrac{mv^2}{r_m}$

$$\frac{1}{\gamma_0}r_m B = \frac{mv}{Q} \tag{2}$$

Gl. (1)/Gl. (2): $v = \gamma_0 \dfrac{r_{el}E}{r_m B}$ (3)

$$v = 1\,\frac{\text{Wb}}{\text{Vs}} \cdot \frac{200\ \text{mm} \cdot 50 \cdot 10^3\ \text{V/m}}{244\ \text{mm} \cdot 0,2\ \text{Wb/m}^2} = 0,205 \cdot 10^6\ \text{m/s}$$

[Gl. (2)]^2/Gl. (1): $\dfrac{m}{Q} = \dfrac{r_m^2 B^2}{\gamma_0^2 r_{el}E}$ (4)

$$\frac{m}{Q} = 1\,\frac{(\text{Vs})^2}{\text{Wb}^2} \cdot \frac{(244 \cdot 10^{-3}\ \text{m})^2 \cdot (0,2\ \text{Wb/m}^2)^2}{200 \cdot 10^{-3}\ \text{m} \cdot 50 \cdot 10^3\ \text{V/m}} = 0,238 \cdot 10^{-6}\ \text{kg/C}$$

b) Da $v \ll c$ ist, wird $m = m_0$. Mit $Q = e$ wird

$$m_0 = \frac{m}{Q}e = 0,238 \cdot 10^{-6}\,\frac{\text{kg}}{\text{C}} \cdot 1,602 \cdot 10^{-19}\ \text{C} = 38,15 \cdot 10^{-27}\ \text{kg} \tag{5}$$

$$A_r = \frac{m_0}{1\ \text{u}} = \frac{38,15 \cdot 10^{-27}\ \text{kg}}{1,66 \cdot 10^{-27}\ \text{kg}} = 22,98,\ \text{also Nuklid}\ {}^{23}_{11}\text{Na}$$

c) Mit Gl. (1) und $m = m_0$ oder den Gln. (3), (4), (5) wird

$$U = \frac{m_0 v^2}{2e} = \frac{1}{2}r_{el}E = 5,0\ \text{kV und}\ W_{kin} = 5\ \text{keV}.$$

5.2.5 Bremsspektrum des Röntgenlichts

Aufgabe

An einer Röntgenröhre mit einer Anode aus Wolfram ($Z = 74$) liegt eine Spannung $U = 200$ kV.

a) Wie groß ist die Geschwindigkeit der Elektronen beim Auftreffen auf die Anode, deren Impuls p und de Broglie-Wellenlänge λ_B?
Wie groß ist die Grenzwellenlänge λ_{gr} des emittierten Röntgenbremsspektrums?

b) Berechnen Sie allgemein die Abhängigkeit des Verhältnisses λ_{gr}/λ_B von $\beta = v/c$.
Welchen Wert erhält man mit den Ergebnissen von Aufg. a)?
Welchen Wert nimmt das Verhältnis für $\beta \to 0$ und für $\beta \to 1$ an?

Lösung

a) $W = mc^2 = \dfrac{m_0 c^2}{\sqrt{1 - \beta^2}}; \quad \beta = \sqrt{1 - \left(\dfrac{m_0 c^2}{mc^2}\right)^2} = \sqrt{1 - \left(\dfrac{W_0}{W}\right)^2}$

$W = W_0 + W_{kin} = W_0 + eU = 511 \text{ keV} + 200 \text{ keV} = 711 \text{ keV}$

$\beta = \sqrt{1 - \left(\dfrac{511 \text{ keV}}{711 \text{ keV}}\right)^2} = 0,695; \quad v = \beta c = 2,086 \cdot 10^8 \text{ m/s}$

$\lambda_B = \dfrac{h}{p}; \quad p = mv = \dfrac{W}{c^2} v = W \dfrac{\beta}{c}$

$\lambda_B = \dfrac{hc}{W\beta}$ \hfill (1)

$p = 711 \cdot 10^3 \cdot 1,602 \cdot 10^{-19} \text{ Ws} \cdot \dfrac{0,695}{3 \cdot 10^8 \text{ m/s}} = 264,0 \cdot 10^{-24} \text{ kg m/s}$

$\lambda_B = \dfrac{h}{p} = \dfrac{6,626 \cdot 10^{-34} \text{ Ws}^2}{264,0 \cdot 10^{-24} \text{ kgm/s}} = 2,51 \cdot 10^{-12} \text{ m}$

$\lambda_{gr} = \dfrac{hc}{eU} = \dfrac{hc}{W_{kin}}$ \hfill (2)

$\lambda_{gr} = \dfrac{6,626 \cdot 10^{-34} \text{ Ws}^2 \cdot 3 \cdot 10^8 \text{ m/s}}{1,602 \cdot 10^{-19} \text{ As} \cdot 200 \cdot 10^3 \text{ V}} = 6,20 \cdot 10^{-12} \text{ m} = 2,47 \cdot \lambda_B$

b) Gl. (2)/Gl. (1):

$$\frac{\lambda_{gr}}{\lambda_B} = \frac{hc}{W_{kin}} \cdot \frac{W\beta}{hc} = \frac{mc^2}{(m-m_0)c^2}\beta = \frac{m}{m-m_0}\beta$$

$$\frac{m-m_0}{m} = 1 - \frac{m_0}{m} = 1 - \sqrt{1-\beta^2}$$

$$\frac{\lambda_{gr}}{\lambda_B} = \frac{\beta}{1-\sqrt{1-\beta^2}} = \frac{0,695}{1-\sqrt{1-(0,695)^2}} = 2,47$$

Umformung:

$$\frac{\lambda_{gr}}{\lambda_B} = \frac{\beta(1+\sqrt{1-\beta^2})}{(1-\sqrt{1-\beta^2})(1+\sqrt{1-\beta^2})} = \frac{1}{\beta}(1+\sqrt{1-\beta^2})$$

$$\beta \to 0: \quad \lambda_{gr}/\lambda_B \approx 2/\beta \to \infty$$

$$\beta \to 1: \quad \lambda_{gr}/\lambda_B \approx 1/\beta \to 1$$

5.2.6 Abschirmkonstante

Aufgabe

An einer Röntgenröhre mit Wolfram-Anode ($Z = 74$) liegt eine Spannung $U = 50$ kV.

a) Tritt im Emissionsspektrum die K_α-Linie des Wolframs auf?
Die Abschirmkonstante setze man nach Moseley $a_K = 1$. Welche Beschleunigungsspannung ist mindestens nötig, um diese Linie anzuregen?

b) Experimentell erhält man für die Wellenlänge der Linie $\lambda = 21 \cdot 10^{-12}$ m. Welche Abschirmkonstante a_K errechnet man daraus?
Wie groß ist der relative Fehler der Wellenlänge, wenn man $a_K = 1$ setzt?

Lösung

a) Notwendige Energie, um ein Elektron der K-Schale zu ionisieren:

$$W_K = R^*(Z-1)^2 = 13,61 \text{ eV} \cdot (74-1)^2 = 72,52 \text{ keV}$$

Die Elektronen haben nur $W_{kin} = 50$ keV, also keine Emission der K_α-Linie! Man benötigt $U \geq 72,5$ kV.

b) $\dfrac{hc}{\lambda} = (Z - a_K)^2 R^* \cdot \dfrac{3}{4}$; $a_K = Z - \sqrt{\dfrac{4hc}{3R^*\lambda}}$

$$a_K = 74 - \sqrt{\frac{4 \cdot 6,626 \cdot 10^{-34} \text{ Ws}^2 \cdot 3 \cdot 10^8 \text{ m/s}}{3 \cdot 13,61 \cdot 1,602 \cdot 10^{-19} \text{ Ws} \cdot 21 \cdot 10^{-12} \text{ m}}} = -2,08$$

Wellenlänge der K_α-Linie, wenn $a_K = 1$:

$$W_{K_\alpha} = \frac{3}{4} W_K = 54,39 \text{ keV};   \lambda_{K_\alpha} = 22,80 \cdot 10^{-12} \text{ m}$$

$$\frac{\Delta\lambda}{\lambda} = \frac{\lambda_{K_\alpha} - \lambda}{\lambda} = \frac{(22,8 - 21) \cdot 10^{-12} \text{ m}}{21 \cdot 10^{-12} \text{ m}} = 8,6\%$$

Die Beschreibung mit Abschirmkonstanten nach Moseley ist in diesem Z-Bereich keine gute Näherung mehr.

5.2.7 Emission und Absorption von Röntgenlicht

Aufgabe

Eine Röntgenröhre enthält eine Molybdän-Anode ($Z = 42$) und wird mit einer Spannung $U = 30$ kV betrieben.

a) Berechnen Sie die Grenzwellenlänge des Bremsspektrums, die Quantenenergie und Wellenlänge der K_α- und L_α-Linie. Als Abschirmkonstanten verwende man nach Moseley $a_K = 1$; $a_L = 7,4$.

b) Die Strahlung durchläuft zunächst ein Zirkonfilter ($Z = 40$), das vor allem die K_α-Linie des Molybdäns hindurchläßt. Berechnen Sie die Lage der K- und L-Kante des Filters. Skizzieren Sie in zwei untereinander liegenden Diagrammen das Emissionsspektrum des Molybdäns und das Absorptionsspektrum des Zirkons.

c) Die durchgelassene Strahlung der K_α-Linie trifft schließlich auf ein Aluminiumblech von 1 mm Dicke. Wieviel Prozent der einfallenden Intensität wird absorbiert, wenn die Dichte von Aluminium $\rho = 2,7$ kg/dm^3 und der Massenabsorptionskoeffizient bei der Wellenlänge der K_α-Linie des Molybdäns $\kappa/\rho = 0,56$ m^2/kg beträgt?

Lösung

a) Grenzwellenlänge: $\lambda_{\text{gr}} = \dfrac{hc}{eU} = 41,4 \cdot 10^{-12}$ m

Mo: $Z = 42$

K_α-Linie: $W_{K_\alpha} = (Z-1)^2 R^* \left(1 - \dfrac{1}{4}\right) = 17,16$ keV

$\lambda_{K_\alpha} = 72,3 \cdot 10^{-12}$ m

L_α-Linie: $W_{L_\alpha} = (Z-7,4)^2 R^* \left(\dfrac{1}{4} - \dfrac{1}{9}\right) = 2,26$ keV

$\lambda_{L_\alpha} = 0,549 \cdot 10^{-9}$ m

b)

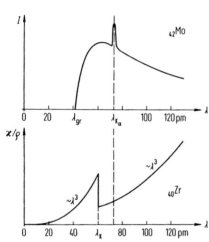

Abb. 5.2.7b. Intensität I und Massen-absorptionskoeffizient κ/ρ als Funktion von λ.

Zr: $Z = 40$

K-Kante: $W_K = (Z-1)^2 R^* = 20,70$ keV; $\lambda_K = 59,9 \cdot 10^{-12}$ m

L-Kante: $W_L = (Z-7,4)^2 R^* \cdot \dfrac{1}{4} = 3,62$ keV; $\lambda_L = 0,343 \cdot 10^{-9}$ m

c) $I/I_0 = e^{-\kappa d} = \exp\left(-0,56 \, \dfrac{\text{m}^2}{\text{kg}} \cdot 2,7 \cdot 10^3 \, \dfrac{\text{kg}}{\text{m}^3} \cdot 10^{-3} \, \text{m}\right) = 0,221$

Es werden also 78% absorbiert.

5.2.8 Emission von Photonen

Ein Gefäß enthält ein Gas bei der Temperatur $T = 400$ K. Die Energiedifferenz zwischen dem Grundzustand 1 der Moleküle und einem angeregten Zustand 2 soll $\Delta W = 2,8$ eV betragen. Die mittlere Lebensdauer des angeregten Zustands ist $\tau = 800$ ns.

a) Zunächst befindet sich das Gas im thermischen Gleichgewicht. Welcher Bruchteil der Moleküle liegt im angeregten Zustand vor?

b) Nun nehmen wir als Modell an, daß sich zur Zeit $t = 0$ alle Moleküle im angeregten Zustand aufhalten. Man spricht in diesem Fall von der totalen Inversion der Besetzungszahlen. (Derartige Überlegungen spielen in der Laserphysik eine Rolle.)
Berechnen Sie die Zeit t_e, bis sich durch Photonen-Emission wieder thermisches Gleichgewicht einstellt.
Wie groß ist die Wellenlänge des dabei emittierten Lichts?

Lösung

a) Die Boltzmann-Verteilung gibt das Verhältnis der Molekül-Zahlen an:

$$N_2/N_1 = e^{-\Delta W/(kT)} \tag{1}$$

$$\frac{N_2}{N_1} = \exp\left(-\frac{2,8 \text{ eV} \cdot 1,602 \cdot 10^{-19} \text{ Ws/eV}}{1,381 \cdot 10^{-23} \text{ J/K} \cdot 400 \text{ K}}\right) = e^{-81,20} = 5,425 \cdot 10^{-36}$$

b) Für Zeiten $0 \leq t \leq t_e$ gilt

$$N_2(t) = N_2(0)e^{-t/\tau}, \tag{2}$$

für $t \geq t_e$ gilt Gl. (1).

Gl. (1) lautet für $t = t_e$:

$$e^{-\Delta W/(kT)} = \frac{N_2(t_e)}{N_1(t_e)} = \frac{N_2(t_e)}{N_2(0) - N_2(t_e)} = \left(\frac{N_2(0)}{N_2(t_e)} - 1\right)^{-1}$$

Mit Gl. (2) erhält man $e^{\Delta W/(kT)} = e^{t_e/\tau} - 1$
Aus der Lösung der Aufgabe a) entnimmt man $e^{81,20} = 184,33 \cdot 10^{33}$. Daher kann die 1 vernachlässigt werden und es wird

$t_e/\tau = \Delta W/(kT) = 81,20.$

$t_e = 81,20 \cdot 800 \text{ ns} = 64,96 \cdot 10^{-6} \text{ s} \approx 65 \text{ μs}$

$\Delta W = hf = hc/\lambda$

$$\lambda = \frac{hc}{\Delta W} = \frac{6,626 \cdot 10^{-34} \text{ Ws} \cdot 2,998 \cdot 10^8 \text{ m/s}}{448,56 \cdot 10^{-21} \text{ Ws}} = 442,9 \text{ nm}$$

5.2.9 Halbleiter

Der Germanium-Kristall hat bei $T = 300$ K einen Bandabstand $\Delta W = 0,665$ eV. Das Verhältnis der Beweglichkeiten von Elektronen zu Löchern beträgt $u_n/u_p = 2,1$.

a) Berechnen Sie die Besetzungswahrscheinlichkeit $f_1(W_L)$ des reinen Halbleiters für die Elektronen an der unteren Leitungsbandkante. Zeigen Sie, daß hier in sehr guter Näherung die Boltzmann-Verteilung verwendet werden kann.

b) Der Kristall wird mit Donatoren dotiert. Das Ferminiveau mit der Energie W_{F2} soll 0,150 eV unterhalb der Leitungsbandkante liegen. Wie groß ist jetzt die Besetzungswahrscheinlichkeit $f_2(W_L)$ für die Elektronen an der Leitungsbandkante?

c) Die Donatoren sollen bei $T = 300$ K zu 99,5% ionisiert sein. Um wieviel Elektronvolt liegen die Donatorniveaus unterhalb der Leitungsbandkante?

d) Durch den Einbau der Donatoren werde die Elektronendichte n um den Faktor 200 gegenüber der Elektronendichte des reinen Halbleiters erhöht. Um welchen Faktor ändert sich dann die elektrische Leitfähigkeit σ?

e) Skizzieren Sie das Energieniveauschema des Bändermodells mit der Lage der gegebenen und errechneten Energieniveaus.

Lösung

Vorbemerkung: Wir verwenden hier wegen der besseren Übersichtlichkeit die folgende Schreibweise: $e^x = \exp(x)$.

a) Fermi-Dirac-Verteilung: $f_1(W_L) = \dfrac{1}{1 + \exp\left(\dfrac{W_L - W_{F1}}{kT}\right)}$

Bei reinen Halbleitern liegt das Ferminiveau in der Mitte der verbotenen Zone:
$W_L - W_{F1} = \Delta W/2 = 0,3325$ eV

$$f_1(W_L) = \left[1 + \exp\left(\frac{0,665 \text{ eV} \cdot 1,602 \cdot 10^{-19} \text{ Ws/eV}}{2 \cdot 1,381 \cdot 10^{-23} \text{ J/K} \cdot 300 \text{ K}}\right)\right]^{-1} =$$

$$= (1 + 383,5 \cdot 10^3)^{-1} \approx 1/(383,5 \cdot 10^3) = 2,608 \cdot 10^{-6}$$

Weil der Wert der Exponentialfunktion $\gg 1$ ist, kann hier statt $f_1(W_L)$ auch die Boltzmann-Verteilung $f_B(W_L) = \exp\left(-\dfrac{W_L - W_{F1}}{kT}\right)$ verwendet werden.

b) Hier erhält man mit der analogen Rechnung wie bei a) für

$$f_2(W_L) = (1 + 330,35)^{-1} = 3,018 \cdot 10^{-3} \gg f_1(W_L)$$

c) $f(W_D) = \left[1 + \exp\left(\dfrac{W_D - W_{F2}}{kT}\right)\right]^{-1} = 1 - 0,995 = 0,005$

Auflösung nach der Energiedifferenz ergibt:

$$W_D - W_{F2} = kT \cdot \ln(1/0,005 - 1) = 21,93 \cdot 10^{-21} \text{ Ws} = 136,9 \text{ meV}$$

Damit wird

$$W_L - W_D = (W_L - W_{F2}) - (W_D - W_{F2}) =$$

$$= 0,150 \text{ eV} - 0,137 \text{ eV} = 0,013 \text{ eV}$$

d) Reiner Halbleiter: Die Ladungsträgerdichten von Elektronen und Löchern, n und p, sind gleich:
Eigenleitungsdichte $n_i = n = p$

$$\sigma_1 = enu_n + epu_p = en_i(u_n + u_p)$$

Dotierter Halbleiter: $n \cdot p = n_i^2$

$$\sigma_2 = e \cdot 200n_i \cdot u_n + e \cdot 0,005n_i \cdot u_p = en_i(200u_n + 0,005u_p)$$

$$\frac{\sigma_2}{\sigma_1} = \frac{200u_n + 0,005u_p}{u_n + u_p} = \frac{200u_n/u_p + 0,005}{u_n/u_p + 1} =$$

$$= \frac{200 \cdot 2,1 + 0,005}{2,1 + 1} = 135,5$$

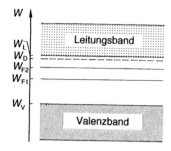

Abb. 5.2.9e. Bändermodell mit den in der Aufgabe behandelten Energien; qualitativ.

6 Kernphysik

Die kernphysikalische Forschung befaßt sich mit der Erzeugung, Beschleunigung und Umwandlung von Kernen und Teilchen, sowie mit dem Nachweis und der Messung von Teilcheneigenschaften. Deshalb werden in den Aufgaben α- und β-Zerfälle, Emission von Photonen, Paarerzeugung, Comptoneffekt, spontane Spaltung und die Kernfusion behandelt. Außerdem werden Meßgeräte rechnerisch behandelt, wie z.B. das Wien-Filter, der Szintillationszähler und der Cerenkov-Zähler.

Säkulares Gleichgewicht

Zerfall eines sehr langlebigen Isotops in eine Tochtersubstanz, die relativ kurzlebig ist; für die Zerfallskonstanten gilt daher $\lambda_1 \ll \lambda_2$. Wenn zur Zeit $t = 0$ die Zahl der Tochterkerne $N_2(0) = 0$ ist, so gilt für $t > 0$:

$$N_2(t) \approx \frac{\lambda_1}{\lambda_2} \cdot N_1(0) \cdot (1 - e^{-\lambda_2 t})$$

$N_1(0)$ ist die zur Zeit $t = 0$ vorhandene Zahl der Mutterkerne.

Comptoneffekt am Elektron

Wellenlängenänderung des um $\sphericalangle \vartheta$ gestreuten γ-Quants:

$$\Delta\lambda = \lambda_c \cdot (1 - \cos\vartheta)$$

Comptonwellenlänge: $\lambda_c = \dfrac{h}{m_0 c} = 2,426 \cdot 10^{-12}$ m

Energie des gestreuten Quants:

$$W_\gamma = hf' = \frac{hf}{1 + \dfrac{hf}{m_0 c^2}(1 - \cos\vartheta)}, \text{ wobei gilt:}$$

Energie des auf das Elektron treffenden Quants hf, Ruheenergie des Elektrons $m_0 c^2 = 511$ keV.

Halbempirische Formel von Weizäcker zur Berechnung der Kernbindungsenergie:

$$\frac{-W_B}{1\ \text{MeV}} = 14,1 \cdot A - 13 \cdot A^{2/3} - 0,595 \cdot \frac{Z^2}{A^{1/3}} - 19,0 \cdot \frac{(A - 2Z)^2}{A} +$$

$$+ \begin{cases} -35,5 \cdot A^{-3/4} & \text{für (u,u)-Kerne} \\ 0 & \text{für (g,u)- und (u,g)-Kerne} \\ +35,5 \cdot A^{-3/4} & \text{für (g,g)-Kerne} \end{cases}$$

6.1 β-Zerfall des Neutrons

Aufgabe

Beim radioaktiven Zerfall eines Neutrons entstehen ein Proton, ein Elektron und ein Antineutrino $\bar{\nu}$, das nicht direkt beobachtbar ist. In der Nebelkammer wird der Zerfall eines thermischen Neutrons mit einer kinetischen Energie $W_{\text{kin,n}} = 0,2$ eV in einem homogenen Magnetfeld beobachtet. Die Kreisbahnebenen von Proton und Elektron sollen senkrecht zu den magnetischen Feldlinien liegen und die Radien $r_p = 65$ mm und $r_e = 33$ mm haben. Die magnetische Flußdichte beträgt $B = 0,05$ T. Die Bahntangenten schließen am Zerfallsort einen Winkel $\varphi = 152,6°$ miteinander ein.

a) Wie groß sind die Impulse und kinetischen Energien von Proton und Elektron?

b) Wie groß sind Gesamtenergie, Impuls und Ruhemasse des nicht beobachtbaren Teilchens?

Verwenden Sie die in der Tabelle der Konstanten (S. XV) angegebenen genauen Werte.

Lösung

a) Impulse aus $\dfrac{mv^2}{r} = \dfrac{1}{\gamma_0} evB$; $p = \dfrac{1}{\gamma_0} reB$

$$p_p = 1\ \frac{\text{J} \cdot \text{s}}{\text{C} \cdot \text{Wb}} \cdot 65 \cdot 10^{-3}\ \text{m} \cdot 1,602 \cdot 10^{-19}\ \text{C} \cdot 0,05\ \frac{\text{Wb}}{\text{m}^2} =$$

$$= 0,5207 \cdot 10^{-21}\ \frac{\text{kgm}}{\text{s}}$$

$$p_e = 0,2643 \cdot 10^{-21} \, \frac{\text{kgm}}{\text{s}}$$

Die kinetische Energie des Protons darf hier klassisch berechnet werden, weil $v \ll c$ ist:

$$W_{\text{kin,p}} = \frac{p_p^2}{2m_p} = \frac{(0,5207 \cdot 10^{-21} \, \text{kgm/s})^2}{2 \cdot 1,673 \cdot 10^{-27} \, \text{kg}} =$$

$$= 81,02 \cdot 10^{-18} \, \text{Ws} = 505,7 \, \text{eV}$$

Das Elektron muß relativistisch behandelt werden. Seine Gesamtenergie ist:

$$W_e = \sqrt{p_e^2 c^2 + W_0^2} =$$

$$= \sqrt{(0,2643 \cdot 10^{-21} \cdot 2,998 \cdot 10^8)^2 + (0,511 \cdot 10^6 \cdot 1,602 \cdot 10^{-19})^2} \, \text{Ws} =$$

$$= 0,1139 \cdot 10^{-12} \, \text{Ws} = 711,2 \, \text{keV}$$

Sie liegt in der Größenordnung der Ruheenergie $W_{0,e}$.

$$W_{\text{kin,e}} = W_e - W_{0,e} = (711,2 - 511) \, \text{keV} = 200,2 \, \text{keV}$$

b) Gesamtenergie des Teilchens:

$$W_{\bar{\nu}} = W_n - W_e - W_p = W_{0,n} - W_e - (W_{0,p} + W_{\text{kin,p}}) =$$

$$= (939,57 - 0,7112 - 938,28 - 0,0005) \, \text{MeV} = 578,3 \, \text{keV}$$

Das Neutron kann wegen seiner kleinen kinetischen Energie als ruhend angenommen werden.

Abb. 6.1b. Bahnen von Elektron und Proton in der Nebelkammer; graphische Darstellung des Impulserhaltungssatzes. Wegen des vernachlässigbar kleinen Neutronenimpulses (weil $W_{\text{kin,n}} \approx W_{\text{kin,p}}/2500$ ist hier die Summe aller Impulse null.

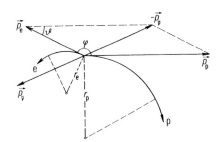

Impuls aus dem Cosinussatz:

$$p_{\overline{v}}^2 = p_p^2 + p_e^2 - 2p_p p_e \cdot \cos\vartheta; \quad \vartheta = 180° - \varphi$$

$$p_{\overline{v}}^2 = \left[(0,5207 \cdot 10^{-21})^2 + (0,2643 \cdot 10^{-21})^2\right] \frac{\mathrm{kg}^2\mathrm{m}^2}{\mathrm{s}^2} -$$

$$- \left[2 \cdot 0,5207 \cdot 10^{-21} \cdot 0,2643 \cdot 10^{-21} \cdot \cos 27,4°\right] \frac{\mathrm{kg}^2\mathrm{m}^2}{\mathrm{s}^2} =$$

$$= 96,58 \cdot 10^{-45} \frac{\mathrm{kg}^2\mathrm{m}^2}{\mathrm{s}^2}$$

$$p_{\overline{v}} = 0,3108 \cdot 10^{-21} \frac{\mathrm{kgm}}{\mathrm{s}}$$

Ruhemasse: $W_0 = \sqrt{W_{\overline{v}}^2 - (p_{\overline{v}}c)^2}$

$p_{\overline{v}}c = 93,17 \cdot 10^{-15}$ Ws; $\quad W_{\overline{v}} = 92,64 \cdot 10^{-15}$ Ws $\approx p_{\overline{v}}c$

Die Ruhemasse des Antineutrinos ist deshalb sehr klein bzw. null. Die Angabe einer Obergrenze ist nur bei Kenntnis der Meßfehler möglich.

6.2 Aufnahme eines β-Spektrums

Aufgabe

Aus der β-Strahlung des radioaktiven Nuklids $^{32}_{15}$P mit einer Grenzenergie der Elektronen von 1,71 MeV sollen Elektronen mit einer bestimmten kinetischen Energie W_{kin} durch die Ablenkung in einem elektrostatischen Zylinderfeld abgetrennt werden.

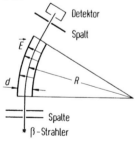

Abb. 6.2. Experimenteller Aufbau zur Aufnahme des Energiespektrums der Elektronen ($d \ll R$).

a) Leiten Sie die Formel für die Abhängigkeit der elektrischen Feldstärke im Zylinderkondensator vom Radius R der Elektronenbahn und von W_{kin} her.

b) In welchem Bereich muß der Betrag der Feldstärke längs der Kreisbahn der Elektronen variiert werden, um das ganze β-Spektrum erfassen zu können, wenn $R = 30$ cm beträgt? Welche Spannungen liegen dann am Kondensator, wenn der Plattenabstand $d = 1$ cm ist?

Lösung

a) $E = \dfrac{m}{e} \cdot \dfrac{v^2}{R} = \dfrac{mc^2}{eR} \cdot \dfrac{v^2}{c^2}$

$$\sqrt{1 - \frac{v^2}{c^2}} = \frac{m_0 c^2}{mc^2}; \quad \frac{v^2}{c^2} = 1 - \frac{(m_0 c^2)^2}{(m_0 c^2 + W_{\text{kin}})^2}$$

$$E = \frac{W_{\text{kin}}}{eR} \cdot \frac{2m_0 c^2 + W_{\text{kin}}}{m_0 c^2 + W_{\text{kin}}} = \frac{W_{\text{kin}}}{eR} \cdot \frac{2W_0 + W_{\text{kin}}}{W_0 + W_{\text{kin}}}$$

b) Variation der elektrischen Feldstärke von 0 bis E_{max}:

$$E_{\text{max}} = \frac{1,71 \text{ MeV}}{eR} \cdot \frac{2 \cdot 0,511 \text{ MeV} + 1,71 \text{ MeV}}{0,511 \text{ MeV} + 1,71 \text{ MeV}} = \frac{2,103 \text{ MeV}}{eR} =$$

$$= \frac{2,103 \cdot 10^6 \cdot 1,602 \cdot 10^{-19} \text{ Ws}}{1,602 \cdot 10^{-19} \text{ C} \cdot 0,3 \text{ m}} = 7,01 \cdot 10^6 \ \frac{\text{V}}{\text{m}}$$

Weil $d \ll R$ ist, kann man den Betrag der Feldstärke im Kondensator als näherungsweise konstant betrachten und erhält:

$$U_{\text{max}} = E_{\text{max}} d = 7,01 \cdot 10^6 \ \frac{\text{V}}{\text{m}} \cdot 0,01 \text{ m} = 70,1 \text{ kV}$$

6.3 Geschwindigkeit energiereicher Teilchen

Aufgabe

Wie groß sind $\gamma = m/m_0$ und $\beta = v/c$ für:

a) Elektronen eines Betatrons mit $W_{kin} = 20$ MeV,

b) Elektronen des Deutschen Elektronensynchrotons (DESY) mit $W_{kin} = 6$ GeV,

c) Protonen des Protonensynchrotons bei Genf (CERN) mit $W_{kin} = 30$ GeV?

Lösung

Man benützt

$$\gamma = 1 + \frac{W_{kin}}{W_0} \quad \text{und}$$

$$W_{kin} = (m - m_0)c^2 = \frac{m^2}{m + m_0} \cdot v^2; \quad \beta^2 = \frac{(\gamma - 1)(\gamma + 1)}{\gamma^2}$$

a) $\gamma_1 = 1 + \dfrac{20 \text{ MeV}}{0,511 \text{ MeV}} = 40,14$

$\beta_1^2 = 0,999\,379; \quad \beta_1 = 0,999\,690$

b) $\gamma_2 = 1 + \dfrac{6000 \text{ MeV}}{0,511 \text{ MeV}} = 11743$

$\beta_2^2 = 0,999\,999\,993; \quad \beta_2 = 0,999\,999\,996$

c) $\gamma_3 = 1 + \dfrac{30000 \text{ MeV}}{938,27 \text{ MeV}} = 32,97$

$\beta_3^2 = 0,999\,080; \quad \beta_3 = 0,999\,540$

6.4 Radioaktiver Zerfall

Aufgabe

$^{226}_{88}$Ra der Uran-Radium-Reihe zerfällt mit einer Halbwertszeit $T_1 = 1620$ Jahre in $^{222}_{86}$Rn. Dieses hat eine Halbwertszeit $T_2 = 3,8$ Tage. Nach einigen α- und β-Zerfällen folgt in der Zerfallsreihe RaD ($^{210}_{82}$Pb), welches mit einer Halbwertszeit $T_3 = 19,4$ Jahre weiter zerfällt. Alle Nuklide zwischen Rn und RaD haben Halbwertszeiten, die kleiner als 30 Minuten sind.

a) Wieviele α- und wieviele β-Zerfälle liegen zwischen Rn und RaD?

b) Wie lange muß man warten, bis von den abgetrennten Isotopen Ra, Rn und RaD noch 1% der Ausgangssubstanz vorhanden ist?

c) 10 g reines Ra werden bei 20 °C in einem luftdicht verschlossenen Gefäß mit einem Volumen von 1 Liter 10 Jahre lang aufbewahrt. Wieviele Rn-Atome stehen dann im säkularen Gleichgewicht mit den Ra-Atomen?
Wie groß ist der vom Rn stammende Partialdruck?

d) Wie lange dauert es, bis sich 95% der stationären Gleichgewichtsmenge angesammelt hat?

Lösung

a) α-Zerfall: A erniedrigt sich um 4, Z um 2;
β-Zerfall: A bleibt konstant, Z erhöht sich um 1.

$A = 222 - 210 = 12$, also drei α-Zerfälle. Dabei wird $Z = 86 - 6 = 80$. Es sind also zwei β-Zerfälle nötig, damit $Z = 82$ wird.

b) $N = N_0 e^{-\lambda t}$; Zerfallskonstante $\lambda = (\ln 2)/T$

$$t = \frac{1}{\lambda} \cdot \ln(N_0/N) = (\ln 100)/\lambda$$

Ra: $T_1 = 1620 \cdot 365,25$ d $= 591,7 \cdot 10^3$ d; $\lambda_1 = 1,171 \cdot 10^{-6}$ d^{-1}

$\quad t_1 = 3,931 \cdot 10^6$ d $= 10763$ a

Rn: $T_2 = 3,8$ d; $\lambda_2 = 0,182$ d^{-1}

$\quad t_2 = 25,3$ d

RaD: $T_3 = 19,4 \text{ a} = 7,086 \cdot 10^3 \text{ d}$; $\lambda_3 = 97,82 \cdot 10^{-6} \text{ d}^{-1}$

$t_3 = 47,08 \cdot 10^3 \text{ d} = 129 \text{ a}$

c) Für die zur Zeit t vorhandene Zahl der Tochteratome gilt:

$$N_2(t) = \frac{\lambda_1}{\lambda_2} N_1(0)(1 - e^{-\lambda_2 t}),\tag{1}$$

wenn $\lambda_1 \ll \lambda_2$ und $N_2(0) = 0$ ist.

Für große t erhält man das säkulare Gleichgewicht:

$$N_2(\infty) = \frac{\lambda_1}{\lambda_2} \cdot N_1(0) = \frac{T_2}{T_1} \cdot N_1(0) = \text{konst.}\tag{2}$$

$$N_1(0) = \frac{N_A}{m_m} m = \frac{6,022 \cdot 10^{23} \text{ mol}^{-1}}{226 \text{ g/mol}} \cdot 10 \text{ g} =$$

$$= 26,65 \cdot 10^{21} \text{ Ra-Atome}$$

Gl. (2): $N_2(\infty) = \dfrac{T_2}{T_1} N_1(0) = \dfrac{3,8 \text{ d} \cdot 26,65 \cdot 10^{21}}{591,7 \cdot 10^3 \text{ d}} =$

$$= 171,1 \cdot 10^{15} \text{ Rn-Atome}$$

Partialdruck nach 10 Jahren bei $T = 293$ K: $p = \dfrac{nRT}{V}$

$$n = \frac{N_2(\infty)}{N_A} = \frac{171,1 \cdot 10^{15}}{6,022 \cdot 10^{23} \text{ mol}^{-1}} = 0,284 \cdot 10^{-6} \text{ mol}$$

$$p = \frac{0,284 \cdot 10^{-6} \text{ mol} \cdot 8,3145 \text{ J/(mol} \cdot \text{K)} \cdot 293 \text{ K}}{10^{-3} \text{ m}^3} =$$

$$= 0,692 \text{ N/m}^2 = 6,92 \text{ µbar}$$

d) Nach Gl. (1) und Gl. (2):

$$N_2(t) = N_2(\infty) \cdot (1 - e^{-\lambda_2 t}); \quad \frac{N_2(t)}{N_2(\infty)} = 0,95; \quad e^{-\lambda_2 t} = 0,05$$

$$t = \frac{\ln 20}{\lambda_2} = \frac{\ln 20}{0,182 \text{ d}^{-1}} = 16,4 \text{ Tage}$$

6.5 Das Synchro-Zyklotron

Aufgabe

Das Synchro-Zyklotron bei CERN besitzt einen Polschuh-Durchmesser von 5 m. Die magnetische Flußdichte beträgt $B = 2$ T.

a) Protonen sollen zunächst mit konstanter Frequenz f der Wechselspannung zwischen den "D"s beschleunigt werden (Zyklotron-Betrieb). Mit welcher Frequenz muß dann der Hochfrequenz-Sender schwingen?

b) Bis zu welchem Durchmesser d können die Polschuhe ausgenutzt werden, wenn die Protonen höchstens 20% der Lichtgeschwindigkeit erreichen sollen? Welche kinetische Energie besitzen sie dann?

c) Werden die Protonen weiter beschleunigt, so muß die Sender-Frequenz während des Beschleunigungsvorganges absinken (Synchrozyklotron-Betrieb). Wie groß werden Geschwindigkeit und Energie der Protonen, wenn ihr maximaler Bahnradius $r = 2,1$ m betragen soll?

d) Um wieviel Prozent muß die Frequenz dabei erniedrigt werden?

e) Wieviele Umläufe n macht ein Proton, wenn im Augenblick des Übertritts zum anderen "D" jeweils die Spannung $U = 30$ kV anliegt? Wie lange dauert es, bis es seine Endenergie erreicht hat?

Lösung

a) Zyklotron-Betrieb ist nur möglich, solange die relativistische Massenzunahme keinen Einfluß hat. Dann gilt:

$$\frac{1}{\gamma_0} evB = \frac{m_0 v^2}{r}; \quad \omega = \frac{v}{r} = \frac{1}{\gamma_0} \cdot \frac{e}{m_0} B$$

$$\omega = 1 \frac{\text{Js}}{\text{C} \cdot \text{Wb}} \cdot \frac{1,602 \cdot 10^{-19}\ \text{C}}{1,673 \cdot 10^{-27}\ \text{kg}} \cdot 2 \frac{\text{Wb}}{\text{m}^2} = 191,5 \cdot 10^6\ \text{s}^{-1}$$

$$f = \frac{\omega}{2\pi} = 30,48\ \text{MHz}$$

b) $d = \dfrac{2v}{\omega} = \dfrac{2 \cdot 0,2 \cdot 3 \cdot 10^8 \text{ m/s}}{191,5 \cdot 10^6 \text{ s}^{-1}} = 62,7 \text{ cm}$

$$W_{kin} = (m - m_0)c^2 = 938,27 \text{ MeV} \cdot \left(\dfrac{1}{\sqrt{1 - (0,2)^2}} - 1 \right) = 19,35 \text{ MeV}$$

c) Betrieb als Synchro-Zyklotron:

$$v = \dfrac{erB}{\gamma_0 m_0} \cdot \sqrt{1 - \dfrac{v^2}{c^2}} = v_0 \cdot \sqrt{1 - \dfrac{v^2}{c^2}}$$

Auflösung ergibt: $v = \sqrt{\dfrac{v_0}{1 + (v_0/c)^2}}$

Der Faktor v_0 vor der Wurzel ist die Geschwindigkeit, die sich ergibt, wenn die Massenzunahme nicht berücksichtigt wird. Deshalb entsteht $v_0 > c$.

$$v_0 = 1 \dfrac{\text{Js}}{\text{C} \cdot \text{Wb}} \cdot \dfrac{1,602 \cdot 10^{-19} \text{ C} \cdot 2,1 \text{ m} \cdot 2 \text{ Wb/m}^2}{1,673 \cdot 10^{-27} \text{ kg}} = 4,022 \cdot 10^8 \dfrac{\text{m}}{\text{s}}$$

$$v = \dfrac{4,022 \cdot 10^8 \text{ m/s}}{\sqrt{1 + (4,022 \cdot 10^8/3 \cdot 10^8)^2}} = 2,405 \cdot 10^8 \dfrac{\text{m}}{\text{s}}$$

$W_{kin} = 631,4 \text{ MeV}$

d) Anfangsfrequenz aus Aufgabe a): $f_a = 30,48 \text{ MHz}$

Endfrequenz: $f_e = \dfrac{v}{2\pi r} = \dfrac{2,405 \cdot 10^8 \text{ m/s}}{2\pi \cdot 2,1 \text{ m}} = 18,22 \text{ MHz}$

$\dfrac{\Delta f}{f_a} = 40,2\%$

e) Da pro Umlauf $2 \cdot 30$ keV gewonnen werden, erhält man

$$n = \dfrac{631,4 \text{ MeV}}{0,06 \text{ MeV}} = 10523 \text{ Umläufe.}$$

Zwischen zwei Beschleunigungsvorgängen vergeht jeweils die Zeit:

$$\Delta t_k = \frac{\pi}{\omega} = \pi\gamma_0 \frac{m}{eB} \quad \text{mit}$$

$$m = m_0 + k\frac{eU}{c^2} \quad \text{nach } k \text{ "D"-Wechseln, wobei } 1 \leq k \leq 2n = 21045 \text{ gilt.}$$

Gesamte Beschleunigungszeit:

$$t = \sum_{k=1}^{2n} \Delta t_k = \frac{\pi\gamma_0}{eB} \sum_{k=1}^{2n} \left(m_0 + k\frac{eU}{c^2} \right) =$$

$$= \frac{\pi\gamma_0}{eB} \left[2nm_0 + \frac{1}{2} \cdot 2n(2n+1)\frac{eU}{c^2} \right] =$$

$$= t_c + t_s = 345{,}2 \ \mu\text{s} + 116{,}0 \ \mu\text{s} = 461{,}2 \ \mu\text{s}$$

t_c ist die Zeit, welche im reinen Zyklotron-Betrieb (ohne Massenzunahme) vergehen würde, t_s kommt wegen der Frequenzerniedrigung im Synchrozyklotron-Betrieb hinzu.

6.6 Das Wien-Filter

Aufgabe

Ein „Wien-Filter" besteht aus einem homogenen Magnetfeld und einem homogenen elektrischen Feld, deren Feldlinien aufeinander senkrecht stehen. Im allgemeinen durchlaufen geladene Teilchen, die senkrecht zu beiden Feldern eintreten, Zykloidenbahnen. Teilchen einer bestimmten Geschwindigkeit kommen nur dann unabgelenkt hindurch, wenn elektrische und magnetische Feldstärke aufeinander abgestimmt sind.

a) Wie groß ist die prozentuale relativistische Massenzunahme $\Delta m / m_0$ von Protonen bzw. α-Teilchen, die von einem Beschleuniger eine kinetische Energie von 12 MeV erhalten haben? Berechnen Sie daraus die Teilchengeschwindigkeiten v.

b) Wie groß müssen die elektrischen Feldstärken E bei gegebener Flußdichte $B = 0{,}01$ T sein, damit diese Teilchen das Filter unabgelenkt passieren können?

Lösung

a) $\dfrac{m - m_0}{m_0} = \dfrac{W_{\text{kin}}}{m_0 c^2}$

Protonen: $\dfrac{\Delta m}{m_0} = \dfrac{12 \text{ MeV}}{938,27 \text{ MeV}} = 1,28\%$

α-Teilchen: $m_0 c^2 = 6,645 \cdot 10^{-27} \text{ kg} \cdot (2,998 \cdot 10^8 \text{ m/s})^2 = 3,728 \text{ GeV}$

$\dfrac{\Delta m}{m_0} = \dfrac{12 \text{ MeV}}{3728 \text{ MeV}} = 0,322\%$

Aus $W = m_0 c^2 + W_{\text{kin}} = \dfrac{m_0 c^2}{\sqrt{1 - v^2/c^2}}$ folgt:

$$v = c \cdot \sqrt{1 - \dfrac{1}{[1 + W_{\text{kin}}/(m_0 c^2)]^2}} = c \cdot \sqrt{1 - \dfrac{1}{(1 + \Delta m/m_0)^2}}$$

Protonen: $v = 47,53 \cdot 10^6 \text{ m/s}$

α-Teilchen: $v = 24,01 \cdot 10^6 \text{ m/s}$

Man kann v auch nach der Methode der Lösung in Abschn. 6.3 berechnen.

b) Aus $\dfrac{1}{\gamma_0} Q v B = Q E$ folgt $E = \dfrac{1}{\gamma_0} v B$

Protonen: $E = 1 \dfrac{\text{Vs}}{\text{Wb}} \cdot 47,53 \cdot 10^6 \dfrac{\text{m}}{\text{s}} \cdot 0,01 \dfrac{\text{Wb}}{\text{m}^2} = 475,3 \dfrac{\text{kV}}{\text{m}}$

α-Teilchen: $E = 240,1 \dfrac{\text{kV}}{\text{m}}$

6.7 Cerenkov-Strahlung

Aufgabe

Protonen werden in einem Synchro-Zyklotron beschleunigt und laufen an schließend durch einen Cerenkov-Zähler. Dieser besteht aus einem Plexiglas Zylinder mit der Brechzahl $n = 1,5$.

a) Wie groß sind Geschwindigkeit v_T und kinetische Energie der Protonen, wenn die Cerenkov-Strahlung unter einem $\sphericalangle\,\vartheta = 10,9°$ zur Flugrichtung registriert wird?

b) Wann wird $\sphericalangle\,\vartheta$ am größten?
Wie groß ist er für den hier verwendeten Zähler?

c) Welche kinetische Energie muß ein Proton mindestens haben, damit der Zähler anspricht?
Vergleichen Sie dazu auch die Aufgabe in Abschn. 3.2.5!

Lösung

a)

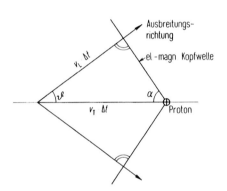

Abb. 6.7a. Zur Ausbreitung der Cerenkov-Strahlung. Das Proton bewegt sich von links nach rechts. Der Machsche Winkel ist 2α.

Lichtgeschwindigkeit im Zähler: $v_L = c/n$

$$\cos\vartheta = \frac{v_L}{v_T} = \frac{1}{n}\cdot\frac{c}{v_T} = \frac{1}{n\beta} = \sin\alpha,$$

wobei $\sphericalangle\,\alpha$ der halbe Machsche Winkel ist.

$$\beta = (n\cdot\cos\vartheta)^{-1} = (1,5\cdot\cos 10,9°)^{-1} = 0,6789$$

$$v_T = \beta c = 2,037\cdot 10^8\ \text{m/s}$$

$$W_{kin} = (m - m_0)c^2 = m_0 c^2\cdot\left(\frac{1}{\sqrt{1 - \beta^2}} - 1\right)$$

$$W_{\text{kin}} = 938,27 \text{ MeV} \cdot \left(\frac{1}{\sqrt{1 - (0,6789)^2}} - 1 \right) = 339,63 \text{ MeV}$$

b) Wenn $\beta \to 1$, so wird $\cos\vartheta$ minimal und $\sphericalangle\,\vartheta$ maximal. Also gilt für sehr hochenergetische Protonen:

$$\cos\vartheta_{\text{max}} \approx 1/n = 1/1,5; \qquad \vartheta_{\text{max}} = 48,2°$$

c) Es muß gelten: $1/(n\beta) \leq 1$; Grenzfall: $\beta = 1/n = 1/1,5$

$$W_{\text{kin}} = W_0 \cdot \left(\frac{1}{\sqrt{1 - 1/n^2}} - 1 \right) = 938,27 \text{ MeV} \cdot 0,342 = 320,55 \text{ MeV}$$

6.8 Paarerzeugung

Aufgabe

Bei der „Paarerzeugung" verschwindet ein Photon, und es entsteht ein Teilchen Antiteilchen-Paar mit gleichen Ruhemassen m_0 pro Teilchen.

a) Wie groß muß die Energie W_p eines Photons mindestens sein, damit die Paarerzeugung folgender Teilchen energetisch möglich wird: Elektron-Positron, Proton–Antiproton, Neutron–Antineutron, π^+-Meson–π^--Meson? Es gilt $m_0(\pi) = 273 \cdot m_0(e)$.

b) Zeigen Sie mit Hilfe des Energie- und Impulserhaltungssatzes, daß die Paarerzeugung durch ein isoliertes Photon nicht möglich ist.

Lösung

a) $W_p = 2m_0c^2$

Für das Elektron-Positron-Paar:

$$e^-e^+ : W_p = 2 \cdot 0,511 \text{ MeV} = 1,022 \text{ MeV}$$

$$p\bar{p} : W_p = 2 \cdot 938,27 \text{ MeV} = 1,877 \text{ GeV}$$

$$n\bar{n} : W_p = 2 \cdot 939,57 \text{ MeV} = 1,879 \text{ GeV}$$

$$\pi\bar{\pi} : W_p = 2 \cdot 273 \cdot 0,511 \text{ MeV} = 279,0 \text{ MeV}$$

b)

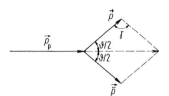

Abb. 6.8b. Impuls des Photons $\vec{p}_p$, Impulse von
Teilchen und Antiteilchen $\vec{p}$ und $\vec{\bar{p}}$, $\gamma = 180° - \vartheta$.

Energieerhaltung:

$$W_p = \sqrt{(m_0c^2)^2 + (pc)^2} + \sqrt{(m_0c^2) + (\bar{p}c)^2} \tag{1}$$

Impulserhaltung:

$$\vec{p}_p = \vec{p} + \vec{\bar{p}} \tag{2}$$

Quadrieren von Gl. (1) ergibt:

$$W_{p,1}^2 = (pc)^2 + (\bar{p}c)^2 +$$
$$+ 2 \cdot \sqrt{(pc)^2 \cdot (\bar{p}c)^2 + (pc)^2 \cdot (m_0c^2)^2 + (\bar{p}c)^2 \cdot (m_0c^2)^2 + (m_0c^2)^4} +$$
$$+ 2 \cdot (m_0c^2)^2$$

Mit dem Cosinussatz wird aus Gl. (2):

$$p_{p,2}^2 = p^2 + \bar{p}^2 - 2p\bar{p} \cdot \cos\gamma = p^2 + \bar{p}^2 + 2p\bar{p} \cdot \cos\vartheta.$$

Ein Vergleich zeigt, daß $p_{p,1} = W_{p,1}/c > p_{p,2}$ ist.
Es ist also ein weiteres Teilchen nötig (Atomkern oder Elektron), damit beide
Erhaltungssätze erfüllt werden.

6.9 γ-Spektroskopie

Aufgabe

Die Energien der γ-Quanten, die von einem radioaktiven ^{22}Na-Präparat ausgesandt werden, werden mit einem Szintillationszähler analysiert. Dieser besteht aus einem NaJ-Kristall und einem Sekundärelektronen-Vervielfacher. ^{22}Na zerfällt nach

mit den Energien $W_{\beta^+} = 0,54$ MeV und $W_\gamma = 1,28$ MeV. Die Positronen werden in Vernichtungsstrahlung überführt.

a) Wie groß ist die Wellenlänge der emittierten γ-Quanten?
Welche Wellenlängenänderung $\Delta\lambda$ erfahren γ-Quanten, die durch den Compton-Effekt um 180° rückgestreut werden?

b) Im Impulshöhen-Spektrum, welches die Auswerte-Elektronik am Oszillographen-Schirm liefert, findet man Maxima, die folgenden Energien entsprechen:
$W_1 = 1,28$ MeV, $W_2 = 0,77$ MeV, $W_3 = 0,51$ MeV, $W_4 = 0,26$ MeV
$W_5 = 0,21$ MeV.
Erklären Sie das Zustandekommen der Maxima und rechnen Sie die Energiewerte nach.

c) Welche Maximalenergie liefert der Compton-Effekt im Spektrum (Lage der Compton-Kante)?

Lösung

a) $W_\gamma = hf$

$$\lambda = \frac{hc}{W_\gamma} = \frac{6,626 \cdot 10^{-34} \text{ Ws}^2 \cdot 3 \cdot 10^8 \text{ m/s}}{1,28 \cdot 10^6 \cdot 1,602 \cdot 10^{-19} \text{ Ws}} = 0,969 \cdot 10^{-12} \text{ m} = 0,969 \text{ pm}$$

Comptonwellenlänge $\lambda_c = \dfrac{h}{m_0 c} = 2,426$ pm

$\Delta\lambda = \lambda_c(1 - \cos\vartheta) = 2 \cdot \lambda_c = 2 \cdot 2,426 \text{ pm} = 4,852 \text{ pm}$

b) $W_1 = 1,28$ MeV: Fotoeffekt im Kristall; Compton-Effekt, wobei das gestreute γ-Quant seine Energie über den Fotoeffekt im Kristall abgibt; Paarbildung eines $e^- - e^+$-Paares: die Energie der Vernichtungsstrahlung des entstandenen Positrons (zwei γ-Quanten) wird ganz im Kristall abgegeben.

$W_2 = 0,77$ MeV: Paarbildung im Kristall, wobei ein Vernichtungsquant diesen verläßt: $W_2 = (1,28 - 0,51)$ MeV $= 0,77$ MeV.

$W_3 = 0,51$ MeV: Ein Positron, das beim β-Zerfall von ^{22}Na entsteht, zerstrahlt außerhalb des Kristalls mit einem Elektron in zwei γ-Quanten mit den Energien von je 0,51 MeV. Diese fliegen in entgegengesetzter Richtung auseinander. Ein Quant gelangt in den Kristall und gibt dort seine Energie ab.

$W_4 = 0,26$ MeV: Paarbildung im Kristall, wobei beide Vernichtungsquanten entkommen: $W_4 = (1,28 - 2 \cdot 0,51)$ MeV $= 0,26$ MeV.

$W_5 = 0,21$ MeV: Rückstreuung: γ-Quanten, die nach rückwärts, also in entgegengesetzter Richtung zum Zähler fliegen, werden von der Präparatunterlage und der Abschirmung der Umgebung durch Comptoneffekt unter $\vartheta = 180°$ zurückgestreut und lösen dann im Kristall den Fotoeffekt aus.

$$W_5 = hf' = \frac{hf}{1 + \frac{hf}{m_0 c^2}(1 - \cos\vartheta)} = \frac{1,28 \text{ MeV}}{1 + \frac{1,28 \text{ MeV}}{0,51 \text{ MeV} \cdot 2}} = 0,21 \text{ MeV}$$

c) Energie der Comptonkante: γ-Quanten werden im Kristall mit $\vartheta = 180°$ rückgestreut. Das gestoßene Elektron hat dann maximale Energie:

$$W_{kin} = hf - hf' = 1,28 \text{ MeV} - 0,21 \text{ MeV} = 1,07 \text{ MeV}$$

6.10 Spontane Spaltung

Aufgabe

Der Kern ^{235}U soll durch spontane Spaltung, z.B. nach

$$^{235}_{92}\text{U} \longrightarrow {}^{140}_{56}\text{Ba} + {}^{95}_{36}\text{Kr}$$

zerfallen. Dabei entstehen hoch angeregte Spaltprodukte, die weiter zerfallen.

a) Berechnen Sie mit der halbempirischen Formel von Weizäcker (vgl. Einleitung zu Abschnitt 6), die jedoch nur stabile Kerne im Grundzustand beschreibt, die

Bindungsenergien der drei Kerne und die mittlere Bindungsenergie pro Nukleon. Wie groß ist danach die freiwerdende Spaltenergie W_f?

b) Wie verteilt sich die Spaltenergie von Aufg. a) auf die Spaltprodukte, wenn man die kinetischen Energien klassisch ansetzt? Dabei wird angenommen, daß der U-Kern vorher in Ruhe ist und die Spaltprodukte im Grundzustand sind.

c) Mit den Methoden der relativistischen Mechanik leite man aus Energie- und Impulserhaltungssatz die Formeln für die Gesamtenergien und die kinetischen Energien der Bruchstücke her in Abhängigkeit von den Ruhemassen des Ausgangskerns M_0 und den Spaltstücken $m_{0,1}$ und $m_{0,2}$. Der U-Kern sei wieder in Ruhe. Wie groß sind die kinetischen Energien für Ba und Kr in MeV und die Spaltenergie?

d) Man prüfe nach, ob in Aufg. c) klassische Rechnung ausreicht.

In dieser und der folgenden Aufgabe soll mit den angegebenen Atommassen (Nuklidmassen), nicht mit Kernmassen gerechnet werden.
$A_r(^{235}U) = 235,044$; ^{140}Ba: $139,911$; ^{95}Kr: $94,937$
Atomare Masseneinheit $1\ u = 1,66054 \cdot 10^{-27}$ kg; $c = 2,99793 \cdot 10^8$ m/s

Lösung

a) $^{235}_{92}$U: $Z = 92$; $N = 143$; (g,u)-Kern

$$- W_B/1\ \text{MeV} =$$

$$= 14,1 \cdot 235 - 13 \cdot 235^{2/3} - 0,595 \cdot \frac{92^2}{235^{1/3}} - 19,0 \cdot \frac{(235 - 2 \cdot 92)^2}{235}$$

$$W_B = -1792,06\ \text{MeV}; \quad W_B/A = -7,626\ \text{MeV}$$

$^{140}_{56}$Ba-Kern: $Z = 56$; $N = 84$; (g,g)-Kern

$$-W_B/1\ \text{MeV} = 14,1 \cdot 140 - 13 \cdot 140^{2/3} - 0,595 \cdot \frac{56^2}{140^{1/3}}$$

$$- 19,0 \cdot \frac{(140 - 2 \cdot 56)^2}{140} + \frac{33,5}{140^{3/4}}$$

$$W_B = -1158,57\ \text{MeV}; \quad W_B/A = -8,275\ \text{MeV}$$

$^{95}_{36}$Kr: $Z = 36$; $N = 59$; (g,u)-Kern

$-W_B/1$ MeV $= 794,04;$ $W_B = -794,04$ MeV; $W_B/A = -8,358$ MeV

Spaltenergie:

$W_f = -1792,06$ MeV $+ 1158,57$ MeV $+ 794,04$ MeV $=$
$= 160,55$ MeV

b) Die Spaltenergie W_f wird den Spaltprodukten als kinetische Energie und Anregungsenergie mitgegeben. Wird letztere vernachlässigt, gilt:

$$W_f \approx W_{kin} = W_{kin}(Ba) + W_{kin}(Kr) = W_{kin,1} + W_{kin,2} \tag{1}$$

Impulserhaltung: $p_1 = p_2$ (2)

Für das Energieverhältnis folgt mit Gl. (2):

$$\frac{W_{kin,1}}{W_{kin,2}} = \frac{\frac{1}{2}m_1 v_1^2}{\frac{1}{2}m_2 v_2^2} = \left(\frac{p_1}{p_2}\right)^2 \cdot \frac{m_2}{m_1} = \frac{m_2}{m_1} = \frac{A_{r,2}}{A_{r,1}}$$

Aus Gl. (1):

$$W_{kin,2} = W_{kin} \cdot \left(\frac{A_{r,2}}{A_{r,1}} + 1\right)^{-1} = 160,55 \text{ MeV} \cdot \left(\frac{94,937}{139,911} + 1\right)^{-1} =$$
$$= 95,648 \text{ MeV}$$

$W_{kin,1} = W_{kin} - W_{kin,2} = 64,902$ MeV

c) Energieerhaltung: $M_0 c^2 = W_1 + W_2$ (3)

Gesamtenergie der Bruchstücke:

$$W_1 = \sqrt{W_{0,1}^2 + p_1^2 c^2}; \quad W_2 = \sqrt{W_{0,2}^2 + p_2^2 c^2} \tag{4}$$

Impulserhaltung: $p_1 = p_2$ (5)

Aus Gl. (5) und Auflösung der Gln. (4) nach p_1 und p_2 folgt:

$$\frac{1}{c^2}(W_1^2 - W_{0,1}^2) = \frac{1}{c^2}(W_2^2 - W_{0,2}^2)$$

Einsetzen von Gl. (3) und Auflösung ergibt:

$$W_1 = \frac{M_0^2 + m_{0,1}^2 - m_{0,2}^2}{2M_0} \cdot c^2 = \frac{A_r^2 + A_{r,1}^2 - A_{r,2}^2}{2A_r} \cdot 1 \text{ u} \cdot c^2$$

$$W_{kin,1} = W_1 - m_{0,1}c^2 = \frac{(M_0 - m_{0,1})^2 - m_{0,2}^2}{2M_0} \cdot c^2 \tag{6}$$

Mit Gl. (3):

$$W_2 = M_0 c^2 - W_1 = \frac{M_0^2 - m_{0,1}^2 + m_{0,2}^2}{2M_0} \cdot c^2$$

$$W_{kin,2} = W_2 - m_{0,2}c^2 = \frac{(M_0 - m_{0,2})^2 - m_{0,1}^2}{2M_0} \cdot c^2 \tag{7}$$

$$W_1 = \frac{235,044^2 + 139,911^2 - 94,937^2}{2 \cdot 235,044} \cdot 1,66054 \cdot 10^{-27} \text{ kg} \cdot$$
$$\cdot (2,99793 \cdot 10^8 \text{ m/s})^2 = 20,8925 \cdot 10^{-9} \text{ Ws}$$

$$W_{kin,1} = W_1 - A_{r,1} \cdot 1 \text{ u} \cdot c^2 =$$

$$= 20,8925 \cdot 10^{-9} \text{ Ws} -$$

$$- 139,911 \cdot 1,66054 \cdot 10^{-27} \text{ kg} \cdot (2,99793 \cdot 10^8 \text{ m/s})^2 =$$

$$= 11,8272 \cdot 10^{-12} \text{ Ws} = 73,820 \text{ MeV}$$

$$W_2 = A_r \cdot 1 \text{ u} \cdot c^2 - W_1 = 14,1860 \cdot 10^{-9} \text{ Ws}$$

$$W_{kin,2} = W_2 - A_{r,2} \cdot 1 \text{ u} \cdot c^2 = 17,3712 \cdot 10^{-12} \text{ Ws} = 108,422 \text{ MeV}$$

Spaltenergie:

$$W_f = W_{kin,1} + W_{kin,2} = 182,24 \text{ MeV}$$

d) Relative Massenzunahme von Kr:

$$\Delta m = \frac{108,755 \cdot 10^6 \cdot 1,602 \cdot 10^{-19} \text{ J}}{(3 \cdot 10^8 \text{ m/s})^2} = 1,936 \cdot 10^{-28} \text{ kg} = 0,1166 \text{ u}$$

$$\gamma = \frac{m}{m_0} = \frac{95,054}{94,937} = 1,0012$$

Nach der Aufgabe in Abschn. 6.3 wird

$$\beta^2 = \frac{0,0012 \cdot 2,0012}{(1,0012)^2} = 2,40 \cdot 10^{-3}; \quad \beta \approx 0,05.$$

Man darf deshalb klassisch rechnen. Die Unterschiede zu Aufg. a) sind in den hohen Anregungsenergien der Spaltprodukte zu suchen.

6.11 Emission von γ-Quanten

Aufgabe

Der angeregte Atomkern $^{137}_{56}$Ba (isomerer Zustand) emittiert ein γ-Quant der Energie $W_\gamma = 0,662$ MeV:

$$^{137}_{56}\text{Ba}^* \longrightarrow \gamma + {}^{137}_{56}\text{Ba}$$

a) Welche Massen haben des γ-Quant und das Barium-Atom im Grundzustand? Wie groß sind Impuls, Geschwindigkeit und kinetische Energie des Atoms im Grundzustand, wenn dieses vor der Emission in Ruhe war? $A_r = 136,906$; klassische Rechnung!

b) Spezialisieren Sie die beiden Formeln für die kinetischen Energien der Aufg. c) in Abschn. 6.10 für den Fall der Emission eines Photons von einem angeregten ruhenden Atomkern. Zeigen Sie, daß man damit für W_{kin} des ^{137}Ba-Atoms dasselbe Ergebnis wie bei a) erhält.

Lösung

a) γ-Quant: $m_\gamma = \dfrac{W_\gamma}{c^2} = \dfrac{0,662 \cdot 10^6 \cdot 1,602 \cdot 10^{-19} \text{ Ws}}{(2,998 \cdot 10^8 \text{ m/s})^2} = 1,180 \cdot 10^{-30} \text{ kg}$

Ruhemasse des ^{137}Ba-Atoms im Grundzustand:

$m_{0,2} = A_{r,2} \cdot 1 \text{ u} = 136,906 \cdot 1,6605 \cdot 10^{-27} \text{ kg} = 227,3 \cdot 10^{-27} \text{ kg} \gg m_\gamma$

Impulserhaltung: $p_{0,2} = m_{0,2} \cdot v = p_\gamma = m_\gamma c$

$p_{0,2} = 1,180 \cdot 10^{-30} \text{ kg} \cdot 2,998 \cdot 10^8 \text{ m/s} = 0,3537 \cdot 10^{-21} \text{ kgm/s}$

$v = \dfrac{p_{0,2}}{m_{0,2}} = \dfrac{0,3537 \cdot 10^{-21} \text{ kgm/s}}{227,3 \cdot 10^{-27} \text{ kg}} = 1556 \text{ m/s}$

$W_{\text{kin},2} = \dfrac{p_{0,2}^2}{2m_{0,2}} = \dfrac{(0,3537 \cdot 10^{-21} \text{ kgm/s})^2}{2 \cdot 227,3 \cdot 10^{-27} \text{ kg}} = 2,752 \cdot 10^{-19} \text{ Ws} = 1,72 \text{ eV}$

b) In der Aufgabe in Abschn. 6.10 wird das U-Atom durch das angeregte ^{137}Ba-Atom ersetzt, ^{140}Ba durch das Photon, Kr durch das ^{137}Ba-Atom im Grundzustand.
Weil die Ruhemasse des Photons $m_{0,1} = 0$ ist, erhält man nach Gl. (6) der Aufgabe in Abschn. 6.10 für die Energie des Photons:

$$W_{\text{kin},1} = W_\gamma = \frac{M_0^2 - m_{0,2}^2}{2M_0} \tag{1}$$

und für die kinetische Energie des ^{137}Ba-Atoms im Grundzustand nach Gl. (7) der Aufgabe in Abschn. 6.10:

$$W_{\text{kin},2} = \frac{(M_0 - m_{0,2})^2}{2M_0} \cdot c^2 \tag{2}$$

Mit $W_\gamma = m_\gamma c^2$ folgt aus Gl. (1) durch Auflösung nach der Ruhemasse des angeregten ^{137}Ba-Atoms

$$M_0 = m_{\gamma \, \underset{(-)}{+}} \sqrt{m_\gamma^2 + m_{0,2}^2} \approx m_\gamma + m_{0,2}$$

Aus Gl. (2) ergibt sich dann:

$$W_{\text{kin},2} \approx \frac{(m_\gamma c)^2}{2M_0} = \frac{p_{0,2}^2}{2M_0} \approx \frac{p_{0,2}^2}{2m_{0,2}} \text{ wie bei Aufg. a)}$$

6.12 Kernfusion mit Laserlicht

Aufgabe

Um die Fusionsreaktion

$$^2_1H + \,^3_1H \longrightarrow \,^4_2He + n + \Delta W$$

in einem Plasma in Gang zu bringen, muß bei einer Temperatur $T = 10^8$ K das Plasma mindestens eine Zeitdauer (Einschlußdauer) von $\tau = 10^{-8}$ s zusammengehalten werden. Bei gleicher Anzahl von Deuteronen und Tritium-Kernen muß dann nach dem Lawson-Kriterium die Teilchendichte $N_V = 10^{22}$ cm^{-3} betragen[*]). Dieses Kriterium setzt T, τ und N_V in eine feste Beziehung. Die gesamte freiwerdende Fusionsleistung ist dann gleich der von außen zugeführten zur Aufrechterhaltung der Plasmatemperatur benötigten Heizleistung ("break-even").

a) Wie groß ist die mittlere kinetische Energie $\overline{W}_0$ eines Teilchens im Plasma? Wie groß ist die mittlere Geschwindigkeit v_m der Deuteronen und Tritium-Kerne?

b) Berechnen Sie die Leistung P eines Lichtblitze aussendenden Lasers, die nötig ist, um die Fusion unter folgenden Bedingungen zu ermöglichen: Ein einziger Laserimpuls der Dauer $\Delta t = \tau = 10^{-8}$ s soll auf eine Kugel von 1 cm Radius treffen und darin absorbiert werden. Die Kugel besteht aus einem Gemisch aus festem Deuterium und Tritium der Teilchendichte $N_V = 10^{22}$ cm^{-3}.

c) Welche Energie ΔW wird bei der Fusion zweier Kerne frei? Welche Energie würde frei, wenn alle Atomkerne in der Kugel fusionieren würden? Wieviel Prozent werden davon für die Energie eines Lichtblitzes verbraucht? Warum erwartet man in der Praxis ungünstigere Ergebnisse? Rechnen Sie in dieser Aufg. c) mit der vollen angegebenen Stellenzahl für die relativen Atommassen A_r:
^2_1H: 2,01410; ^3_1H: 3,01605; ^4_2He: 4,00260; n: 1,00867; Elektron: 0,00055; 1 u $= 1,66054 \cdot 10^{-27}$ kg

d) In der neueren Literatur[**]) ist folgende Aussage zu finden: Damit ein Deuterium-Tritium-Gemisch thermonuklear zündet und anschließend

---

[*]) S. Witkowski, Physik in unserer Zeit *5*, 147 (1974).

[**]) M. Keilhacker, Phys. Blätter *6*, 176 (1990); Phys. Blätter *12*, 1048 (1991).

kontrolliert brennt, ist ein Mindestwert für das Produkt $N_V \cdot \tau \cdot T$ erforderlich. Bei Temperaturen von 15–20 keV muß es den Wert $5 \cdot 10^{21}$ m$^{-3} \cdot$ s $\cdot$ keV übersteigen. Vergleichen und beurteilen Sie diese Aussage mit den in der Einleitung dieser Aufgabe gegebenen Zahlenwerten.

Lösung

a) Mittlere kinetische Energie $\overline{W}_0 = \frac{3}{2}kT$

$$\overline{W}_0 = 1,5 \cdot 1,381 \cdot 10^{-23} \text{ J/K} \cdot 10^8 \text{ K} = 2,072 \cdot 10^{-15} \text{ Ws} = 12,93 \text{ keV}$$

Mittlere Geschwindigkeit aus $\frac{1}{2}m_0\overline{v^2} = \overline{W}_0$; $v_m = \sqrt{\overline{v^2}} = \sqrt{\dfrac{2\overline{W}_0}{m_0}}$

Massen: $m_0 = A_r \cdot 1$ u

$${}^{2}_{1}\text{H}: m_0 = 2,014 \cdot 1,66 \cdot 10^{-27} \text{ kg} = 3,34 \cdot 10^{-27} \text{ kg}$$

$$v_m = \sqrt{\frac{2 \cdot 2,07 \cdot 10^{-15} \text{ Ws}}{3,34 \cdot 10^{-27} \text{ kg}}} = 1,11 \cdot 10^6 \text{ m/s}$$

$${}^{3}_{1}\text{H}: m_0 = 3,016 \cdot 1,66 \cdot 10^{-27} \text{ kg} = 5,01 \cdot 10^{-27} \text{ kg}$$

$$v_m = \sqrt{\frac{2 \cdot 2,07 \cdot 10^{-15} \text{ Ws}}{5,01 \cdot 10^{-27} \text{ kg}}} = 0,91 \cdot 10^6 \text{ m/s}$$

b) Alle Teilchen im Plasma, also auch die Elektronen, erhalten die Energie $\overline{W}_0$. Deshalb folgt für die Energie eines Lichtblitzes:

$$\Delta W_L = 2 \cdot \overline{W}_0 N_V V \text{ mit } V = \frac{4}{3}\pi R^3$$

$$\Delta W_L = 2 \cdot 2,072 \cdot 10^{-15} \text{ Ws} \cdot 10^{22} \text{ cm}^{-3} \cdot \frac{4}{3}\pi \cdot (1 \text{ cm})^3 = 0,174 \cdot 10^9 \text{ Ws}$$

Leistung: $P = \dfrac{\Delta W_L}{\Delta t} = \dfrac{0,174 \cdot 10^9 \text{ Ws}}{10 \cdot 10^{-9} \text{ s}} = 17,4 \cdot 10^{15} \text{ W}$

c) Massenänderung bei der Reaktion: $\Delta m = \Delta A_r \cdot 1$ u

$$\Delta A_r = A_r({}^{2}_{1}\text{H}) + A_r({}^{3}_{1}\text{H}) - A_r({}^{4}_{2}\text{He}) - A_r(\text{n}) = 0,01888$$

$$\Delta W = \Delta mc^2 = 0,01888 \cdot 1,66054 \cdot 10^{-27} \text{ kg} \cdot (2,99793 \cdot 10^8 \text{ m/s})^2 =$$
$$= 2,81770 \cdot 10^{-12} \text{ Ws} = 17,60 \text{ MeV}$$

Zahl der Fusionen in der Kugel: $N = N_V \cdot V/2 = 20,94 \cdot 10^{21}$

Freiwerdende Energie:

$$W_F = N \cdot \Delta W = 20,94 \cdot 10^{21} \cdot 2,818 \cdot 10^{-12} \text{ Ws} =$$
$$= 59,01 \cdot 10^9 \text{ Ws} = 16,39 \text{ MWh}$$

Bruchteil der hineingesteckten Energie:

$$\frac{\Delta W_L}{W_F} = \frac{0,174 \cdot 10^9 \text{ Ws}}{59,01 \cdot 10^9 \text{ Ws}} = 2,95 \cdot 10^{-3} \approx 3\,^0\!/\!_{00}$$

In Wirklichkeit setzt man beim Lawson-Kriterium voraus, daß nur ΔW_L als Fusionsenergie frei wird. Bei Expansion der aufgeheizten Kugel können nicht alle Kerne fusionieren, sondern hier nur 3 $^0\!/\!_{00}$. Außerdem muß der Wirkungsgrad der Umwandlung von freiwerdender Fusionsenergie in Energie des Laserimpulses berücksichtigt werden.

d) Wie in der Plasmaphysik üblich, wird die Temperatur über eine mittlere Wechselwirkungsenergie der thermischen Stöße $W_{th} = kT$ definiert. 1 keV entspricht der Temperatur

$$T = \frac{W_{th}}{k} = \frac{1000 \text{ eV} \cdot 1,602 \cdot 10^{-19} \text{ Ws/eV}}{1,381 \cdot 10^{-23} \text{ J/K}} = 11,60 \cdot 10^6 \text{ K}$$

$$5 \cdot 10^{21} \text{ m}^{-3} \cdot \text{s} \cdot \text{keV} \,\widehat{=}\, N_V \cdot \tau \cdot T = 5 \cdot 10^{21} \cdot 11,60 \cdot 10^6 \text{ m}^{-3} \cdot \text{s} \cdot \text{K} =$$
$$= 5,80 \cdot 10^{28} \text{ m}^{-3} \cdot \text{s} \cdot \text{K}$$

$$15 \ldots 20 \text{ keV} \,\widehat{=}\, 1,74 \cdot 10^8 \text{ K} \,\ldots\, 2,32 \cdot 10^8 \text{ K}$$

In dem einleitend zitierten Artikel von 1974 ist

$$N_V \cdot \tau \cdot T = 10^{22} \text{ cm}^{-3} \cdot 10^{-8} \text{ s} \cdot 10^8 \text{ K} = 10^{28} \text{ m}^{-3} \cdot \text{s} \cdot \text{K}$$

Der um den Faktor 5,8 höhere Zahlenwert kommt dadurch zustande, daß im Fall der Aufgabe d) die erzeugte Fusionsleistung die Energieverluste des Plasmas gerade deckt, während beim Lawson-Kriterium Energie von außen zugeführt werden muß. Für einen funktionsfähigen Fusionsreaktor muß also $N_V \cdot \tau \cdot T$ noch größer werden, was für den Bau noch erhebliche Probleme mit sich bringen wird.

Register

Vorbemerkung

Bei einem Stichwort, das aus Substantiv und Adjektiv zusammengesetzt ist, suche man unter dem kennzeichnenden Begriff. Sind Substantiv und Adjektiv gleich wichtig, so ist das Stichwort zweimal im Register aufgeführt.
Beispiel: Schwingungen, gekoppelte; gekoppelte Schwingungen
Von zwei aufeinanderfolgenden zu zitierenden Seiten ist nur die erste angegeben. Mehrere Seiten werden durch f. (= und folgende) zitiert.